高职高专机电类专业系列教材

传感器原理及项目实战

主　编　王彦贞　甄　力

副主编　王明洁　孙　伟　李彦华
　　　　张　苑

参　编　刘东朝　郭腾宇　刘方方

主　审　崔　崑

西安电子科技大学出版社

内 容 简 介

本书系统地介绍了多种传感器的工作原理、基本结构、性能特点及应用，内容丰富，概念清晰，语言精练。本书除了绪论共分为 10 个项目，分别为温度检测、开关量检测、位移检测、力和压力检测、敏感气体检测、光检测、空气检测、生物识别、运动量检测和位姿检测。为了适应人工智能、物联网等新兴领域对人才培养的需求，本书加入了生物识别、气体压力、三轴加速度、陀螺仪、电子罗盘、GPS 定位等新型 MEMS(微机电系统) 传感器的内容。书中所有实训项目均采用应用广泛的 STM32 单片机完成，每个项目都包含传感器与 STM32 单片机的接口电路设计及程序设计。

本书可作为高职高专院校智能产品开发及应用、物联网应用技术、机电一体化、电气自动化、汽车电子、楼宇智能化、应用电子等专业的教材，也可供相关技术人员参考。

图书在版编目 (CIP) 数据

传感器原理及项目实战 / 王彦贞，甄力主编 . -- 西安：西安电子科技大学出版社 , 2024. 8(2025.1 重印). -- ISBN 978-7-5606-7392-9

Ⅰ . TP212

中国国家版本馆 CIP 数据核字第 2024R8N992 号

策　　划　李鹏飞
责任编辑　李鹏飞
出版发行　西安电子科技大学出版社 (西安市太白南路 2 号)
电　　话　(029) 88202421　88201467　　　　　邮　　编　710071
网　　址　www.xduph.com　　　　　　　　电子邮箱　xdupfxb001@163.com
经　　销　新华书店
印刷单位　咸阳华盛印务有限责任公司
版　　次　2024 年 8 月第 1 版　2025 年 1 月第 2 次印刷
开　　本　787 毫米 × 1092 毫米　1/16　印　张　15
字　　数　353 千字
定　　价　49.00 元
ISBN 978-7-5606-7392-9
XDUP 7693001-2
*** 如有印装问题可调换 ***

前　言

传感器广泛应用于智能家居、航空航天、机器人、无人驾驶、无人机、军事、科研等各个领域，是各种信息检测系统、自动测量系统、自动控制系统、人工智能系统必不可少的"感觉器官"，在现代化科学技术和工程领域中占有极其重要的地位并发挥着巨大的作用。

"传感器技术"是一门理论和实践相结合的专业技术课程。本书是编者在多年的传感器技术课程教学实践基础上，结合自己的教学经验，为了适应新时代中国特色职业教育人才培养需求，在力求通俗、简明、实用的指导思想下编写而成的。本书的编写贯穿"课岗对接、工学结合"的人才培养思想，在讲解理论知识的同时，突出实践项目的训练，理论与实践紧密结合在一起，从而让学生能够更深入地理解和掌握知识点，提高学习兴趣。

为了适应教育改革的现状与发展以及现代职业教育的特点与规律，本书进行改革尝试。全书包含绪论和 10 个项目：绪论中阐述了传感器及测量的基本知识，包括传感器的定义、误差分析和基本特性；项目 1 为温度检测，包括热电阻、热电偶、数字温度传感器的介绍以及数字温度传感器和热敏电阻两个应用实训项目；项目 2 为开关量检测，包括感应型、光电型、霍尔效应型接近开关的介绍以及霍尔开关和光电开关两个应用实训项目；项目 3 为位移检测，包括电位器式位移传感器、电容式位移传感器、电感式位移传感器、超声波测距传感器、光电编码器的介绍以及光电编码器和超声波测距两个应用实训项目；项目 4 为力和压力检测，包括电阻应变片、压电式、压磁式、振弦式压力传感器的介绍以及力敏传感器和气体压力传感器两个应用实训项目；项目 5 为敏感气体检测，包括半导体式、接触燃烧式、电化学式气敏传感器的介绍以及酒精气体传感器和可燃气体传感器两个应用实训项目；项目 6 为光检测，包括光敏电阻和光电池、热释电传感器的介绍以及光敏电阻和热释电人体红外传感器两个应用实训项目；项目 7 为空气检测，包括 PM2.5 检测、湿度检测传感器的介绍以及空气湿度检测和空气质量 PM2.5 检测两个应用实训项目；项目 8 为生物识别，包括图像识别、语音识别、指纹识别、心率检测传感器的介绍以及指纹识别和心率血氧传感器两个应用实训项目；项目 9 为运动量检测，包括速度、加速度、陀螺仪传感器的介绍以及三轴加速度传感器和六轴陀螺仪两个应用实训项目；项目 10 为位姿检测，包括 GPS、电子罗盘传感器的介绍以及 GPS 卫星定位传感器和数字指南针两个应用实训项目。

本书的实训均以 Keil μVision4 为平台，以 STM32F407ZGT6 为主控芯片，采用 STM32 微控制器固件库函数进行程序设计。一个 STM32 工程组包含 STM32 启动文件、中断服务函数、时钟配置函数、STM32 相关外设配置函数以及用户自定义函数等。实训中的人机接口源程序见附录 A，工程组框架及说明见附录 B。

本书把应用放在突出的位置，体现了新知识、新技术、新应用以及以人为本、以能力为目标的思想原则。书中所有实训项目都用 STM32 完成并提供全部源代码，涉及 STM32 的 GPIO、ADC、EXTI、TIMER、USART 的使用以及 I^2C、SPI 总线的编程技术，这不仅能让学生学会使用传感器，同时也锻炼了他们对 STM32 单片机的应用能力，增强了他们的动手能力。

河北软件职业技术学院的王彦贞、甄力担任本书主编，王明洁、孙伟、李彦华、张苑担任副主编，河北软件职业技术学院刘东朝、郭腾宇，北京杰创永恒科技有限公司刘方方参与编写，河北机电职业技术学院的崔嵬担任主审。本书的具体编写分工为：王彦贞编写了项目 1、3、6，甄力编写了绪论、项目 2 以及 7.1、7.2 节，王明洁编写了项目 8 以及 4.1、4.2 节，孙伟编写了项目 10，李彦华编写了项目 5，张苑编写了项目 9，刘东朝编写了 7.3 节，郭腾宇编写了 4.3 节，刘方方编写了附录并对所有实训项目的源程序进行了梳理。全书由王彦贞统稿。

在编写本书的过程中，河北软件职业技术学院的陈义、王敬元、陈天行在图片搜集、表格制作以及实训程序的验证等方面给予了大力支持，在此表示衷心的感谢。在编写本书的过程中，我们还参考和借鉴了一些国内外学者的著作和相关文献资料，在此谨向这些著作和文献资料的作者表示衷心的感谢。

由于编者水平有限，书中难免有不足之处，敬请广大读者批评指正。

本书配有免费的电子课件、课程标准、教案及实训项目工程文件等资源，读者可登录出版社网站下载。

编　者
2024 年 5 月

目　录

绪　论

随着科学技术的迅猛发展，传感器技术已越来越广泛地应用于机械制造、交通运输、石油化工、医疗卫生等领域，并逐步渗透到人们的日常生活中。现代传感器技术的作用日益被人们所认知，发展现代传感器技术成为提升国家科技水平的需要和重要举措，传感器技术水平的高低是衡量一个国家科学技术现代化程度的重要标志。

0.1　传感器基础知识

0.1.1　什么是传感器

传感器是指对被测对象的某些物理信息具有感受与检出功能，并按照一定规律直接或间接转换成与之对应的电信号的元器件或装置，如图 0-1 所示。传感器的作用包括收集信息、交换信息数据和采集控制信息等。

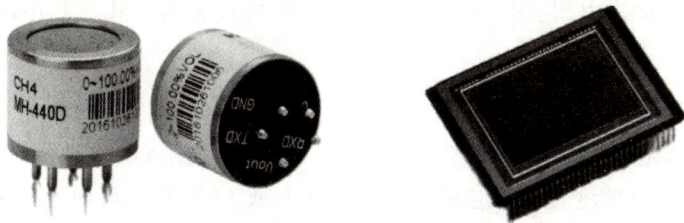

图 0-1　独立传感器和传感器装置

传感器技术是现代科技前沿技术，传感器产业也是国内外公认具有发展前途的高技术产业，许多发达国家把传感器技术列为国家重点发展技术之一。世界上的传感器品种已达三万多种，传感器的地位和作用不断提升。信息技术的三大支柱包括计算机技术、通信技术和传感器技术，其中计算机技术用于信息处理，通信技术用于信息传输，传感器技术用于信息采集。如果把计算机比喻为处理和识别信息的"大脑"，把通信系统比喻为传递信息的"神经系统"，那么传感器就是感知和获取信息的"感觉器官"。因此，传感器技术是21 世纪世界各国竞相发展的高新技术。

传感器一般由敏感元件、变换元件、信号调理、转换电路和辅助电源组成，如图 0-2

所示。

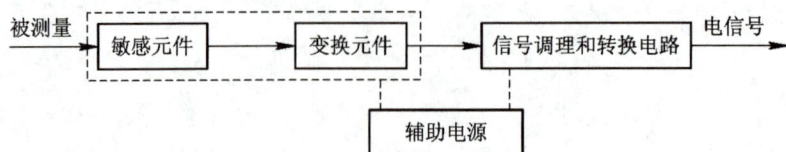

图 0-2　传感器的基本构成

敏感元件是指传感器中能直接感受（或响应）被测量的部分。在完成非电量到电量的变换时，并非所有的非电量都能利用现有手段直接转换成电量，往往是先变换为另一种易于变成电量的非电量，然后再转换成电量。

变换元件是指能将感受到的非电量直接转换成电量的器件或元件。

信号调理和转换电路是指将敏感元件或变换元件输出的电信号转换成便于处理、显示、记录和控制的可用电信号。常用的电路有电桥电路、脉冲调宽电路、震荡电路、放大电路以及高阻抗输入电路等。

辅助电源提供转换能量，有的传感器需要外加电源才能工作，例如应变片组成的电桥、差动变压器等；有的传感器则不需要外加电源就能工作，例如压电晶体等。

需要指出的是，并非所有的传感器必须包含敏感元件和变换元件。如果敏感元件直接输出的是电量，它就同时兼为变换元件；如果变换元件能直接感受被测量而输出与之成一定关系的电量，它就同时兼为敏感元件。

0.1.2　常见传感器及应用领域

1. 电阻式传感器

电阻式传感器是将被测量（如位移、形变、力、加速度、湿度、温度等物理量）转换为电阻值的一种器件。电阻式传感器主要有电阻应变式、压阻式、热电阻、热敏、气敏、湿敏等类型。

2. 电感式传感器

电感式传感器是建立在电磁感应基础上的，它可以把输入的物理量转换为线圈的自感系数 L 或互感系数 M 的变化，并通过测量电路将 L 或 M 的变化转换为电压或电流的变化，从而将非电量转换成电信号输出，实现对非电量的测量。电感式传感器具有工作可靠、寿命长、灵活度高、分辨率高、精度高、线性好、性能稳定、重复性好等优点。

3. 电容式传感器

电容式传感器利用了将非电量的变化转换为电容量的变化来实现对物理量的测量。电容式传感器具有结构简单、体积小、分辨率高、动态响应好、温度稳定性好等特点。电容式传感器广泛用于位移、振动、角度、加速度、压力、差压、液面、成分含量等物理量的测量。

4. 光电传感器

光电传感器是一种将光信号转化为电信号的传感器，可用于检测直接引起光量变化的非电量，如光强、光照度、气体成分等，也可用来检测能转换成光电量变化的其他非电量，如零件直径、应变、位移、振动等。光电传感具有非接触、响应快、性能可靠等特点，目前主要应用于工业自动化装置和机器人中。

5. 生物传感器

生物传感技术是一种将生物化学反应能转化成电信号的分析测试技术，以此制成的传感器装置具有选择性高、分析速度快、操作简易和价格低廉的特点。生物传感器在发酵工艺、环境监测、食品工程、临床医学、军事及军事医学等方面得到了广泛重视和应用。

6. 磁敏感式传感器

通过磁电作用将被测量转换为电信号的器件或装置称为磁敏感式传感器。磁电作用主要分为电磁感应和霍尔效应两种情况。

电磁感应式传感器是利用导体和磁场发生相对运动而在导体两端输出感应电动势的原理进行工作的，霍尔式传感器是基于霍尔效应进行工作的。所谓霍尔效应，是指当载流导体或半导体处于与电流相垂直的磁场中时，在其两端将产生电位差的现象。霍尔效应产生的电动势称为霍尔电动势。

7. 新型传感器

新型传感器技术是一种用于感知和检测环境中各种物理和化学参数的先进技术。相比传统传感器技术，新型传感器具有更高的精确度、更低的功耗和更小的体积。

新型传感器包括多种不同类型的传感器，如光学传感器、声学传感器和化学传感器等。光学传感器利用光信号来感知和测量光的强度、颜色和方向等参数；声学传感器使用声波信号来探测和分析声音、振动和压力等信息；化学传感器主要用于检测和分析环境中的化学物质，如气体、溶液和燃料等。

随着技术的不断发展，新型传感器技术正不断突破传统的限制，GPS 定位、陀螺仪、电子罗盘以及生物识别等新型传感器技术发展迅速，广泛应用在自动驾驶、人工智能、军事安全以及消费电子等领域。传感器技术的进步将进一步推动物联网、人工智能和大数据等领域的发展，这不仅让人们的生活变得更加便利、舒适，也为未来的科技创新和应用提供了更广阔的可能。

0.1.3　传感器的发展趋势

传感器技术是一个多学科交叉前沿技术，分为基础研究和应用研究两个部分，是技术和投资密集型行业。传感器产品品种繁多，全球有三万多个传感器品种，我们国家现在只能生产六千多个品种，包括十大类、四十二小类，应用产业分散。

1. 集成化、功能化的传感器不断得到发展

传感器技术的发展趋势为从独立传感器向多功能、高度集成化传感器发展，主要特点是卫星化、多功能、数字化、智能化、系统化和网络化。新型传感器的开发和应用已经成为现代传感器技术的核心和关键。

2. 采用新材料、新工艺生产新型传感器

半导体材料在传感技术中占有较大的技术优势，半导体传感器具有灵敏度高、响应速

度快、体积小、质量轻以及便于实现集成化等特点，在未来一段时期内仍将占据主要地位。以一定化学成分组成、经过成型及烧结的功能陶瓷材料，其最大的特点是耐热性，在敏感技术发展中具有很大的潜力。此外，采用功能金属、功能有机聚合物、非晶态材料、固体材料、薄膜材料等，都可进一步提高传感器的产品质量及降低生产成本。

3. 与其他学科交叉整合，实现无线网络化

网络传感器就是能与网络连接或通过网络使其与微处理器、计算机或仪表系统连接的传感器。网络传感器研究的关键技术是网络接口技术。目前，网络传感器主要有基于现场总线的网络传感器和基于以太网协议的网络传感器两大类。

4. 形成传感器网络

传感器网络技术是实现更多感知、更广泛互联互通的核心技术。传感器网络是将多种类传感器节点组成网络来实现对物理世界的协同感知，其广泛应用于智能电网、环境监测、精细农业、节能减排等社会生活的各个领域。同时，传感器网络也是物联网系统的技术和应用之一。

0.2   传感器的误差分析

测量的目的是获得被测量的真实值，但是由于种种因素，任何测量都不可能绝对准确，都存在误差，只要误差在允许范围内即可认为符合标准。所谓测量误差，即测量的输出值与理论输出值的差值。因此，在设计和制造传感器时允许有误差，但必须在规定误差的指标之内。为了使传感器能满足一定的精度要求，必须掌握误差的种类、分析产生误差的原因以及克服与减少误差的方法。

0.2.1   真值和测量误差

1. 真值

真值是指在一定的时间及空间（位置或状态）条件下，被测量所体现的真实数值，它是一个理想概念，一般是无法得到的，所以在计算误差时，一般用约定真值或相对真值来代替。

约定真值是一个接近真值的值，它与真值之差可忽略不计。实际测量中以在没有系统误差的情况下，足够多次测量值的平均值作为约定真值。相对真值也叫实际值，由于系统误差不可能完全被排除掉，故通常只能把精度更高一级的标准器具所测得的值作为"真值"。为了强调它并非真正的"真值"，通常把它称为实际值。

2. 测量误差

测量结果与被测量真值之差称为测量误差。在实际测量中真值无法确定，因此通常用约定真值或相对真值代替真值来确定测量误差。

0.2.2　误差的表示方法

按照表示方法的不同，可以把测量误差分为绝对误差和相对误差两种。

1. 绝对误差

绝对误差用 Δ 表示，是指测量值 A_x 与约定真值 A_0 的差值，是一个有量纲的量即

$$\Delta = A_x - A_0 \tag{0-1}$$

2. 相对误差

测量所造成的绝对误差与被测量（约定）真值之比乘以 100% 所得的数值，以百分数表示，它是一个无量纲的值。一般来说，相对误差更能反映测量的可信程度。例如，测量者用同一把尺子测量长度为 1 cm 和 10 cm 的物体，它们的测量值的绝对误差显然是相同的，但是相对误差前者比后者大了一个数量级，表明后者的测量值更为可信。

在实际测量中，相对误差有下列三种表示形式。

1) 实际相对误差

实际相对误差 γ_A 用绝对误差 Δ 与约定真值 A_0 的百分比表示，即

$$\gamma_A = \frac{\Delta}{A_0} \times 100\% \tag{0-2}$$

2) 标称相对误差

标称相对误差 γ_x 用绝对误差 Δ 与被测量值 A_x 的百分比表示，即

$$\gamma_x = \frac{\Delta}{A_x} \times 100\% \tag{0-3}$$

3) 引用误差

引用误差 γ_m 用绝对误差 Δ 与仪器量程 A_m 的百分比表示，即

$$\gamma_m = \frac{\Delta}{A_m} \times 100\% \tag{0-4}$$

测量工作是在一定条件下进行的，外界环境、观测者的技术水平和仪器本身构造不完善等原因，都可能导致测量误差的产生。具体来说，测量误差主要来自三个方面：① 外界条件，主要指观测环境中气温、气压、空气湿度、风力以及气流扰动等因素所引起的误差；② 仪器条件，指测量仪表本身以及仪表组成元件不完善所引入的误差；③ 观测者自身条件，由于观测者自身能力所限，若所选择的测量方法不正确，则可能引起误差。

0.2.3　误差的分类

测量中由不同因素产生的误差通常是混合在一起同时出现的，为了便于分析研究误差的性质、特点和消除方法，下面对各种误差进行讨论。按照误差出现的规律，误差可以分成系统误差、随机误差、粗大误差；按照被测量随时间变化的快慢，误差可以分成静态误

差和动态误差。

1. 系统误差

在相同的条件下，对同一物理量进行多次测量，如果误差按照一定规律出现，则把这种误差称为系统误差，简称系差。

系统误差表明了一个测量结果偏离真值和实际值的程度。系统误差愈小，测量愈准确，所以常用准确度来表征系统误差的大小。

2. 随机误差

当对某一物理量进行多次重复测量时，若误差出现的大小和符号均以不可预知的方式变化，则该误差为随机误差。根据数理统计原理，随机误差具有下列特征：

(1) 无法完全排除或避免。在实验中，随机误差是不可避免的，无论实验条件如何控制，都无法完全消除它的存在。但是随着测量次数增加，随机误差的算数平均趋向零。

(2) 值大小不固定。随机误差的大小是随机的，可能很小，也可能很大，但是等值反号的随机误差出现概率接近，而且随机误差的绝对值不会超过一定界线。

(3) 可以通过统计方法进行处理。随机误差是随机的，其值可以通过重复实验并进行统计处理，从而得到一个近似真值。

从图 0-3 中可知，系统测量值与真值之间总是会存在误差，系统随机误差服从统计上的正态分布曲线，经过多次测量得到的平均值与真值之间的系统误差是稳定的，而通过多次测量，随机误差是可以抵消进而缩小的。

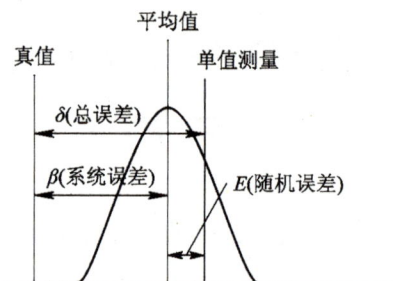

图 0-3　误差的分布

3. 粗大误差

明显超出规定条件下的预测值的误差称为粗大误差。

4. 静态误差

在测量过程中，被测量随时间变化很缓慢或基本不变时的测量误差称为静态误差。

5. 动态误差

动态误差是在被测量随时间变化过程中进行测量时所产生的附加误差。

对测量结果进行数据处理是一个去伪存真的过程，针对不同性质的误差应采取不同的处理方法。误差分析的理论多基于测量数据的正态分布，而实际测量过程中由于受到各种因素的影响，测量数据的分布情况复杂，因此，测量数据必须消除系统误差、正态性检验和剔除粗大误差后，才能进一步处理，以得到可信的结果。

0.2.4 传感器的准确度和精确度

1. 传感器的准确度

准确度是指量具的测量值接近真实值的程度，准确度只是一个定性概念而无定量表达。测量误差的绝对值越大，其准确度越低。但准确度不等于误差，准确度只有高、低，大、小，合格、不合格之类的表述。对于测量仪器的准确度，则还有级别或等别的表述。

例如，压力传感器的准确度等级分别为 0.05、0.1、0.2、0.3、0.5、1.0、1.5、2.0 等，我国电工仪表的准确度等级分别为 0.1、0.2、0.5、1.0、1.5、2.5、5.0 等。

仪表的准确度等级 S 常用最大引用误差来定义，即

$$S = \frac{|\Delta_m|}{A_m} \times 100\% \tag{0-5}$$

式中，$|\Delta_m|$ 为最大绝对误差，A_m 为量程。

某 0.1 级压力传感器的量程为 100 MPa，测量 50 MPa 压力时，传感器引起的最大相对误差为 ±0.2%。

例 1-1　现有准确度等级为 0.5 级、量程为 0～300℃和准确度等级为 1.0 级、量程为 0～100℃的两个温度计，要测 80℃的温度，采用哪一个温度计合适？

解：用准确度等级为 0.5 级的温度计测量时，最大标称相对误差为

$$S_1 = \pm \frac{\Delta_{m1}}{A_m} \times 100\% = \pm \frac{300 \times 0.5}{80 \times 100} \times 100\% = \pm 1.875\%$$

用准确度等级为 1.0 级的温度计测量时，最大标称相对误差为

$$S_2 = \pm \frac{\Delta_{m1}}{A_m} \times 100\% = \pm \frac{100 \times 1.0}{80 \times 100} \times 100\% = \pm 1.25\%$$

由此可得 $S_2 < S_1$，显然用准确度等级为 1.0 级的温度计测量比用准确度等级为 0.5 级的温度计测量更合适。

2. 传感器的精确度

传感器的精确度是指测量值彼此接近的程度，即多个测量值之间有多接近。传感器的精确度通常受到多个因素的影响，如环境温度、湿度、电源稳定性以及传感器的制造质量等。因此，对于不同类型的传感器，其精确度可能会有所不同。

图 0-4 通过子弹打中靶标的情况形象地表示出了测量的准确度和精确度。

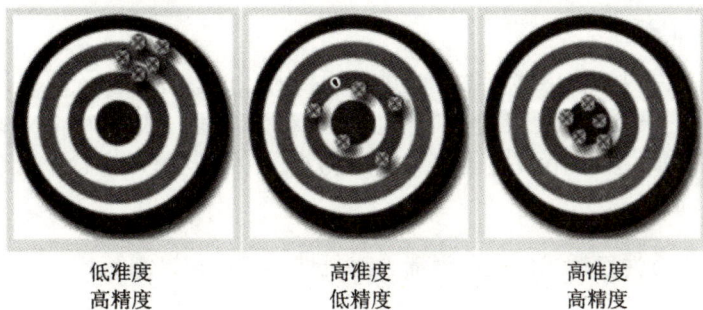

| 低准度 高精度 | 高准度 低精度 | 高准度 高精度 |

图 0-4　测量的准确度和精确度

0.3 传感器的基本特性

传感器的特性参数有很多，且不同类型的传感器，其特性参数的要求和定义也各有差异，但都可以通过其静态特性和动态特性进行全面描述。

0.3.1 传感器的静态特性

1. 灵敏度

灵敏度是指稳态时传感器输出量 y 和输入量 x 之比，或输出量的增量 Δy 和相应输入量的增量 Δx 之比。

$$K = \frac{\text{输出量增量}}{\text{输入量增量}} = \frac{\Delta y}{\Delta x} \tag{0-6}$$

线性传感器的灵敏度 K 为常数，非线性传感器的灵敏度 K 是随输入量变化的量。

灵敏度的量纲是输出量、输入量的量纲之比。例如，某位移传感器在位移变化 1 mm 时，输出电压变化为 200 mV，则其灵敏度应表示为 200 mV/mm。提高灵敏度，可得到较高的测量精度。但灵敏度愈高，测量范围愈窄，稳定性也往往愈差。

2. 分辨力和分辨率

分辨力指的是传感器能够检测出的被测信号的最小变化量。这个最小变化量用绝对值表示，它决定了传感器对输入量变化的最低可检测阈值。当被测量的变化小于分辨力时，传感器对输入量的变化无任何反应。分辨力是传感器的基本指标，表征了传感器对被测量的分辨能力，其他技术指标都是以分辨力作为最小单位来描述的。

分辨率则是指分辨力与满量程值之比，通常用百分比表示。分辨率表征了传感器在满量程范围内对被测量变化的分辨能力。

分辨力和分辨率的主要区别在于：分辨力是一个具有单位的绝对数值，表示传感器能够检测出的被测量的最小变化量；而分辨率是一个相对数，没有量纲，它反映了传感器在整个测量范围内的精确度。

3. 测量范围和量程

在允许误差范围内，传感器能够测量的下限值 (y_{min}) 到上限值 (y_{max}) 之间的范围称为测量范围，表示为 $y_{min} \sim y_{max}$；上限值与下限值的差称为量程，表示为 $y_{FS} = y_{max} - y_{min}$。如某温度计的测量范围是 $-20 \sim 100℃$，量程则为 120℃。

4. 误差特性

传感器的误差特性包括线性度、迟滞、重复性、零漂和温漂等。

1) 线性度

线性度是指传感器输入量与输出量之间的静态特性曲线偏离直线的程度，又称为非线性误差。在实际使用中，大多数传感器的静态特性曲线是非线性的。可用一条直线（切线或割线）近似地代表实际曲线的一段，这条直线称为拟合直线，如图 0-5 所示。

静态特性曲线与拟合直线之间的偏差称为传感器的非线性误差（或线性度）。ΔL_{max} 指静态曲线与拟合直线之间的最大误差的绝对值。

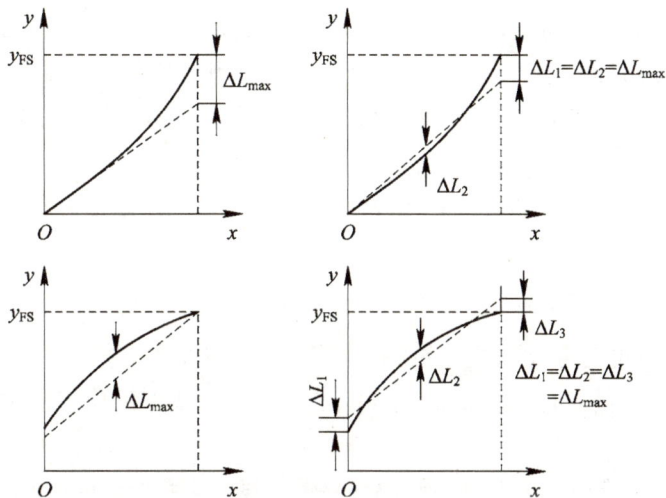

图 0-5　传感器拟合直线示意图

2) 迟滞

迟滞是指在相同工作条件下，传感器正行程特性与反行程特性不一致的程度，如图 0-6 所示，图中 ΔH_{max} 指正反行程间输出的最大差值的绝对值。

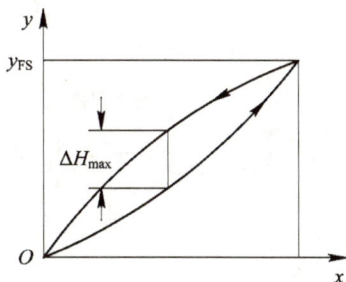

图 0-6　迟滞特性曲线

3) 重复性

如图 0-7 所示，传感器的重复性是指在同一工作条件下，输入量按同一方向在全测量范围内连续变化多次所得特性曲线的不一致性，在数值上用各测量值正、反行程标准偏差最大值的两倍或三倍与满量程的百分比表示。ΔR_{max1} 指正行程的最大重复性偏差的绝对值，ΔR_{max2} 指反行程的最大重复性偏差的绝对值。

4) 零漂和温漂

传感器无输入（或某一输入值不变）时，每隔一定时间，其输出值偏离原示值的最大偏差与满量程的百分

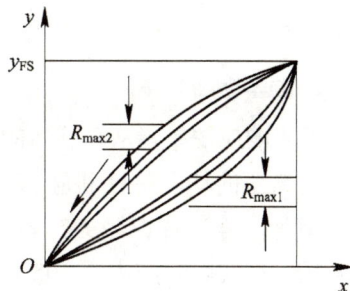

图 0-7　传感器重复特性曲线

比，即为零漂。温度每升高 1℃，传感器输出值的最大偏差与满量程的百分比称为温漂。

0.3.2　传感器的动态特性

传感器的动态特性是指传感器对激励（输入）的响应（输出）特性。一个动态特性好的传感器，其输出随时间变化的规律，将能同时再现输入随时间变化的规律（变化曲线），即具有相同的时间函数。但实际上除了具有理想的比例特性的环节外，输出信号将不会与输入信号具有完全相同的时间函数，这种输出与输入间的差异就是所谓的动态误差。

为了便于比较、评价或动态定标，最常用的输入信号为阶跃信号和正弦信号，与其对应的方法为阶跃响应法和频率响应法。

1. 阶跃响应法

如图 0-8 所示，我们通常需要关注阶跃响应的以下几个重要指标：

(1) 最大超调量。最大超调量 σ_p 就是阶跃响应特性曲线偏离稳态值的最大值，常用百分数表示。

(2) 延滞时间。延滞时间 t_d 是指阶跃响应特性曲线达到稳态值的 50% 所需的时间。

(3) 上升时间。上升时间 t_r 是指阶跃响应特性曲线从稳态值的 10% 上升到 90% 所需的时间。常用它来描述无振荡的传感器。

(4) 峰值时间。峰值时间 t_p 是指阶跃响应特性曲线从 0 到第一个峰值所需的时间。

(5) 响应时间。响应时间 t_s 是指从阶跃函数信号输入开始到其输出值进入稳态值规定范围内所需要的时间。

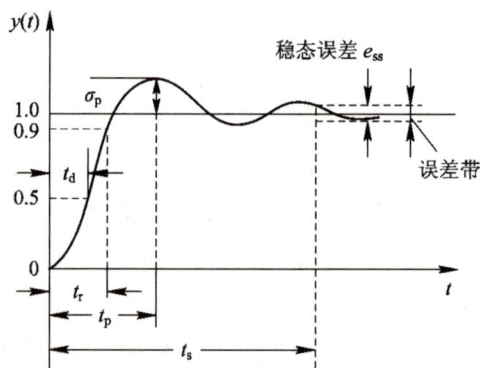

图 0-8　传感器的阶跃响应

2. 频率响应法

频率响应法是指从传感器的频率特性出发研究传感器的动态特性。

传感器的动态特性和静态特性不相关，良好的静态特性不一定能带来良好的动态特性。但是，静态特性恶劣的系统其动态特性一定不好，所以，静态特性良好是动态特性的基础。在实际生产中，一般首先要确定检测系统的静态特性，如果需要，再测试系统的动态特性。

我国传感器技术的发展历程

我国早在 20 世纪 60 年代就开始涉足传感器制造业。1972 年，我国成立了中国第一批压阻传感器研制生产单位；1974 年，我国研制成功中国第一个实用压阻式压力传感器；1978 年，中国第一个固态压阻加速度传感器诞生；1982 年，国内最早开始微电子机械系统 (MEMS) 加工技术和 SOI(绝缘衬底上的硅) 技术的研究。进入 20 世纪 90 年代后，MEMS 加工技术制造的绝对压力传感器、微压传感器、多晶硅压力传感器等相继问世并实现量产。

2018 年，我国中央科技新闻媒体《科技日报》发表了系列文章，报道了制约我国工业发展的 35 项 "卡脖子" 的关键技术，引起了广泛关注与讨论。除众所周知的芯片、光刻机、核心工业软件等技术外，还有触觉传感器、激光雷达等高端传感器技术。时至今日，触觉传感器和激光雷达在我国科研人员的努力下已经获得了突破。

触觉传感器是工业机器人的核心部件。其精确、稳定的严苛要求拦住了我国大部分企业向触觉传感器迈进的步伐。日本的阵列式传感器能在 10 cm × 10 cm 大小的基质中分布 100 个敏感元件，曾经售价 10 万元。2021 年 12 月，浙江大学在其官网上发表了一篇名为《触觉传感器破局！浙大宁波校区助推 "国产触觉" 走向世界》的文章，介绍了研制触觉传感器的过程。

激光雷达传感器是自动驾驶汽车的必备组件，决定着自动驾驶行业的先进水平。在该领域，市场一度被美国 Velodyne 的产品占领，国货几乎没有话语权。2022 年 1 月，山东富锐光学科技有限公司研制出了激光雷达，打破了国外技术垄断。在车载激光雷达方面，2023 年 3 月，国内激光雷达企业速腾聚创 RoboSense 宣布，其激光雷达 MEMS 振镜模组通过了 AEC-Q100 认证，成为目前全球唯一通过该车规级认证的激光雷达扫描器件。

总之，改革开放以来，我国传感器技术及其产业取得了长足进步，进入 21 世纪后，中国传感器行业步入技术创新和产业升级的新阶段。伴随着微电子、信息技术、新材料等领域的进步，传感器技术向微型化、多功能化、智能化、网络化方向发展。特别是 MEMS(微电子机械系统) 传感器、智能传感器、无线传感器网络 (WSN) 等新技术和产品的研发与应用，标志着中国传感器技术水平的大幅提升。与此同时，国家也加大了对传感器技术的研发投入，建立了一系列国家重点实验室和工程技术研究中心，推动了关键技术的突破。

思考与练习

1. 测量一个圆柱体的直径，试想出尽可能多的测量方法，并分析这些方法中的误差影响因素和大小。

2. 举例说明动态特性和静态特性的区别。

3. 简单叙述传感器技术的发展趋势。

项目1 温度检测

温度是表征物体冷热程度的物理量，是国际单位制给出的基本物理量之一，它是与人们日常生活紧密相关的一个重要物理量，也是在工农业生产和科学实验中需要经常测量和控制的主要参数。

衡量温度高低的标尺叫作温度标尺，简称温标。它是温度的数值表示方法，是温度定量测量的基准，规定了温度的读数起点（即零点）和温度测量的基本单位。人们一般是借助随温度变化而变化的物理量（如体积、压力、电阻、热电势等）来定义温度数值，建立温标和制造各种各样的温度检测仪表的。历史上提出过多种温标，如早期的经验温标（摄氏温标和华氏温标）、理论上的热力学温标和当前世界通用的国际温标。

常用的温度传感器有热电阻、热敏电阻、热电偶及数字温度传感器等。

1.1 认识温度传感器

1.1.1 热电阻温度传感器

导体或半导体的电阻随温度变化而变化的现象称为热电阻效应，利用具有热电阻效应的导体或半导体制成的传感器叫作热电阻传感器。

热电阻传感器按电阻 - 温度特性的不同可分为金属热电阻和半导体热电阻两大类。金属热电阻的电阻 - 温度特性表现为当温度升高时其电阻增大，而半导体热电阻的电阻 - 温度特性则表现为随温度升高其电阻反而减小。一般情况下，我们把金属热电阻称为热电阻，而把半导体热电阻称为热敏电阻。

1. 热电阻

在金属中，载流子为自由电子，当温度升高时，虽然自由电子数目基本不变，但每个自由电子的动能增加，因而在一定电场的作用下，要使这些杂乱无章的电子做定向运动，就会遇到更大的阻力，导致金属电阻值随温度的升高而增加。热电阻就是利用电阻随温度升高而增大这一特性来测量温度的。

热电阻传感器的主要特点如下：

(1) 测量精度高；

(2) 测量范围大；

(3) 易于在自动测量和远距离测量中使用；

(4) 与热电偶传感器相比，没有参比端误差问题。

常用的热电阻有铂电阻和铜电阻。

1) 铂电阻

由于铂电阻的物理性质、化学性质在高温和氧化性介质中很稳定，因此，它能用作工业测温元件或作为温度标准的基准。国际温标 ITS-1990 规定，在 $-259.34\sim630.74℃$ 温域内，以铂电阻温度计作基准器。

铂电阻与温度的关系，在 $0\sim630.74℃$ 以内为

$$R_t = R_0(1 + At + Bt^2) \tag{1-1}$$

式中：R_t 是温度为 t 时的电阻，单位为 Ω；R_0 是温度为 0℃ 时的电阻，单位为 Ω；t 为温度，单位为 ℃。

在 $-190\sim0℃$ 以内，铂电阻与温度的关系为

$$R_t = R_0[1 + At + Bt^2 + C(t-100)t^3] \tag{1-2}$$

式中：A、B、C 为分度系数，单位分别为 $1/℃$、$1/℃^2$、$1/℃^4$。

由式 (1-1) 或式 (1-2) 可知，要确定电阻 R_t 与温度 t 的关系，首先要确定 R_0 的数值，R_0 不同时，R_t 与 t 的关系不同。在工业上将相应于 $R_0 = 100\,\Omega$ 和 $R_0 = 1000\,\Omega$ 的 $R_t - t$ 关系制成分度表，称为热电阻分度表。表 1-1 为 PT100 型铂热电阻分度表，可供使用者查阅。

表 1-1 PT100 型铂热电阻分度表

$R_0 = 100\,\Omega$，分度系数 $A = 3.908 \times 10^{-2}℃^{-1}$，$B = -5.80 \times 10^{-7}℃^{-2}$，$C = -4.22 \times 10^{-12}℃^{-4}$

温度 /℃	0	1	2	3	4	5	6	7	8	9
	电阻值 /Ω									
-10	96.09	95.69	94.30	94.91	94.52	94.12	93.75	93.34	92.95	92.55
-0	100.00	99.61	99.22	98.83	98.44	98.04	97.65	97.26	96.87	96.48
0	100.0	100.39	100.78	101.17	101.56	101.95	102.34	102.73	103.12	103.51
10	103.90	104.29	104.68	105.07	105.46	105.85	106.24	106.63	107.02	107.40
20	107.79	108.18	108.57	108.96	109.35	109.73	110.12	110.51	110.90	111.28

温度 /℃	0	1	2	3	4	5	6	7	8	9
	电阻值 /Ω									
30	111.67	112.06	112.45	112.83	113.22	113.61	113.99	114.38	114.77	115.15
40	115.54	115.93	116.31	116.70	117.08	117.47	117.85	118.24	118.62	119.01
50	119.40	119.78	120.16	120.55	120.93	121.32	121.70	122.09	122.47	122.86
60	123.24	123.62	124.01	124.39	124.77	125.16	125.54	125.92	126.31	126.69
70	127.07	127.45	127.84	128.22	128.60	128.98	129.37	129.75	130.13	130.51
80	130.89	131.27	131.66	132.04	132.42	132.80	133.18	133.56	133.94	134.32
90	134.70	135.08	135.46	135.84	136.22	136.60	136.98	137.56	133.94	134.32
100	138.59	138.88	139.26	139.64	140.02	140.39	140.77	141.15	141.53	141.91
110	142.29	142.66	143.04	143.42	143.80	144.17	144.55	144.93	145.31	145.68
120	146.06	146.44	146.81	147.19	147.57	147.94	148.32	148.70	149.07	149.45
130	149.82	150.20	150.57	150.95	151.33	151.70	152.08	152.45	152.83	153.20
140	153.58	153.95	154.32	154.70	155.07	155.45	155.82	156.19	156.57	156.94
150	157.31	157.69	158.06	158.43	158.81	159.18	159.55	159.93	160.30	160.67

2) 铜电阻

铂是贵金属，使得铂热电阻造价较高，为此，在一些精度要求不高而且被测温度较低的场合，一般采用铜热电阻。铜热电阻的主要性能特点如下：

(1) 测量范围为 -50～180℃；

(2) 在测量范围内有良好的电阻 - 温度线性关系；

(3) 与铂电阻相比，铜电阻的温度系数高，电阻率低；

(4) 工艺性好，价格便宜；

(5) 容易氧化，不适宜在腐蚀性介质下工作；

(6) 电阻率低，电阻体积较大，热惯性也较大。

在使用温度范围内，铜热电阻的特性方程为

$$R_t = R_0(\alpha t + 1) \tag{1-3}$$

式中：R_t 为铜热电阻在 t 时电阻值，单位为 Ω；R_0 为铜热电阻在 0℃时的电阻值，单位为 Ω；α 为铜热电阻的温度系数，一般为 4.25×10^{-3}～4.28×10^{-3}/℃。

2. 热敏电阻

金属导电是靠自由电子在电场力作用下做定向运动，而半导体参加导电的是载流子 (为自由电子和空穴两种异性电荷)，由于半导体中的载流子数目要比原子的数目少得多，相邻自由电子之间的距离是原子之间距离的几十倍到几百倍，所以在一般情况下它的电阻值很大。当温度升高时，半导体中更多的价电子获得热能而被激发，挣脱核束缚成为载流子，因而参加导电的载流子数目增加了，所以，半导体的电阻值随温度升高而急剧减小，且按指数规律下降，呈非线性。

1) 热敏电阻的主要特点

(1) 电阻温度系数大，灵敏度高，比一般金属电阻大 10～100 倍；

(2) 结构简单，体积小，可以测量点温度；

(3) 电阻率高，热惯性小，适宜动态测量；

(4) 阻值与温度的变化呈线性关系；

(5) 测量范围较小，不宜在高温下使用，一般来说，其测量范围为 -50～350℃；

(6) 稳定性和互换性较差。

2) 热敏电阻的分类

根据电阻率随温度变化的典型特性不同，热敏电阻基本分为三种类型：负温度系数 (NTC) 热敏电阻、正温度系数 (PTC) 热敏电阻和临界温度 (CTR) 热敏电阻。

(1) 负温度系数 (NTC) 热敏电阻：电阻率随着温度升高而均匀减小的电阻。NTC 热敏电阻一般采用负电阻温度系数很大的固体多晶半导体氧化物的混合物制成。

(2) 正温度系数 (PTC) 热敏电阻：电阻率随温度升高而减小，但超过某一温度后电阻率急剧增加的电阻。这类电阻材料是陶瓷材料，在室温下是半导体，所以又称为半导体陶瓷。

(3) 临界温度 (CTR) 热敏电阻：当温度接近某一数值时，电阻率下降产生突变的电阻。它随温度变化的特性不能像 NTC 热敏电阻那样用于宽范围内的温度控制，只能在特定温区内实现温度控制。

1.1.2　热电偶温度传感器

1. 热电偶的工作原理

如图 1-1 所示，将两种不同成分的导体组成一个闭合回路，当闭合回路的两个接点分别置于不同的温度场中时，回路中将产生一个方向和大小与导体的材料及两接点的温度有关的电动势，这种效应称为热电效应。利用这种热电效应所构成的传感器称为热电偶。温度高的接点称为热端 (或工作端)，温度低的接点称为冷端 (或自由端)，形成的回路称为热电回路。

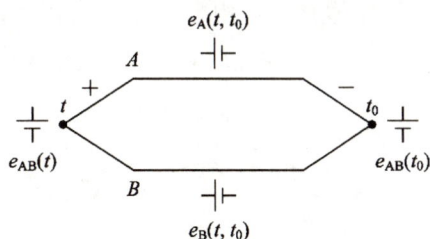

图 1-1　热电偶的工作原理

热电势由两种导体的接触电势和单一导体的温差电势组成。

1) 接触电势

由于各种金属导体都存在大量的自由电子，不同的金属其自由电子密度是不同的。当 A、B 两种金属接触在一起时，在接点处就要发生电子扩散，即电子浓度高的金属中的自由电子向电子浓度低的金属中扩散，这样，电子浓度高的金属因失去电子而带正电，相反，电子浓度低的金属由于接收了扩散来的多余电子而带负电。这时在接触面两侧的一定范围内形成一个电场，电场的方向由 A 指向 B，如图 1-2(a) 所示。该电场将阻碍电子的进一步扩散，最后达到了动态平衡状态，从而得到一个稳定的接触电势，如图 1-2(b) 所示。

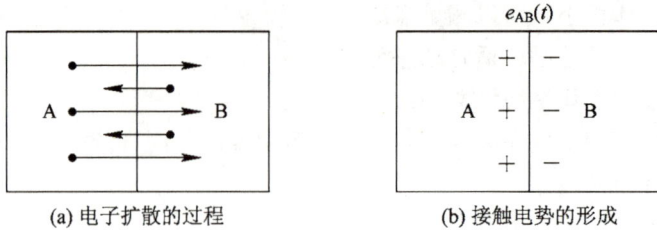

(a) 电子扩散的过程　　　　　　　(b) 接触电势的形成

图 1-2　接触电势的形成

2) 温差电势

单一导体中，如果两端温度不同，在两端间会产生电势，即单一导体的温差电势。这是由于导体内高温端 (设温度为 t) 的自由电子具有较大的动能，因而向低温端扩散，结果高温端因失去电子而带正电荷，低温端因得到电子而带负电荷，从而形成一个静电场，如图 1-3 所示。该电场反过来阻碍自由电子的继续扩散，当达到动态平衡时，在导体两端便产生一个相应的电位差，该电位差称为温差电势。

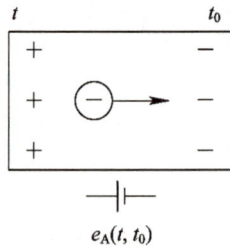

图 1-3　温差电势的形成

3) 热电偶回路热电势

对于由导体 A、B 组成的热电偶闭合回路，产生的热电势可用图 1-4 表示。当温度 $t > t_0$，导体 A 的自由电子密度 n_A 大于导体 B 的自由电子密度 n_B 时，闭合回路的总热电势为

$$E_{AB}(t,t_0) = [E_{AB}(t) - E_{AB}(t_0)] + [-E_A(t,t_0) + E_B(t,t_0)] \tag{1-4}$$

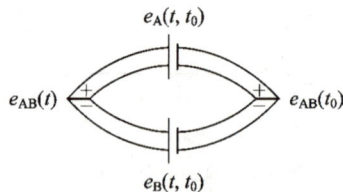

图 1-4　电热回路电势

实际上，在同一种金属内，温差电势极小，可以忽略，因此在回路的总热电势表达式中，后面的部分可以忽略。

通过上面的分析，热电偶回路中总的热电势为两接点热电势的代数和。当电极材料确定后，热电偶的总热电势成为温度 t 和 t_0 的函数之差。如果冷端温度固定不变，则热电势就只是温度 t 的单值函数了。

同时可得如下结论：

(1) 如果热电偶两电极材料相同，虽两端温度不同，但总输出电势仍为零，因此，必须由两种不同的金属材料才能构成热电偶。

(2) 如果热电偶两接点温度相同，则回路中的总电势必然等于零。

(3) 热电势的大小只与材料和接点温度有关，与热电偶的尺寸、形状及沿电极温度分布无关。应注意，如果热电极本身性质为非均匀的，由于温度梯度存在将会有附加电势产生。

2. 热电偶温度传感器的特点

1) 热电偶的优点

(1) 温度范围广。热电偶的测量温度范围为 −200～2500℃，适用于大多数实际温度的测量。

(2) 坚固耐用。热电偶温度传感器属于耐用器件，抗冲击振动性好，适合于危险恶劣的环境。

(3) 响应快。热电偶体积小，热容量低，因此可快速响应温度变化，尤其在感应接合点裸露时，它们可在数百毫秒内对温度变化做出响应。

(4) 无自发热。由于热电偶不需要激励电源，因此不易自发热，其本身是安全的。

2) 热电偶的缺点

(1) 信号调理复杂。将热电偶电压转换成可用的温度读数必须进行大量的信号调理。一直以来，信号调理会耗费大量的设计时间，处理不当就会引入误差，导致精度降低。

(2) 精度低。除由于金属特性导致的热电偶内部固有的不准确性外，热电偶的测量精度只能达到参考接合点温度的测量精度，一般在 1～2℃内。

(3) 易受腐蚀。因为热电偶由两种不同的金属组成，在一些工况下，它们可能会随时间而腐蚀，造成精度降低，因此，它们需要保护且保养维护必不可少。

(4) 抗噪性差。当测量毫伏级信号变化时，杂散电场和磁场产生的噪声可能会引起问题。

3. 热电偶的种类

热电偶按照结构形式可以分为普通型热电偶、铠装型热电偶和薄膜型热电偶。

按热电极材料不同，热电偶可分为贵金属热电偶、廉金属热电偶、贵 - 廉金属混合式热电偶、难熔金属热电偶和非金属热电偶。

按测量温度不同，热电偶可分为高温热电偶 (1000～3000℃)、中温热电偶 (0～1000℃)、低温热电偶 (−100～0℃) 和超低温热电偶 (−273～−100℃)。

热电偶按用途可分为标准热电偶和工业用热电偶。

热电偶按工业标准化情况可分为标准化热电偶和非标准化热电偶。

1.1.3　数字温度传感器

不论是热电阻温度传感器还是热电偶温度传感器，都是把温度的变化间接或直接转变为模拟电信号的变化，需要经过 A/D(模 / 数) 转换后才能够被 MCU(微控制单元，又称单片机) 使用，这在自动控制装置开发设计中应用不是很方便。随着电子信息技术的发展，数字温度传感器应运而生。数字温度传感器具有精度高、数字输出、快速响应、简单易用和低功耗等诸多优势，已经广泛应用于工业自动化、智能家居、医疗设备、汽车电子等领域。

1. 数字温度传感器的工作原理

数字温度传感器是一种测量温度的器件，其工作原理是通过感知周围环境的温度变化而产生电信号，并将其转换为数字信号输出。数字温度传感器通常使用集成电路技术，利用材料的电阻、电容、热电效应等特性来实现温度的测量，能够提供准确的和可重复性的温度测量结果。

常见的数字温度传感器是基于集成电路的温度传感器，如 LM75A 和 DS18B20。这些传感器通过使用内置的温度传感器和 ADC(模/数转换器)来直接将温度转换为数字信号输出。其中，LM75A 是基于集成电路的温度传感器，MCU 可以通过 I^2C 总线直接读取其内部寄存器中的数据；DS18B20 是一种数字温度传感器，其使用 1-Wire 总线协议与其他设备进行通信。

2. 数字温度传感器的特点

(1) 高精度。数字温度传感器具有较高的测量精度和稳定性，可以提供精确的温度测量结果。

(2) 数字输出。数字温度传感器将温度信号转换为数字信号输出，方便数字化处理和集成控制。

(3) 快速响应。数字温度传感器可以实现温度变化的快速响应，提高温度监测的实时性和准确性。

(4) 简单易用。数字温度传感器通常采用标准接口和通信协议，具有简单易用的特点，可以方便地与其他设备进行集成，降低软件开发成本。

(5) 低功耗。数字温度传感器通常具有低功耗的特点，适用于对电力消耗有限制的场合，如便携式设备、无线传感网络等。

(6) 高可靠性。数字温度传感器通常采用固态传感器技术，没有活动部件，不易损坏或失效。

(7) 广泛适用。数字温度传感器适用于不同温度范围和环境下的测量，如室内、室外、高温、低温等。

(8) 多种封装形式。数字温度传感器可以采用不同的封装形式，如贴片式、插针式、管壳式等，以适应不同的应用场景和需求。

(9) 可编程性。一些数字温度传感器具有可编程的特性，可以通过软件配置实现不同的测量精度、采样率、输出格式等参数的调整。

1.2 数字温度传感器应用实训

1.2.1 实训目的及要求

通过实训，掌握 DS18B20 数字温度传感器与 STM32F407ZGT6 芯片的接口技术以及编程技术，能够使用 DS18B20 数字温度传感器进行温度测量，并在液晶显示屏幕上显示当前室温。

1.2.2 DS18B20 数字温度传感器简介

1. DS18B20 数字温度传感器的性能指标

DS18B20 采用一条数据线实现数据双向传输的 1-Wire 单总线协议方式。该协议定义了三种通信时序：初始化时序、读时序和写时序。DS18B20 输出的是数字信号，具有体积小、硬件开销低、抗干扰能力强、精度高的特点。DS18B20 的主要性能指标有：

(1) 独特的一线接口。DS18B20 在与微处理器连接时仅需要一条口线即可实现微处理器与 DS18B20 的双向通信。

(2) 支持多点组网功能。多个 DS18B20 可以并联在单一的数据线上，最多只能并联 8 个，可实现多点测温。如果数量过多，则会造成 IO 口驱动能力下降，从而造成信号传输的不稳定。

(3) 无需外部元件，可用数据总线供电，电压范围为 3.0～5.5 V，无需备用电源。

(4) 测量温度范围为 −55～125℃。

(5) 在 −10～+85℃范围内，精度为 ±0.5℃。

(6) 温度传感器可编程的分辨率为 9～12 位，用户可定义非易失性的温度报警设置。

2. DS18B20 的封装

图 1-5 为 DS18B20 的 TO-92 封装图及 SOIC 封装图。

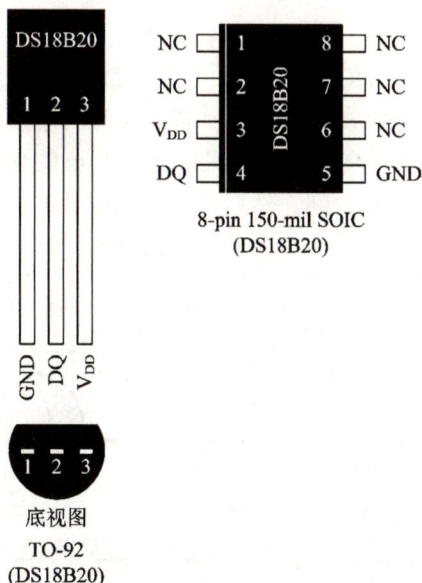

图 1-5 DS18B20 的封装

3. DS18B20 的典型接线方式

DS18B20 的典型接线如图 1-6 所示，数据总线 DQ 接 MCU 的 I/O 口 (输入 / 输出)，且数据总线需要接上拉电阻，电阻的典型值为 4.7 kΩ。

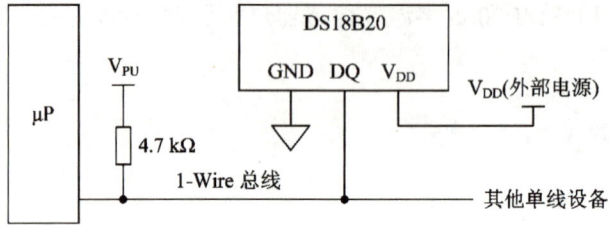

图1-6　DS18B20典型接线方式

4. DS18B20的控制时序

1) DS18B20的复位时序

如图1-7所示。MCU先将DQ设置为低电平，延时至少480 μs后再将其变成高电平，即提供一个脉宽480 μs<T<960 μs的复位脉冲。等待15～60 μs后，检查DQ是否变为低电平，若已变为低电平则表明复位成功，然后可进入下一步操作，否则可能发生器件不存在、器件损坏或其他故障。

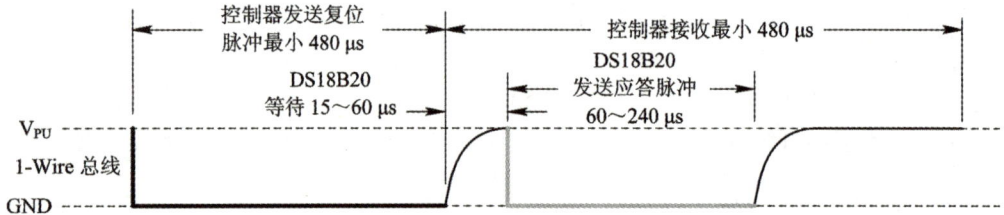

图1-7　DS18B20的复位时序

2) DS18B20的写时序

如图1-8所示，MCU先将DQ设置为低电平，延时15 μs后，将待写的数据以串行形式送一位至DQ端，DS18B20将在60 μs<T<120 μs时间内接到一位数据。发送完一位数据后，将DQ端的状态再拉回至高电平，并保持至少1 μs的恢复时间，即每写完一位串行数据后中间至少要有1 μs的恢复时间，然后再写下一位数据。

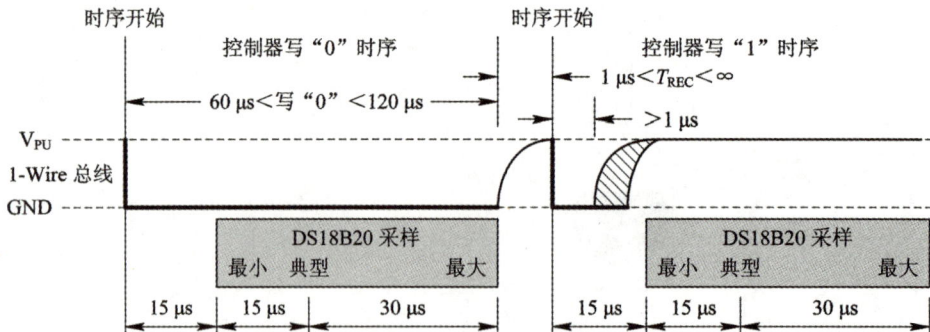

图1-8　DS18B20的写时序

3) DS18B20的读时序

如图1-9所示，当MCU准备从DS18B20温度传感器读取每一位数据时，应先发启动读时序脉冲，即将DQ设置为低电平，保持1 μs以上时间后，再将其设置为高电平。启动等待 15 μs，以便 DS18B20 能可靠地将温度数据送至 DQ 总线上，然后 MCU 再读取 DQ 总线上的结果，MCU 在完成读取数据操作后，要等待至少 45 μs。同样，每读完一位数据至少要保持 1 μs 的恢复时间。

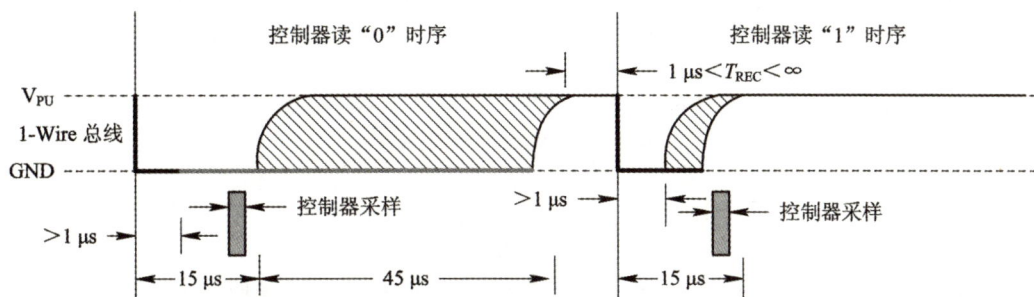

图 1-9　DS18B20 的读时序

5. DS18B20 应用注意事项

较小的硬件开销需要相对复杂的软件进行补偿，由于 DS18B20 与微处理器间采用串行数据传送，因此，在对 DS18B20 进行读写编程时，必须严格地保证读写时序，否则将无法读取测温结果。在使用 PL/M、C 等高级语言进行系统程序设计时，对 DS18B20 的操作部分最好采用汇编语言实现。

在 DS18B20 的有关资料中均未提及单总线上所挂 DS18B20 数量的问题，这容易使人误认为单总线上可以挂任意多个 DS18B20，在实际应用中并非如此。当单总线上所挂 DS18B20 超过 8 个时，就需要解决微处理器的总线驱动问题，这一点在进行多点测温系统设计时要加以注意。

连接 DS18B20 的总线电缆是有长度限制的。试验中，当采用普通信号电缆传输长度超过 50 m 时，读取的测温数据将发生错误。当将总线电缆改为双绞线带屏蔽电缆时，正常通信距离可达 150 m；当采用每米绞合次数更多的双绞线带屏蔽电缆时，正常通信距离进一步加长。这种情况主要是由总线分布电容使信号波形产生畸变造成的。因此，在用 DS18B20 进行长距离测温系统设计时，要充分考虑总线分布电容和阻抗匹配问题。

在 DS18B20 测温程序设计中，向 DS18B20 发出温度转换命令后，程序总要等待 DS18B20 的返回信号，一旦某个 DS18B20 接触不好或断线，当程序读该 DS18B20 时，将没有返回信号，程序进入死循环。这一点在进行 DS18B20 硬件连接和软件设计时也要给予一定的重视。测温电缆线建议采用屏蔽 4 芯双绞线，其中一对线接地线与信号线，另一组接 V_{CC} 和地线，屏蔽层在源端单点接地。

1.2.3　DS18B20 硬件接口电路设计

DS18B20 数字温度传感器实训原理图如图 1-10 所示。主控芯片 STM32F407ZGT6 的最小系统及人机接口原理图见附录 A，在这里仅给出温度传感器 DS18B20 的设计原理图，数据线 DQ 接 STM32F407ZGT6 的 PE13 引脚，数据线接 4.7 kΩ 上拉电阻。

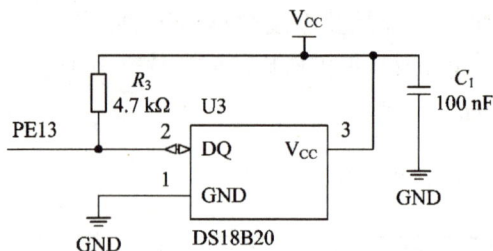

图 1-10　DS18B20 实训原理图

1.2.4　程序设计

本教材的实训均采用 Keil μVision4 开发工具，采用 STM32 微控制器固件库函数进行程序设计，一个 STM32 工程组包含 STM32 启动文件、中断服务函数、时钟配置函数、STM32 相关外设配置函数以及用户自定义函数等。本教材所有实训采用 STM32F407ZGT6 为主控芯片，工程组框架及说明见附录 B，实训中的人机接口源程序见附录 A。

本次实训的任务是采用 DS18B20 数字温度传感器进行室温的测量，该任务功能主要由 main.c、ds18B20.c 程序文件来完成，ds18B20.c 完成 DS18B20 的设置、复位和温度转换数据的读取，main.c 将采集到的数据处理为以摄氏度为单位的温度值并通过 LCD 液晶屏显示。

本实训程序设计的要点如下：

(1) 配置 RCC 寄存器组，使用 PLL 输出 168 MHz 时钟频率，开启 GPIOE 设备时钟；

(2) 配置 GPIOE.13 为开漏、输出模式，无上拉 / 下拉电阻；

(3) DS18B20 的复位、读写控制、温度读取、LCD 显示等。

鉴于篇幅限制，这里仅给出 ds18B20.c 程序清单，扫描右下侧二维码可以获得本次实训的完整工程文件。

```
//****************************************************
//ds18b20.c
// 主要功能：DS18B20 数字温度传感器的复位及读、写操作
//****************************************************
#include"ds18b20.h"
#include"delay.h"
#include"STM32F40x_GPIO_Init.h"

u8 Ds18b20ReadBit(void)        // DS18B20 读一位程序
{   u8 data;
    DS18_L;
    delay_us(2);
    DS18_H;
    delay_us(12);
    if(READ_DS18)
```

数字温度传感器
应用实训

```
        data=1;
    else
        data=0;
    delay_us(50);
    return data;
}


u8 Ds18b20ReadByte(void)          // DS18B20 读取一个字节，返回值为读到的数据
{   u8 i,j,dat;
    dat=0;
    for (i=1;i<=8;i++)
    {   j=Ds18b20ReadBit();       // 从 DS18B20 读取一位
        dat=(j<<7)|(dat>>1);      // 从低位开始读，读一位放到最高位并把之前的位向低位移 1 次
    }
    return dat;
}


void Ds18b20Rst(void)            // 复位程序
{   DS18_L;
    delay_us(750);
    DS18_H;
    delay_us(15);
}


void Ds18b20WriteByte(u8 dat)    // 将一个字节写入 DS18B20，dat 为要写入的字节
{   u8 j;
    u8 testb;
    for (j=1;j<=8;j++)
    {   testb=dat&0x01;          // 获得最低位

        dat=dat>>1;              // 右移 1 次

        if (testb)
        {
            DS18_L;
            delay_us(2);
            DS18_H;
            delay_us(60);
        }
```

```
        else
        {
            DS18_L;
            delay_us(60);
            DS18_H;
            delay_us(2);
        }
    }
}

u8 Ds18b20Check(void)              // 等待 DS18B20 的回应。返回 1：未检测到 DS18B20 的存在；
                                   // 返回 0：检测到 DS18B20 存在

{
    u8 retry=0;                    // 定义一个变量，用来存放 DS18B20 操作时序所需的 μs 数
    while (READ_DS18&&retry<200)   // 等待 DS18B20 拉低总线 200 μs
    {
        retry++;
        delay_us(1);
    };
    if(retry>=200)return 1;
    else retry=0;
    while (!READ_DS18&&retry<240)
    {
        retry++;
        delay_us(1);
    };
    if(retry>=240)return 1;
    return 0;
}

void Ds18b20Start(void)            // 启动温度转换
{
    Ds18b20Rst();                  // 复位
    Ds18b20Check();                // 等待应答
    Ds18b20WriteByte(0xcc);        // 跳过 ROM 操作命令
    Ds18b20WriteByte(0x44);        // 开始温度转换命令
}
```

```
u16 Ds18b20GetTemp(void)              // 从 DS18B20 得到温度值，返回值为温度值
{
    u8 temp;
    u8 TL,TH;                         // 存储温度值的低 8 位、高 8 位
    u16 tem;                          // 存储 16 位温度
    Ds18b20Start ();                  // 开始温度转换
    Ds18b20Rst();                     // 复位
    Ds18b20Check();                   // 等待应答
    Ds18b20WriteByte(0xcc);           // 跳过 ROM 操作命令
    Ds18b20WriteByte(0xbe);           // 发送读取温度命令
    TL=Ds18b20ReadByte();
    TH=Ds18b20ReadByte();
    tem=TH;
    tem<<=8;
    tem+=TL;
    return tem;
}
```

1.2.5　程序运行结果

获得整个工程文件后，编译并运行程序，实训结果如图 1-11 所示，可以看到液晶显示屏显示当前的室温。如果用手去触摸 DS18B20 传感器，可以观察到温度的变化。

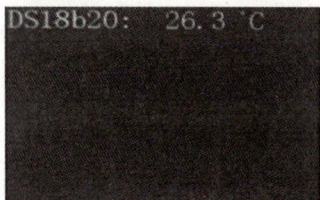

图 1-11　实训结果

1.3　热敏电阻应用实训

1.3.1　实训目的及要求

通过实训，掌握热敏电阻硬件接口电路以及信号调理电路的设计，熟悉并掌握 STM32-F407ZGT6 芯片外设 ADC 功能的编程应用，能够使用热敏电阻进行温度测量，并在液晶显示屏幕上显示当前室温。

1.3.2 NTC-MF52-103/3435 热敏电阻简介

1. NTC-MF52-103/3435 热敏电阻的特点

本实训应用的热敏电阻为 NTC-MF52-103/3435 10 kΩ 热敏电阻，如图 1-12 所示。

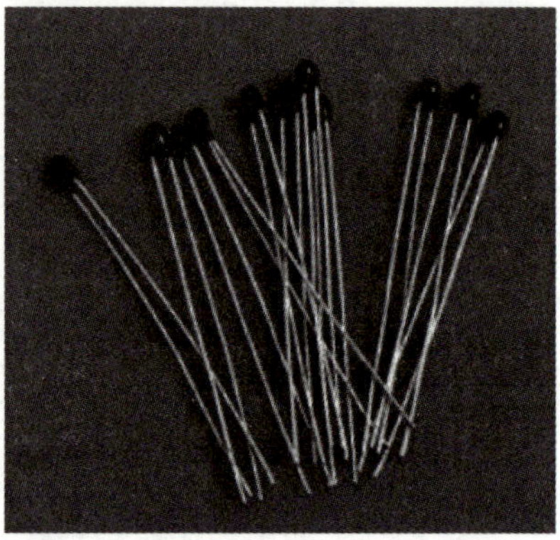

NTC 是 英 文 Negative Temperature Coefficient 的 缩写，其含义为负温度系数。NTC 热敏电阻的阻值会随着温度的升高而降低，反之亦然。它们通常用于温度控制和指示以及电流抑制。在其制作工艺中使用的常见材料包括镍、锰、铜、铁和钴等材料的氧化物，一些也由硅或锗制成。常见的热敏电阻一般采用环氧树脂封装，广泛应用于温度检测、监测、测量、控制、校准和补偿等。

图 1-12　珠型 NTC-MF52 实物图

MF52 系列 NTC 热敏电阻采用环氧树脂涂装而成，通过优质的材料和先进的制造工艺实现体积小、响应快的特点，也具备精密的公差和长期稳定的可靠性能。具体来说，其产品特点包括：

(1) 体积小，响应快；

(2) 工作温度范围宽，稳定性好，可靠性好；

(3) 易于安装和操作；

(4) 可以精确反映温度变化；

(5) 具有出色的耐受性和互换性。

2. NTC-MF52-103/3435 热敏电阻的应用

MF52 的电阻值随温度的升高而降低。利用这一特性，既可制成测温、温度补偿和控温组件，又可以制成功率型组件，抑制电路的浪涌电流。这是由于 NTC 热敏电阻有一个额定的零功率电阻值，当其串联在电源回路中时，就可以有效地抑制开机浪涌电流，并且在完成抑制浪涌电流作用以后，利用电流的持续作用，将 NTC 热敏电阻器的电阻值降到非常小的程度。除电源电路保护以外，NTC 热敏电阻还被广泛应用于家用电器、汽车电子系统等领域。

3. 热敏电阻的测量

一般来说，热敏电阻对温度的敏感性高，所以不宜用万用表来测量它的阻值，这是因为万用表的工作电流比较大，流过热敏电阻时会发热，从而引起阻值的变化，影响测量结果，但用万用表也可简易判断热敏电阻能否正常工作。

具体热敏电阻的检测方法为：将万用表拨到欧姆挡 (视标称电阻值确定挡位)，用鳄鱼夹代替表笔分别夹住热敏电阻的两个引脚，记下此时的阻值；然后用手捏住热敏电阻，观察万用表示值，此时会看到显示的数值 (指针会慢慢移动)随着温度的升高而变化，这表明电阻值在逐渐改变 (负温度系数热敏电阻阻值会变小, 正温度系数热敏电阻阻值会变大)。当阻值改变到一定数值时, 显示数值会 (指针) 逐渐稳定。若环境温度接近体温, 则采用这种方法就不适合了, 这时可以用电烙铁或者开水杯靠近或紧贴热敏电阻进行加热, 同样会看到阻值改变。这样, 即可证明这个热敏电阻是好的。

用万用表检测热敏电阻时, 需要注意热敏电阻上的标称阻值与万用表的读数不一定相等。这是由于标称阻值是用专用仪器在 25℃ 的条件下测得的, 而用万用表测量时有一定的电流通过热敏电阻而产生热量, 而且环境温度不一定正好是 25℃, 所以不可避免地会产生误差。

1.3.3 热敏电阻硬件接口电路设计

热敏电阻温度传感器实训原理图如图 1-13 所示。主控芯片 STM32F407ZGT6 的最小系统及人机接口原理图见附录 A, 在这里仅给出热敏电阻 NTC-MF52-103/3435 的设计及信号调理电路原理图, 信号经过调理电路后接 STM32F407 芯片的 PF3 引脚。

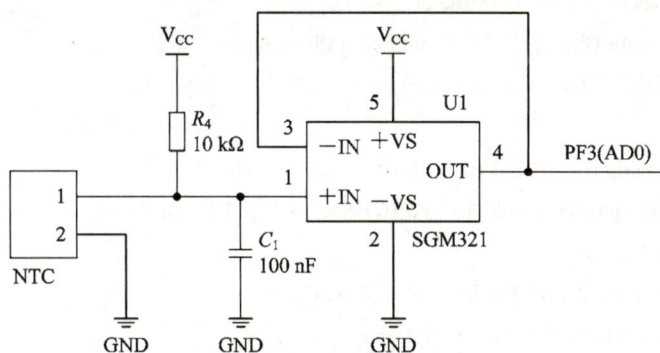

图 1-13 热敏电阻实训原理图

1.3.4 程序设计

本次实训的任务是采用 NTC-MF52-103/3435 热敏电阻进行室温的检测, 从实训电路原理图可以看出, 随着温度的变化, 热敏电阻的值也会发生变化, 输出电压信号也会随之发生变化, 对电压信号的采集使用 STM32F407ZGT6 外设 ADC 来完成。该任务功能主要由 main.c、NTC.c 以及 STM32F40x_ADC.c 程序文件来完成, STM32F40x_ADC.c 完成外设 ADC 的配置、A/D 转换, NTC.c 将 A/D 转换数据处理为以摄氏度为单位的温度值, main.c 函数将采集到的温度值通过 LCD 液晶屏显示。

实训程序设计要点如下:

(1) 配置 RCC 寄存器组, 配置 PLL 为 168 MHz 并作为主时钟, 配置 PCLK2 为 PLL 的 2 分频, 配置 ADC 时钟为 PCLK2 的 4 分频;

(2) 打开 ADC 设备时钟, 同时打开 GPIOF 设备时钟;

(3) 配置 GPIOF.3 为模拟输入模式, 无上拉 / 下拉电阻;

(4) 初始化 ADC 寄存器组，使用 ADC3 第 9 转换通道，转换通道数为 1，采样时间为 480 周期等；

(5) A/D 转换、数据处理以及显示。

鉴于篇幅限制，这里仅给出 STM32F40x_ADC.c 程序清单，扫描右下侧二维码可以获得本次实训的完整工程文件。

```
//**************************************************
//STM32F40x_ADC.c
// 主要功能：STM32F407ZGT6 芯片 ADC 时钟配置、功能配置
//**************************************************
#include"STM32F40x_ADC.h"
#include"delay.h"


void a_ADC_configuration(void)                              //ADC 配置
{
    GPIO_InitTypeDef GPIO_InitStructure;
    ADC_CommonInitTypeDef ADC_CommonInitStructure;
    ADC_InitTypeDef ADC_InitStructyre;
    // 时钟使能
    RCC_AHB1PeriphClockCmd(RCC_AHB1Periph_GPIOF,ENABLE);
    RCC_APB2PeriphClockCmd(RCC_APB2Periph_ADC3,ENABLE);
    // 配置 PF.3 引脚为模拟输入
    GPIO_InitStructure.GPIO_Mode = GPIO_Mode_AIN;
    GPIO_InitStructure.GPIO_Pin = GPIO_Pin_3;
    GPIO_InitStructure.GPIO_PuPd = GPIO_PuPd_NOPULL;
    GPIO_InitStructure.GPIO_Speed = GPIO_Speed_25MHz;
    GPIO_Init(GPIOF,&GPIO_InitStructure);


    // 时钟复位
    RCC_APB2PeriphResetCmd(RCC_APB2Periph_ADC3,ENABLE);
    RCC_APB2PeriphResetCmd(RCC_APB2Periph_ADC3,DISABLE);


    //ADC 通用配置  168M/2/4  21M
    ADC_CommonInitStructure.ADC_DMAAccessMode = ADC_DMAAccessMode_Disabled;
    ADC_CommonInitStructure.ADC_Mode = ADC_Mode_Independent;        // 独立采样
    ADC_CommonInitStructure.ADC_Prescaler = ADC_Prescaler_Div8;     // 预分频
    ADC_CommonInitStructure.ADC_TwoSamplingDelay = ADC_TwoSamplingDelay_20Cycles;


    // 设置 ADC 的两次采样延迟为 20 个周期
    ADC_CommonInit(&ADC_CommonInitStructure);
```

热敏电阻
应用实训

```
        //ADC3 配置
        ADC_InitStructyre.ADC_ContinuousConvMode = DISABLE;            //ADC 工作在单次模式
        ADC_InitStructyre.ADC_DataAlign = ADC_DataAlign_Right;          // 右对齐
        ADC_InitStructyre.ADC_ExternalTrigConv = ADC_ExternalTrigConvEdge_None;

        // 触发方式为内部触发
        ADC_InitStructyre.ADC_NbrOfConversion = 1;                     //A/D 转换通道数目
        ADC_InitStructyre.ADC_Resolution = ADC_Resolution_12b;         //12 位精度
        ADC_InitStructyre.ADC_ScanConvMode = DISABLE;
        ADC_Init(ADC3,&ADC_InitStructyre);
        ADC_Cmd(ADC3,ENABLE);

}

u16 a_getADC_1(void)
{
    ADC_RegularChannelConfig(ADC3,ADC_Channel_9,1,ADC_SampleTime_480Cycles);

    // 配置 ADC，ADC3，通道 9，转换通道数 1，480 个周期
    delay_ms(100);
    ADC_SoftwareStartConv(ADC3);                                       // 开始转换
    while(!ADC_GetFlagStatus(ADC3, ADC_FLAG_EOC));                     // 等待转换结束
    return ADC_GetConversionValue(ADC3);                              // 返回结果
}
```

1.3.5 程序运行结果

获得整个工程文件后，编译并运行程序，实训结果如图 1-14 所示，可以看到液晶显示屏显示 ADC 采样值、采样电压以及当前的室温。如果用手去触摸热敏电阻，可以观察到温度的变化。

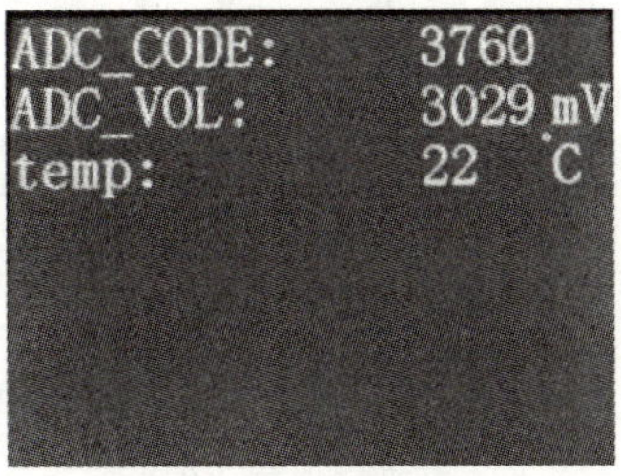

图 1-14 实训结果

绿色低碳，持续发展

节能减排不仅是应对气候变化和环境污染的重要手段，也是推动经济社会可持续发展、构建资源节约型和环境友好型社会的重要途径。节约能源是人类生存和发展所必需的重要内容，我们党和国家历来对此高度重视。近年来，按照党中央、国务院的部署，我国节能减排的政策、法规、文件逐步出台，加速了我国推进节能减排的步伐。

温度检测技术在节能减排领域中起着很关键的作用。

(1) 优化能源利用：通过精确的温度检测，工业生产过程中的加热、冷却系统可以被更高效地控制，避免过度加热或制冷造成的能源浪费，在满足生产需求的同时，减少了不必要的能源消耗，从而达到了节能减排的目的。

(2) 预防维护与效率提升：利用红外热像仪等先进的温度检测技术，可以早期发现设备过热等问题，及时维修，避免因设备故障导致的能源浪费和生产中断。例如，在电力行业，定期使用热像仪检查电气设备，可提前发现潜在故障，减少因突发故障导致的大规模能源损失。

(3) 环境监测与管理：在环境管理系统中，温度检测可以帮助监控大气、水体等环境因素的温度变化，对气候变化有更精准的把握，为制定有效的节能减排措施提供数据支持。

思考与练习

1. 热电阻、热敏电阻、热电偶温度传感器的工作原理分别是什么？
2. 数字温度传感器的优缺点是什么？
3. 1-Wire 总线程序设计中，复位、读写时序编程的方法是什么？
4. STM32F407ZGT6 外设 ADC 的程序设计的思路是什么？

项目 2　开 关 量 检 测

知识目标

通过对常见开关量传感器(如感应型开关、光电开关和霍尔开关)的分析和设计,理解和掌握常见开关量传感器的工作原理和使用方法,了解各类开关的基本参数和环境特性,能够使用简单工具判断开关量传感器的工作状态。

技能目标

掌握各种开关量传感器的选型及实际应用,掌握开关量传感器和 STM32 的接口技术和编程技术。

开关量是指非连续性信号的采集和输出。开关量有很多种表现形式:数字电路中用"1"和"0"表示开、关两种状态,而电力技术中是指电路的开和关或者是触点的接通和断开等。"开关"是传感器检测中的基本功能。工业中大量出现使用开关量检测的情况,如检查工件有无、物体移动是否到位等,这些信号均可以认为是开关量。事实上,工业中很多控制并不是复杂的模拟量或者数字量信号,而是简单的开关量,指示工作系统如何进行运转。

2.1　认识接近开关

接近开关又称无触点行程开关,它的任务是检查特定环境下的特定工件有无状态,输入信号一般为工件与传感器之间的距离,输出信号一般为开关量电压。

接近开关的工作原理是利用电磁感应或光学原理,当物体靠近或远离时,它会产生信号,这个信号可以用来控制电路或执行特定的操作。接近开关可以检测金属、非金属、液体等物体,具有高精度、高速度和可靠性等优点。

接近开关的种类很多,根据工作原理可以分为电感式、电容式、光电式、霍尔式及超声波式等。其中,电感式接近开关是最常见的一种,它利用电磁感应原理,当金属物体靠近时,会改变线圈的电感值,从而产生信号;电容式接近开关则利用物体与电极的电容变化来检测物体的位置。

　　接近开关的应用非常广泛，可以用于检测物体的位置、速度、方向、颜色等参数。例如，在工业生产中，接近开关可以用于检测机器人的位置，控制机器人的动作，保证生产的安全和效率。在汽车上，接近开关可以用于检测车辆的速度和方向，控制车辆的制动和转向。在电子设备中，接近开关可以用于检测手机的接近状态，控制屏幕的亮度和音量。

2.1.1　感应型接近开关

1. 感应型接近开关的工作原理

　　一个常见的电感接近开关的组成部分有感应铁芯和线圈、振荡电路、信号触发电路以及开关放大电路，如图 2-1 所示。LC 振荡电路产生一个交变电信号供给线圈，使感应面的铁芯和线圈产生一个交变电磁场；当金属物体靠近接近开关，感应到接近开关的电磁场的同时，在金属物体内部产生涡流，涡流会消耗接近开关的电磁场能量；振荡电路被消耗的电磁场能量会导致振荡波形产生变化衰减；后级信号比较电路发现这个变化后，会自动输出一个控制信号，经过放大电路放大后，输出给现场需要控制的设备。

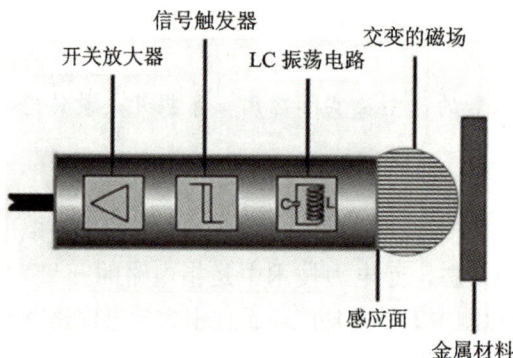

图 2-1　感应型接近开关的工作原理

2. 感应型接近开关的特点

　　(1) 结构简单。感应型接近开关无主动电接点，工作可靠，寿命长；

　　(2) 具有很高的灵敏度和分辨率。感应型接近开关能够测量 0.1 μm 的位移，其输出信号，每毫米的位移输出电压灵敏度可达数百毫伏；

　　(3) 线性度和重复性良好。感应型接近开关的非线性误差在一定范围内可达到 0.1%～0.05%；

　　(4) 抗干扰性能好，开关频率高，大于 200 Hz；

　　(5) 只能感应金属。

3. 感应型接近开关传感器的应用及选型

　　感应型接近开关具有结构简单、动态响应快、易于实现非接触测量的优点，适用于酸、碱、氯化物、有机溶剂、液体氨、二氧化碳、聚氯乙烯粉、灰和油水界面液位测量。目前，在机械、冶金、石油、化工、煤炭、水泥、食品等行业已被广泛应用。其选型应主要考虑以下几个方面：

(1) 根据安装要求，合理选择外形及检测距离；

(2) 根据供电电源，合理选择工作电压；

(3) 根据实际负载，合理选择传感器工作电流；

(4) 选择接线方式。

2.1.2　光电型接近开关

1. 光电效应

根据光电效应制作的器件称为光电器件，也称光敏器件。光电器件的种类很多，但其工作原理都是建立在光电效应这一物理基础上的。光电效应分为外光电效应和内光电效应两大类，其中内光电效应又分为光电导效应和光生伏特效应。

1) 外光电效应

外光电效应是指光线照射在金属表面时，金属中有电子逸出的现象，发射出来的电子叫作光电子。光波长小于某一临界值时方能发射电子，即极限频率和极限波长。临界值取决于金属材料。赫兹于 1887 年发现光电效应，图 2-2 为赫兹 - 光电效应实验。基于外光电效应的光电器件有光电管、光电倍增管等。

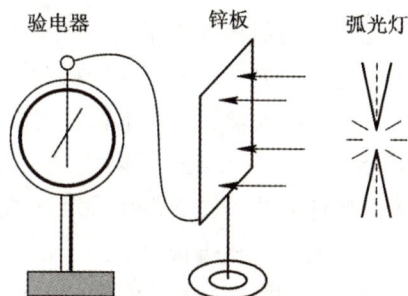

图 2-2　赫兹 - 光电效应实验

光电效应在近代物理的量子论中起着很重要的作用，其在证实光的量子性方面有着重要的地位。光电效应的规律在现代科技及生产领域也有广泛的应用，如利用光电效应制成的光电器件广泛地应用于光电检测、光电控制、电视录像、信息采集与处理等多项现代技术中。

2) 内光电效应

当光照射在物体上，使物体的电阻率 ρ 发生变化，或产生光生电动势的效应叫作内光电效应。内光电效应又可分为光电导效应和光生伏特效应。所谓光电导效应，是指在光作用下，电子吸收光子的能量从键合状态过渡到自由状态，从而引起材料的电阻率降低。基于这种效应的光电元件有光敏电阻。所谓光生伏特效应，是指当光照射 PN 结时，在结区附近激发出电子 - 空穴对。基于该效应的光电器件有光电池、光敏二极管、光敏三极管以及光电耦合器等。

关于光敏电阻以及光电池等器件在后面的章节中进行阐述，本章节主要介绍光敏二极管、光敏三极管及光电耦合器等基于内光电效应的开关器件。

2. 光电器件

1) 光电管

光电管的结构如图 2-3 所示，光电管由玻璃壳、两个电极 (光电阴极 K 和阳极 A)、引出插脚等组成。光电管的制作过程是将球形玻璃壳抽成真空，在内半球面上涂上一层光电材料作为阴极 K，球心放置小球形或小环形金属作为阳极 A。当阴极 K 受到光线照射时便发射电子，电子被带正电位的阳极 A 吸引，朝阳极 A 方向移动，这样就在光电管内产生了电子流，从而在外电路中便产生了电流。

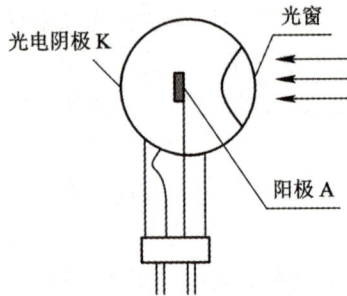

图 2-3 光电管的结构

充气光电管的结构与真空光电管的结构基本相同，所不同的是充气光电管球内充了低压惰性气体。当光电极被光线照射时，光电子在飞向阳极的过程中与气体分子碰撞而使气体电离，从而使阳极电流急速增加，因此增加了光电管的灵敏度。

光电管的伏安特性曲线是指当光通量一定时，阳极电流与阳极电压之间的关系曲线。图 2-4 所示为真空光电管的伏安特性曲线，图 2-5 所示为充气光电管的伏安特性曲线。通过观察这两种伏安特性曲线图可以看到，在阳极电压的一段范围内，阳极电流不随阳极电压的变化而变化，达到了比较稳定的饱和区，这就是光电管的工作静态点。选择光电管的工作参数点时，应选在光电流与阳极电压无关的区域内。

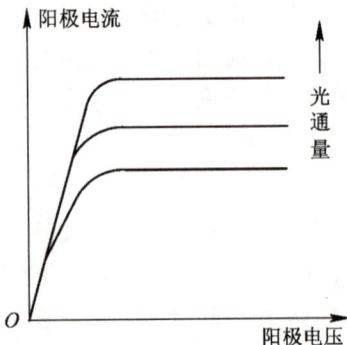

图 2-4 真空光电管伏安特性

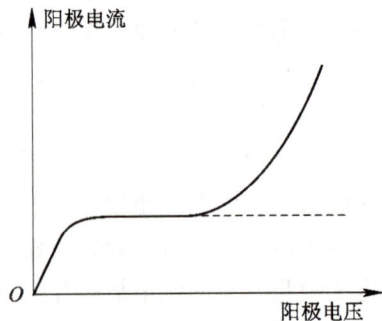

图 2-5 充气光电管伏安特性

光电管具有灵敏度高、波长范围宽、响应快速、噪声低、稳定性高等特点，广泛应用于多种光学检测、生命科学、环境监测、工业生产等领域。

2) 光电倍增管

光电倍增管是一个真空管，其结构如图 2-6 所示。当光照射到光阴极时，光阴极向真空中激发出光电子；这些光电子按聚焦极电场进入倍增系统，并通过进一步的二次发射得到倍增放大；放大后的电子被阳极收集作为信号输出。因为采用了二次发射倍增系统，所以光电倍增管在紫外、可见和近红外区的辐射能量的光电探测器中，具有极高的灵敏度和极低的噪声。另外，光电倍增管还具有响应快速、成本低、阴极面积大等优点。

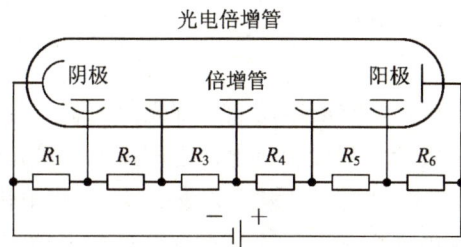

图 2-6　光电倍增管的内部结构

3) 光电二极管

光电二极管也叫光敏二极管，是将光信号变成电信号的半导体器件。光敏二极管与半导体二极管在结构上是类似的，所不同的是，其管芯是一个具有光敏特征的 PN 结，为了便于接受入射光照，光敏二极管中的 PN 结面积尽量做得大一些，电极面积尽量小些，而且 PN 结的结深很浅，一般小于 $1\ \mu m$。

光敏二极管具有单向导电性，因此工作时需加上反向电压。其伏安特性曲线如图 2-7 所示。

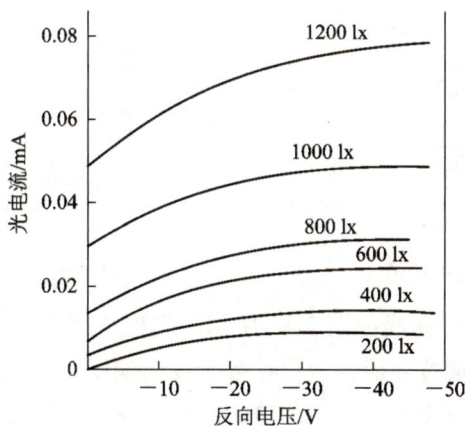

图 2-7　光敏二极管的伏安特性曲线

光敏二极管的伏安特性曲线的纵坐标为电流，横坐标为电压。通过光敏二极管的伏安特性曲线我们可以看到：

(1) 在低压区域，光电二极管的电流很小，与电压基本无关。这是由于光电二极管产生的光电流非常微弱，只有当电压达到一定程度，才能克服 PN 结反向偏置的阻力，形成有效的电流。

(2) 在高压区域，光电二极管的电流急剧增大，但增长速度逐渐减缓。这是由于 PN 结的厚度和电子复合速率等因素的影响，导致电流增长受到限制。

(3) 在饱和区域，当电压达到一定程度时，光电二极管的电流达到饱和状态，停止继续增长。这是由于 PN 结处已经形成电场饱和，在此电场下，光电子的数量已达到最大值，故电流无法继续增加。

光电二极管是一种能将光信号转化成电信号的器件，其最大特点在于能够对外界光线进行感应和接收。由于其具有结构简单、重量轻、体积小、灵敏度高等特点，因此被广泛应用于光电控制、通信、测量等领域。

4) 光电三极管

光电三极管也称光敏三极管，它的电流受外部光照控制，是一种半导体光电器件。光电三极管是一种相当于在三极管的基极和集电极之间接入一只光电二极管的三极管。因为具有电流放大作用，光电三极管比光电二极管灵敏得多，在集电极可以输出很大的光电流。

如图 2-8 所示，光电三极管有塑封、金属封装（顶部为玻璃镜窗口）、陶瓷、树脂等多种封装结构，引脚分为两脚型和三脚型。一般两个管脚的光电三极管，管脚分别为集电极和发射极，而光窗口则为基极。

光电三极管的灵敏度比光电二极管高，输出电流也比光电二极管大，多为毫安级。但光电三极管的光电特性不如光电二极管好，在较强的光照下，光电流与光照度不成线性关系。

光电三极管的光电特性曲线如图 2-9 所示，其反映了在正常偏压下集电极的电流与入射光照度之间的关系，呈现出非线性。这是由于光电三极管中的晶体管的电流放大倍数 β 不是常数的缘故，β 随着光电流的增大而增大。

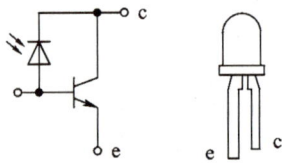

图 2-8　光电三极管的内部结构和封装

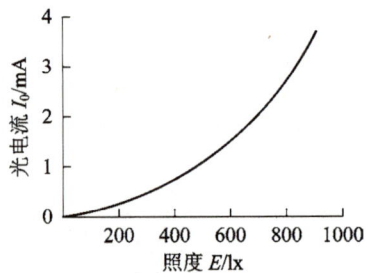

图 2-9　光电三极管的光电特性

光电三极管的伏安特性曲线如图 2-10 所示。光电三极管必须在有偏压，且保证光电三极管的发射结处于正向偏置，而集电极结处于反向偏压时才能工作。入射到光电三极管的照度不同，其伏安特性曲线稍有不同，但随着电压升高，输出电流均逐渐达到饱和。

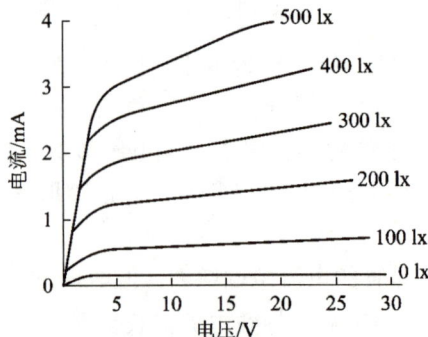

图 2-10　光电三极管的伏安特性

由于光敏三极管具有电流放大作用，因此广泛应用于亮度测量、测速、光电开关电路、光电隔离场合。值得注意的是，光敏三极管通常基极不引出，但一些光敏三极管的基极有引出，这种三极管一般用于温度补偿和附加控制等场合。

5) 光电耦合器

光电耦合器件是由发光元件 (如发光二极管) 和光电接收元件合并使用，以光作为媒介传递信号的光电器件。光电耦合器把发光器件和光敏器件封装在同一壳体内，中间通过电→光→电的转换来传输电信号，其结构如图 2-11 所示。其中，发光器件一般都是发光二极管，而光敏器件的种类较多，除光敏二极管外，还有光敏三极管、光敏电阻、光敏晶闸管、光敏复合管等。光电耦合器可根据不同要求，由不同种类的发光器件和光敏器件组合成许多系列的光电耦合器。

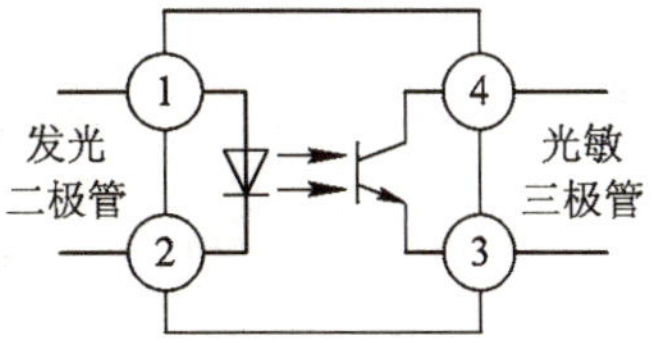

图 2-11　光电耦合器的结构示意图

光电耦合器实际上是一个电量隔离转换器，它具有抗干扰性能和单向信号传输功能，广泛应用在电路隔离、电平转换、噪声抑制、无触点开关及固态继电器等场合。

3. 光电开关

光电开关是光电接近开关的简称，它是利用被检测物对光束的遮挡或反射，由同步回路接通电路，从而检测物体的有无。物体不限于金属，所有能反射光线 (或者对光线有遮挡作用) 的物体均可以被检测。光电开关将输入电流在发射器上转换为光信号射出，接收器再根据接收到的光线的强弱或有无对目标物体进行探测。安防系统中常见的烟雾报警器就是利用光电开关的原理制作的，工业中也经常用光电开关来计数机械臂的运动次数。

2.1.3　霍尔效应型接近开关

霍尔效应型接近开关是一种非接触式传感器，它利用霍尔效应来检测磁场的变化。当磁场发生变化时，霍尔元件会产生电压信号，从而触发开关动作。霍尔效应型接近开关具有高精度、高可靠性、长寿命等优点，广泛应用于自动化控制、机器人技术、汽车电子等领域。

1. 霍尔效应

霍尔效应是霍尔 (Edwin Hall) 在美国霍普金斯大学读研究生期间，研究关于载流导体在磁场中的受力性质时发现的一种现象。在长方形导体薄板上通以电流，沿电流的垂直方向施加磁场，就会在与电流和磁场两者垂直的方向上产生电势差，这种现象称为霍尔效应，所产生的电势差称为霍尔电压。

图 2-12 为霍尔效应示意图，运动电荷在磁场作用下受到洛伦兹力，把 N 型半导体薄片放在垂直磁场中并沿 ab 方向通电，在 cd 方向上产生电场，其电动势大小为

$$V_H = K_H i B \sin\theta \tag{2-1}$$

式中：K_H 为霍尔常数，其数值取决于材质、温度和元件尺寸；i 为电流大小；B 为磁感应

强度；θ 为电流与磁场方向的夹角。

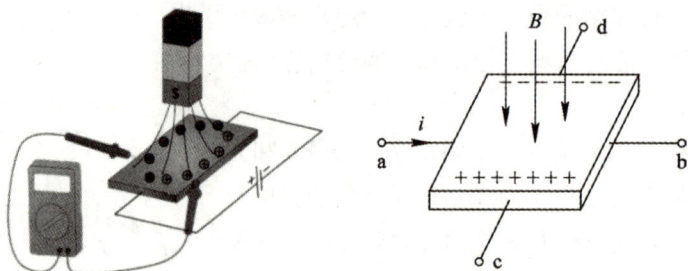

图 2-12　霍尔效应示意图

目前常用的霍尔元件材料有锗、硅、砷化铟、锑化铟等半导体材料。其中，N 型锗容易加工制造，其霍尔系数、温度性能和线性度都较好；N 型硅的线性度最好，其霍尔系数、温度性能同 N 型锗；锑化铟对温度最敏感，尤其在低温范围内温度系数大，但在室温时其霍尔系数较大；砷化铟的霍尔系数较小，温度系数也较小，输出特性线性度好。

利用霍尔效应，可以制作开关传感器及线性传感器。开关型霍尔传感器广泛应用于位置、位移及转速测量，线性型霍尔传感器广泛应用于磁场及电流、电压的测量。近年来，以非工频、非正弦为主要特征的变频电量的测量需求越来越大，由于电磁式传感器的频率适用范围较窄，相比之下，霍尔电压、电流传感器的适用频带较宽，且可以用于直流测量，其市场前景广阔。

2. 霍尔元件

霍尔元件是根据霍尔效应使用半导体材料制成的元件，一般具有对磁场敏感、结构简单、输出电压变化较大及寿命长等优点。霍尔元件可分为线性霍尔元件和开关型霍尔元件两种。线性霍尔传感器由霍尔元件、线性放大器和射极跟随器组成，输出为模拟量；开关型霍尔传感器由稳压器、霍尔元件、差分放大器和施密特触发器等组成，输出为开关量。

霍尔元件的结构和图形符号如图 2-13 所示，霍尔片是一块矩形半导体单晶薄片，引出四个引线。1-1′引线加激励电压或电流，称为激励电极；2-2′引线为霍尔输出引线，称为霍尔电极。霍尔元件壳体由非导磁金属、陶瓷或环氧树脂封装而成。

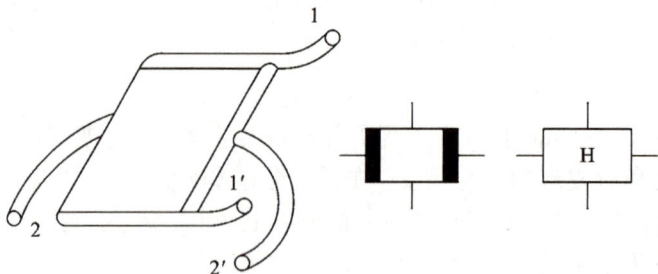

图 2-13　霍尔元件的结构和图形符号

通常，霍尔电势的转换效率比较低，为了获得更大的霍尔电势输出，可以将若干个霍尔元件串联起来使用。而在霍尔元件输出信号不够大的情况下，可以采用运算放大器对霍尔电势进行放大，如图 2-14 所示。当然，最好还是采用集成霍尔传感器。

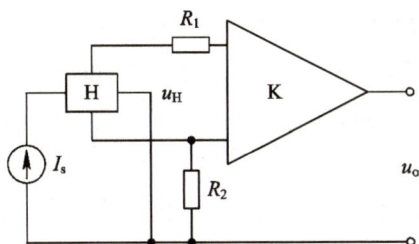

图 2-14 霍尔电动势的放大示意图

3. 霍尔开关

霍尔开关是在霍尔效应原理的基础上利用集成封装和组装工艺制作而成的。霍尔开关可把磁输入信号转换成实际应用中的电信号，同时又具备工业场合实际应用中易操作和高可靠性的要求。霍尔开关输入端以磁感应强度 B 来表征，当磁场达到一定值后，霍尔开关内部的触发器翻转，霍尔开关的输出电平状态也随之翻转。

2.2 霍尔开关应用实训

2.2.1 实训目的及要求

通过霍尔传感器的实际应用，探索和熟悉霍尔开关的性能特征，了解霍尔传感器 SS49E 的基本原理和使用方法，掌握其硬件接口电路以及信号调理电路的设计，掌握 STM32F407ZGT6 芯片外设 ADC 的编程应用。实训采用两个 SS49E 霍尔传感器，一路输出模拟量，一路输出开关量，最后在液晶屏显示 A/D 转换值及开关状态。

2.2.2 霍尔传感器 SS49E 简介

1. 霍尔传感器 SS49E 的工作原理

霍尔传感器是一种基于霍尔效应的磁传感器，可以检测磁场的变化并输出相应的电压信号。如图 2-15 所示，霍尔传感器 SS49E 具有体积小、精度高、稳定性好等特点，因此在许多领域都有广泛的应用。

图 2-15 霍尔传感器 SS49E

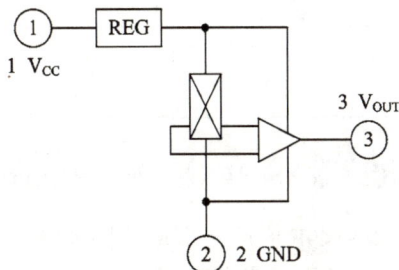

图 2-16 传感器模块的功能框图

霍尔传感器 SS49E 的功能框图如图 2-16 所示。SS49E 是线性霍尔传感器，当磁场作用于该传感器时，传感器内部的霍尔元件会产生电压差，该电压差与磁场的强度成正比。因此，通过测量传感器输出的电压，我们可以得到磁场的强度。

2. 霍尔传感器 SS49E 的应用及特点

霍尔传感器 SS49E 可以用于磁场大小和方向的测量，因此在许多领域都有广泛的应用。例如，它可以用于测量电流、位置、速度、角度等参数，还可以用于无损探伤、电磁场测量等领域。

霍尔传感器 SS49E 具有许多优点。首先，它具有体积小、功耗低、精度高、稳定性好等特点，因此可以用于许多高精度测量和控制系统。其次，温度对它的影响较小，因此可以在较宽的温度范围内使用 (-40～100℃)。此外，它还具有抗干扰能力强、响应速度快等优点。

霍尔传感器 SS49E 也存在一些缺点。首先，它的输出信号较弱，因此需要进行放大和滤波处理。其次，它的线性范围较窄，因此需要进行校准和标定处理。此外，它还存在温度系数大、灵敏度低等缺点。

3. 霍尔传感器 SS49E 的引脚定义

SS49E 线性霍尔传感器由永磁体或电磁铁所提供的磁场进行工作。线性输出电压由电源电压设定，并且会因磁场强度的不同而有所不同。SS49E 的封装及引脚配置如图 2-17 所示，其引脚定义见表 2-1。

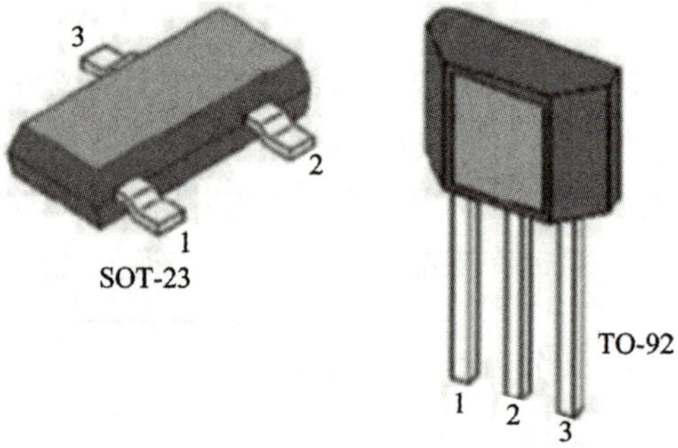

图 2-17　SS49E 的封装及引脚配置

表 2-1　霍尔传感器 SS49E 引脚定义

SOT 封装	SIP 封装	引脚名称	功能
1	1	V_{DD}	电源
2	3	OUT	开漏输出
3	2	GND	地

2.2.3　霍尔传感器 SS49E 实训硬件接口电路设计

霍尔传感器 SS49E 应用实训原理图如图 2-18 所示。主控芯片 STM32F407ZGT6 的最小系统及人机接口原理图见附录 A，这里仅给出霍尔传感器 SS49E 的设计及信号调理电路原理图。本次实训中，采用两个 SS49E 传感器，一路输出模拟量，一路输出开关量，模拟量信号经过调理电路后接 STM32F407 芯片的 PF4 引脚，开关量信号接 STM32F407 芯片的 PB0 引脚。

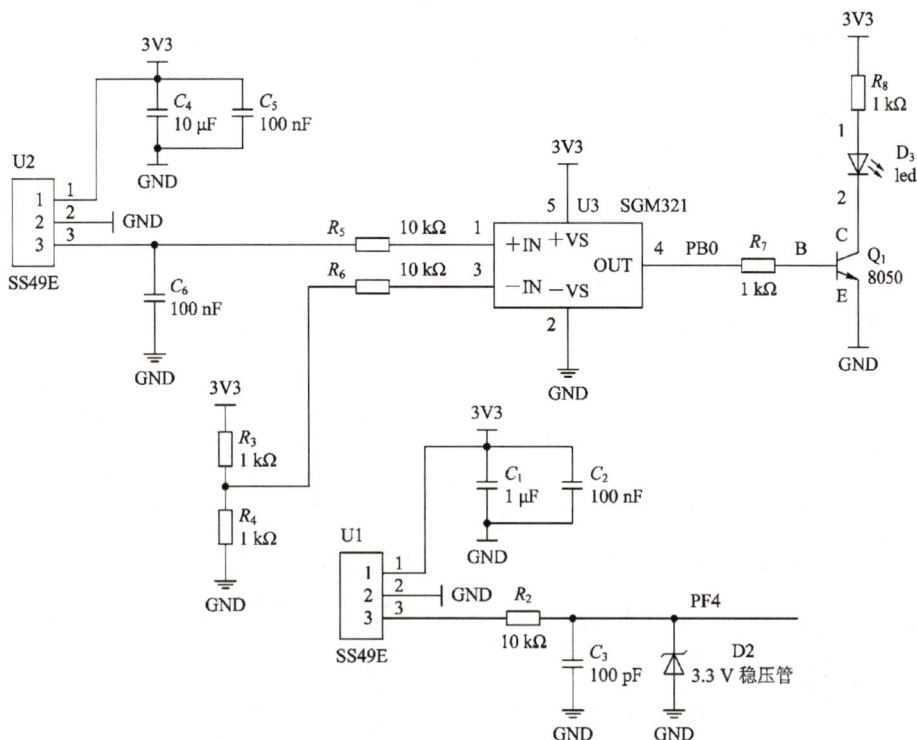

图 2-18　霍尔传感器 SS49E 应用实训原理图

2.2.4　程序设计

本次实训的任务是利用霍尔传感器 SS49E 对铁磁性工件进行检测。采用两个霍尔传感器，一路输出开关量，一路输出模拟量，模拟量的采集利用 STM32F407ZGT6 芯片的 ADC 外设来完成，开关量的采集利用 MCU 的 I/O 口完成。该任务功能主要由 main.c、STM32F40x_ADC.c 程序文件来完成，STM32F40x_ADC.c 完成对 ADC 外设的配置，main.c 完成开关量的检测并通过 LCD 显示模拟量的采集值和开关量的状态。

实训程序设计的要点如下：

(1) 配置 RCC 寄存器组，打开 ADC 设备时钟，打开 GPIOF 设备时钟；

(2) 配置 GPIOF.4 为模拟输入模式，无上拉 / 下拉电阻；配置 GPIOB.0 为开漏、输入模式，无上拉 / 下拉电阻；

(3) A/D 转换、数据处理、GPIO 的读取以及结果显示。

鉴于篇幅限制，这里仅给出 main.c 的源程序清单，扫描右下侧二维码可以获得本次实训完整的工程文件。

```
#include"main.h"
#include"delay.h"
#include"string.h"
#include"stdio.h"
#include"STM32F40x_GPIO_Init.h"
#include"STM32F40x_Usart_eval.h"
```

霍尔开关
应用实训

```
#include"STM32F40x_Timer_eval.h"
#include"Mfrc522.h"
#include"STM32F40x_SPI_eval.h"
#include"STM32F40x_LCD_SPI.h"
#include"STM32F40x_ADC.h"
extern __IO uint16_t Tim3_Cont_val;
uint8_t tmp = 0;
u16 temp;
float vol_f;
u16 vol;
u8 hall_sw;
int main(void)
{
  sensor_GPIO_Init();                          //GPIO 初始化
  delay_Init();                                //SysTick 定时器初始化
  Usart1_Init();
  delay_ms(100);
  printf("USART1 Init OK\r\n");
  gpio_lcd_init();
  STM_SPI1_2_Init();
  delay_ms(100);
  LCD_Init();
  LCD_Clean(BLUE);
  LCD_ShowString(0, 0,"ADC_CODE:", 32, TYPEFACE);
  LCD_ShowString(0, 32,"ADC_VOL:", 32, TYPEFACE);
  LCD_ShowString(272, 32,"mV", 32, TYPEFACE);
  LCD_ShowString(0, 64,"Hall switch:", 32, TYPEFACE);
  ADC_configuration();

  while (1)
  { temp = getADC();                           //A/D 采集
    vol_f = (float)temp;                       //A/D 采集数据强制转换为浮点数据
    vol_f = vol_f*3300/4096;                   // 计算电压值
    vol = (u16)vol_f;                          // 转换成整型数据
    LCD_Draw_Rect_Win(200,0,64,32,BLUE);
    LCD_ShowNum(200, 0, temp, 4, 32, TYPEFACE);
    LCD_Draw_Rect_Win(200,32,64,32,BLUE);
    LCD_ShowNum(200, 32, vol, 4, 32, TYPEFACE);
    hall_sw = READ_B0;
    LCD_Draw_Rect_Win(200,64,64,32,BLUE);
```

```
if(hall_sw==1)
{ LCD_ShowString(200, 64,"ON", 32, TYPEFACE);
}
else
{ LCD_ShowString(200, 64,"OFF", 32, TYPEFACE);
}
printf("ADC_CODE = %d          ",temp);
printf("ADC_VOL = %d          ",vol);
printf("\r\n");
delay_ms(100);
    }
}
```

2.2.5 程序运行结果

获得整个工程文件后，编译并运行程序，实训结果如图 2-19 所示，可以看到液晶显示屏显示程序运行的结果，包括：ADC 采样值以及经过换算后的采样电压；霍尔传感器输出开关量的状态，当检测到铁磁性物体时开关量输出"ON"，没有检测到铁磁性物体时开关量输出"OFF"。

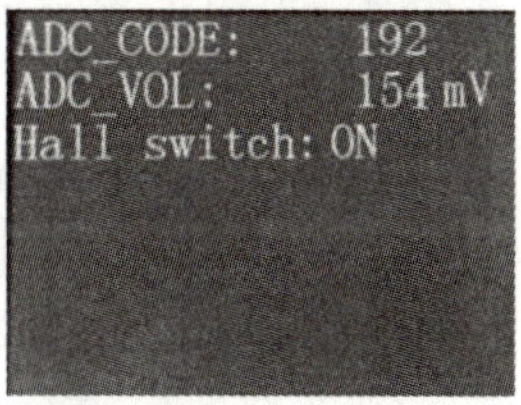

图 2-19　程序运行结果

2.3　光电开关应用实训

2.3.1 实训目的及要求

利用对射式接近开关 ITR9606 探索和熟悉光电开关的性能特征，了解光电开关的基本原理和使用方法，掌握 ITR9606 与 STM32F407ZGT6 芯片硬件接口电路以及信号调理电路的设计，掌握 STM32F407 芯片外部中断的编程应用，并在液晶屏显示通过光电开关工件的数量。

2.3.2 光电开关 ITR9606 简介

1. 光电开关 ITR9606 的工作原理

ITR9606 是一款对射式光电开关。这种光电开关的工作原理是基于光电耦合器，通过发射器和接收器的配合来实现对射式的光电检测。ITR9606 传感器外形及内部结构如图 2-20 所示。当光线通过发射器传输到接收器时，如果中间没有遮挡物，那么接收器会接收到光线并使光敏三极管导通；一旦有物体遮挡了光线，接收器就接收不到光线，这时光敏三极管截止。因此，这种光电开关可以用来检测物体是否存在或者物体的位置。

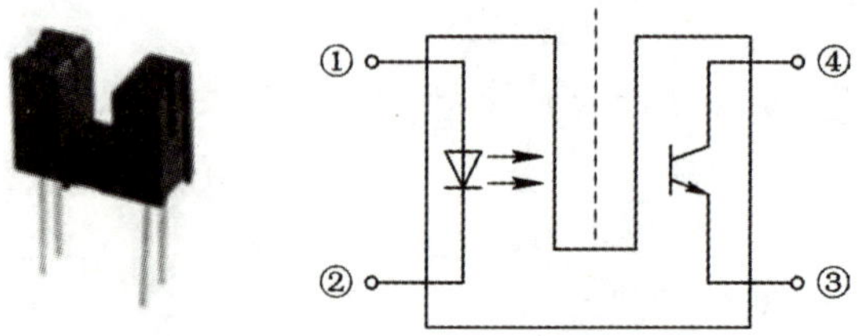

图 2-20　ITR9606 外形及内部结构

需要注意的是，这种光电开关的发射器和接收器需要配对使用，而且两者之间不能有任何遮挡物，否则会影响检测的准确性。此外，这种光电开关对于环境的适应能力较强，可以在不同的环境下使用。

2. 光电开关 ITR9606 的应用及特点

ITR9606 高灵敏度槽型光电开关有宽槽和窄槽等多种槽宽可以选择，实验用的槽宽为 5 mm。它由一个红外发光二极管和 NPN 光敏三极管组成。ITR9606 是一个结构简单的光电开关，适用于智能感应电子产品和各类消费性电子产品，如智能扫地机、摇头灯、自动售货柜等，用作无触点开关、位置检测、转向检测等。其主要性能参数为：

(1) 波长：940 nm；

(2) 击穿电压 (集电极 - 发射极)：30 V；

(3) 正向电流 (Max)：50 mA；

(4) 下降时间 (Max)：15000 ns；

(5) 上升时间 (Max)：15000 ns；

(6) 工作温度：−25～85℃；

(7) 耗散功率 (Max)：100 mW。

3. 光电开关 ITR9606 的典型应用

光电开关 ITR9606 的典型应用如图 2-21 所示，D0 为开关量输出，A0 为模拟量输出。

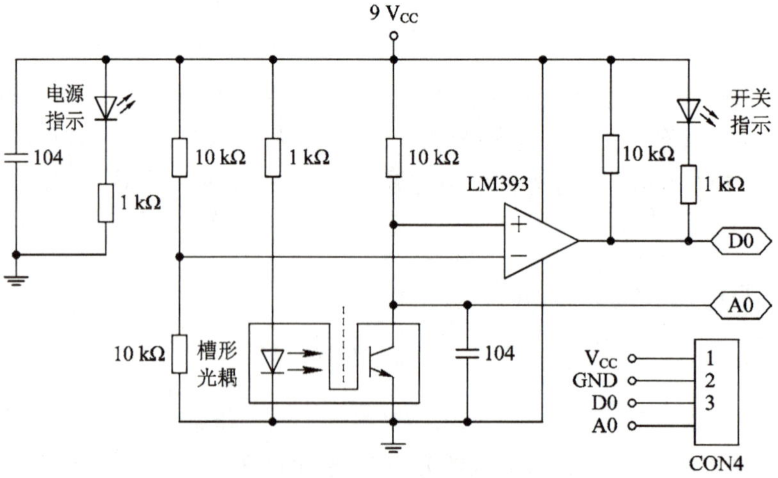

图 2-21　ITR9606 典型应用原理图

根据原理图可知，左边设计了电源指示 LED 灯，使用一个 104 电容进行滤波；最右端的开关指示 LED 灯显示输出数字量，D0 输出低电平，指示灯亮，输出高电平，指示灯灭。

核心的光耦、光敏三极管集电极连接到 LM393 比较器的同相端＋极，与反相端－极信号比较：当没有遮挡的时候，光敏三极管导通，LM393+ 极为低电平，小于－极电平，输出为低电平，指示灯亮；有物体遮挡的时候，光敏三极管截止，LM393+ 极与 V_{CC} 电平相同，大于－极电平，输出为高电平，指示灯不亮。模拟量输出 A0 输出的是光敏三极管的输出电平。

2.3.3　光电开关 ITR9606 应用实训硬件接口设计

ITR9606 应用实训原理图如图 2-22 所示。主控芯片 STM32F407ZGT6 的最小系统及人机接口原理图见附录 A，这里仅给出光电开关 ITR9606 的设计及信号调理电路原理图。本次实训中，采用一个 ITR9606 槽型光电开关，开关量信号接 STM32F407 芯片的 PB14 引脚。

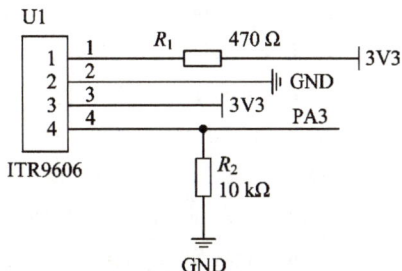

图 2-22　ITR9606 应用实训原理图

2.3.4　程序设计

本次实训的任务是采用对射式红外传感器 ITR9606 对工件进行计数，该功能主要由 main.c、count.c 程序文件来完成，count.c 完成 STM32F407ZGT6 芯片 EXTI 外设的配置及工件计数，main.c 完成用 LCD 液晶屏显示通过传感器工件的数量。

实训程序设计要点如下：

(1) 配置 RCC 寄存器组，开启 GPIOA 时钟；

(2) 配置 GPIOA.3 为开漏、输入模式，有上拉电阻，并将其设置为外部中断 EXTI3 的输入通道；

(3) 配置 NVIC，使用优先级分组 2，并赋予外部中断 EXTI3：1 级先占优先级，2 级次占优先级；

(4) 开启 EXTI3 中断，配置外部中断 3 下降沿触发；

(5) 中断处理及显示。

鉴于篇幅限制，这里仅给出 count.c 程序清单，扫描右下侧二维码可以获得本次实训完整的工程文件。

```
#include"code.h"
#include"STM32F40x_GPIO_Init.h"
#include"delay.h"
#include"stdio.h"
u32 count;
// 外部中断初始化程序
void EXTIX_Init(void)
{
  NVIC_InitTypeDef  NVIC_InitStructure;
  EXTI_InitTypeDef  EXTI_InitStructure;

  NVIC_PriorityGroupConfig(NVIC_PriorityGroup_2);          // 设置系统中断优先级分组 2
```

光电开关
应用实训

```
RCC_APB2PeriphClockCmd(RCC_APB2Periph_SYSCFG, ENABLE);       // 使能 SYSCFG 时钟
SYSCFG_EXTILineConfig(EXTI_PortSourceGPIOA, EXTI_PinSource3);
EXTI_InitStructure.EXTI_Line = EXTI_Line3 ;
EXTI_InitStructure.EXTI_Mode = EXTI_Mode_Interrupt;              // 中断模式
EXTI_InitStructure.EXTI_Trigger = EXTI_Trigger_Falling;          // 下降沿触发
EXTI_InitStructure.EXTI_LineCmd = ENABLE;                        // 中断线使能
EXTI_Init(&EXTI_InitStructure);
NVIC_InitStructure.NVIC_IRQChannel = EXTI3_IRQn;//
NVIC_InitStructure.NVIC_IRQChannelPreemptionPriority = 0x01;     // 先占优先级 1
NVIC_InitStructure.NVIC_IRQChannelSubPriority = 0x02;            // 次占优先级 2
NVIC_InitStructure.NVIC_IRQChannelCmd = ENABLE;                  // 使能外部中断通道
NVIC_Init(&NVIC_InitStructure);
}


void EXTI3_IRQHandler(void)                                       // 中断处理函数
{

  if(EXTI_GetITStatus(EXTI_Line3) != RESET)
  {
      EXTI_ClearITPendingBit(EXTI_Line3);                         // 清除中断标志位
      count++;
      delay_ms(30);
      printf("%d\r\n",count);
      EXTI_ClearITPendingBit(EXTI_Line3);
  }


}
```

2.3.5 程序运行结果

获得整个工程文件后，编译并运行程序，实训结果如图 2-23 所示，可以看到液晶显示屏显示通过光电开关工件的个数。

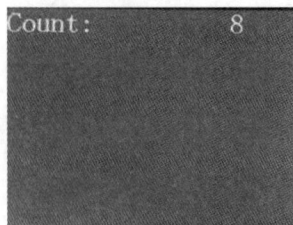

图 2-23 程序运行结果

探索海底奥秘，维护深海安全

深海探测工程不仅是对未知世界的勇敢探索，也是促进科技进步、资源开发、环境保护和国际和平的重要途径。以"蛟龙"号载人潜水器为代表的蛟龙探海工程是中国深海技术发展的一个重要组成部分。"蛟龙"号载人潜水器能够潜至 7000 m 以下的深海进行科学考察和资源勘探，实现了中国载人深潜的重大突破。

开关量检测传感器在深海探测国家重大工程项目中扮演着关键角色，它们被广泛应用于各种深海装备中，以实现对海底环境的精确感知与控制。

(1) 状态监测与安全控制：在深海探测器 [如潜水器、自治水下航行器 (AUV) 或遥控水下航行器 (ROV)] 中，开关量传感器用于监测重要组件的状态，如舱门开关状态、紧急释放机制激活与否等，以确保设备安全运行和及时响应紧急情况。

(2) 水下设备操作控制：开关量传感器可以用来检测机械手的开合状态、采样器的取样完成信号等，这些信号对于执行复杂的海底作业至关重要。

(3) 导航与定位辅助：虽然惯性测量单元 (IMU) 和多普勒计程仪等传感器通常用于提供精确的位置和姿态信息，但开关量传感器也可用于简单的位置确认，例如，通过检测接近某个标记点或已部署设备的信号，辅助精确定位。

(4) 应急保护机制：在遭遇极端条件或故障时，开关量传感器能够迅速响应，触发应急保护措施，如自动断电、释放浮力装置，以保障人员安全和设备回收。

开关量检测传感器的这些应用确保了深海探测活动的高效、安全和科学目标的达成，是支撑国家深海探测重大工程顺利进行不可或缺的技术组成部分。

思考与练习

1. 光电传感器的工作原理是什么？
2. 如何利用 STM32 的外部中断对开关量进行处理，如果不用外部中断又该如何处理？
3. 霍尔传感器的工作原理是什么？

项目3 位移检测

了解各种位移传感器的工作原理以及位移传感器的使用方法。

掌握各种位移传感器的选型和实际应用,以及位移传感器与 STM32 的接口技术和编程技术。

在自动检测系统中,对位移的测量是一种最基本的测量工作,它的特性是测量空间距离的大小,按照位移的特征,可以分为线位移和角位移。线位移是指机构沿着某一条直线移动的距离;角位移是指机构沿着某一点转动的角度。位移是制造业中最常见的被测物理量之一,线性位移传感器也是构成其他各种机械量传感器和流体压力、液位传感器的基础。

常用的位移传感器有电阻尺、电容式位移传感器、电感式位移传感器、电涡流式位移传感器、超声波位移传感器、红外位移传感器、编码器等。根据输出信号,位移传感器又可分为模拟式和数字式两种。

3.1 认识位移传感器

3.1.1 电位器式位移传感器

1.电位器式位移传感器的工作原理

电位器式位移传感器又称电阻尺,将被测量的机械位移转换为电阻变化是电位器式位移传感器的基本思路。对于一般的导体电阻,有如下公式:

$$R = \rho \frac{l}{S} \tag{3-1}$$

式中:R 为电阻阻值,单位为 Ω;ρ 为电阻率,单位为 $\Omega \cdot mm$;l 为导体长度,单位为 mm;S 为导体截面积,单位为 mm^2。

某些被测量的位移可以使导体的长度或者截面积发生变化，从而引起电阻的变化。

2. 线绕电位器式位移传感器的结构

线绕电位器式位移传感器一般由绝缘骨架和电刷组成，其结构如图 3-1 所示。用电阻系数很高并且极细的绝缘导线按照一定的规律整齐地绕在绝缘骨架上，在它与电刷相接触的部分，将导线表面的绝缘去掉，形成一个电刷可在其上滑动的光滑而平整的接触道。测量时传感器的电刷固定在被测轴上或与之机械相连，电刷与被测轴是绝缘的，当被测轴运动时，带动电刷移动，其输出是与位移成正比的电压，电源电压加在电阻元件的"+""−"两端，W 为电刷引线端。

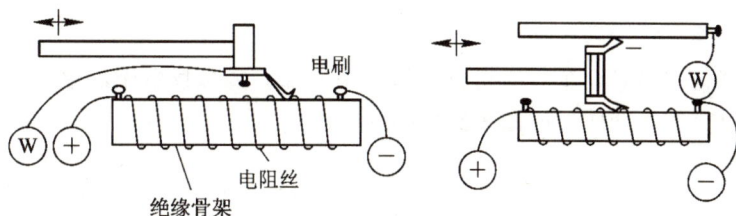

图 3-1　绕线电位器式位移传感器的原理和结构

需要注意的是，线绕电位器式位移传感器的分辨率受电阻元件构造的影响，在一根光滑导线上可以得到连续的电阻变化，而在一般线绕电阻元件上只能得到阶跃式的电阻变化，如图 3-2 所示。这是因为电刷在电阻元件上滑动时，与电阻元件的接触是一匝一匝进行的，每当电刷移过一个节距时，输出电阻产生一匝电阻值的跳跃，输出电压亦相应地产生一次阶跃。同时，电刷滑动时产生动态接触电阻，阻值不确定，会对检测精度产生难以忽略的影响。

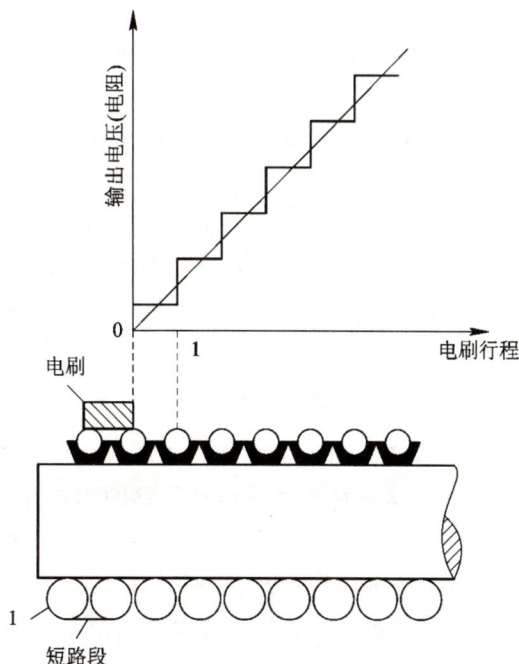

图 3-2　线绕电位器式位移传感器的阶跃特性

3. 电位器式位移传感器的种类及特点

电位器式位移传感器种类较多，按结构形式可分为直线位移型和角位移型，按工艺特点可分为线绕式和非线绕式。

电位器式位移传感器的优点是结构简单、价格低廉、输出信号大，输出信号一般不需放大。其缺点是分辨率不高，精度也不高，所以不适合于精度要求较高的场合；此外，其动态响应较差，不适合于动态快速测量。

3.1.2　电容式位移传感器

1. 电容式位移传感器的工作原理

电容式位移传感器是一个具有可变参数的电容器。多数场合下，电容器由两个金属平行板组成并且以空气为介质，如图 3-3 所示。

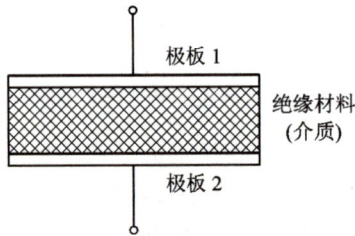

图 3-3　电容器的结构

由两个平行板组成的电容器的电容量为

$$C = \frac{\varepsilon A}{d} \tag{3-2}$$

式中：ε 为电容极板间介质的介电常数；A 为两平行板所覆盖的面积；d 为两平行板之间的距离；C 为电容量。

当被测参数使得式 (3-2) 中的 A、d 或 ε 发生变化时，电容量 C 也随之变化。如果保持其中两个参数不变而仅改变另一个参数，就可把该参数的变化转换为电容量的变化。因此，电容量变化的大小与被测参数的大小成比例。在实际使用中，电容式传感器常以改变平行板间距 d 来进行测量，因为这样获得的测量灵敏度高于改变其他参数的电容传感器的灵敏度。改变平行板间距 d 的传感器可以测量微米量级的位移，而改变面积 A 的传感器只适用于测量厘米量级的位移。

2. 电容式位移传感器的基本结构形式

按照将机械位移转变为电容变化的基本原理，通常把电容式传感器分为面积变化型、极距变化型和介质变化型三类。这三种类型又可按位移的形式分为线位移和角位移两种。每一种又依据传感器的形状分为平板型和圆筒型两种。电容式传感器还有其他形状，但一般很少见。注意，圆筒式传感器不能用作改变极距的位移传感器。

一般来说，差动式要比单组式的传感器好。差动式传感器不但灵敏度高而且线性范围大，并且有较高的稳定性。

绝大多数电容式传感器可制成一极多板的形式。n 层重叠板组成的多片型电容传感器具有类似的单片电容器的 $(n-1)$ 倍电容量。多片型相当于一个大面积的单片电容传感器，但是它能缩小尺寸。

3.1.3 电感式位移传感器

电感式位移传感器是利用电磁感应原理，将位移的变化转换成线圈的自感系数 L 或互感系数 M 的变化，再由测量电路转化为电压或电流变化输出，实现非电量到电量的转换。

电感式位移传感器具有结构简单、工作可靠、寿命长、灵敏度高、测量精度高、线性好、性能稳定、重复性好、输出功率大、抗干扰能力强等优点，适合在恶劣的环境中工作；其缺点是频率低、动态响应慢，不宜做快速动态测量。

电感式位移传感器的种类很多，这里介绍其中的两种类型——自感式电感位移传感器和互感式电感位移传感器。

1. 自感式电感位移传感器

自感式电感位移传感器又分为变磁阻式传感器和电涡流式传感器。

1) 变磁阻式传感器的工作原理

变磁阻式传感器的结构如图 3-4 所示。它由线圈、铁芯和衔铁三部分组成。铁芯和衔铁由导磁材料（如硅钢片或坡莫合金）制成，在铁芯和衔铁之间有气隙，气隙厚度为 δ，传感器的运动部分与衔铁相连。

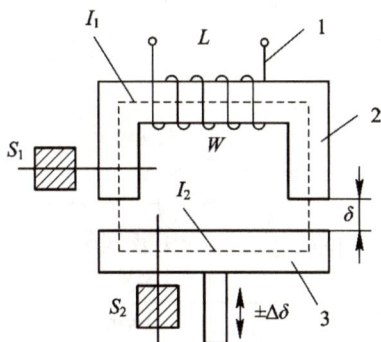

1—线圈；2—铁芯；3—衔铁。

图 3-4 变磁阻式传感器的结构

图 3-4 中，线圈的自感量为

$$L = \frac{W^2}{R_{\mathrm{m}}} \tag{3-3}$$

式中：L 为自感量，单位为 H；W 为线圈匝数；R_{m} 为磁路总磁阻，单位为 $\mathrm{H^{-1}}$。

和空气气隙相比，铁芯磁阻很小（铁芯磁导率远远大于空气磁导率），所以计算时可忽略不计。因此，磁路中的磁阻为

$$R_{\mathrm{m}} = \frac{2\delta}{\mu_0 A_0} \tag{3-4}$$

式中：δ 为气隙长度，单位为 m；μ_0 为空气磁导率，其值为 $4\pi \times 10^{-7}$ H/m；A_0 为空气气隙

导磁横截面积，单位为 m^2。

将式 (3-4) 代入式 (3-3) 中，则有

$$L = \frac{W^2 \mu_0 A_0}{2\delta} \tag{3-5}$$

从式 (3-5) 中可以看出，当线圈匝数固定，空气气隙横截面积固定时，衔铁移动，气隙厚度发生改变，引起磁路中的磁阻变化，从而导致电感线圈的电感值变化。因此，只要能测出这种电感量的变化，就能确定衔铁位移量的大小和方向。

2) 电涡流式传感器

电涡流在用电中是有害的，应尽量避免，如电机、变压器的铁芯用相互绝缘的硅钢片叠成，以切断电涡流的通路。但是，电涡流在电加热方面却有着广泛应用，如金属热加工的 400 Hz 中频炉、表面淬火的 2 MHz 高频炉、烹饪用的电磁炉等。在检测领域，电涡流式传感器结构简单，其最大特点是可以实现非接触测量，因此在工业检测中得到越来越广泛的应用。例如，位移、厚度、振动、速度、流量和硬度等都可以使用电涡流式传感器来测量。

电涡流式传感器是基于电涡流效应制成的传感器，根据法拉第电磁感应定律，块状金属导体置于变化的磁场中或在磁场中做切割磁感线运动时，导体表面就会产生感应电流。电流在金属体内自行闭合，呈旋涡状，称为电涡流，这种现象称为电涡流效应。

电涡流式传感器是一个用导线绕在骨架上所构成的空心线圈，它与正弦交流电源接通，通过线圈的电流会在线圈周围产生交变磁场。当导电的金属靠近这个线圈时，金属导体会产生电涡流，如图 3-5 所示。

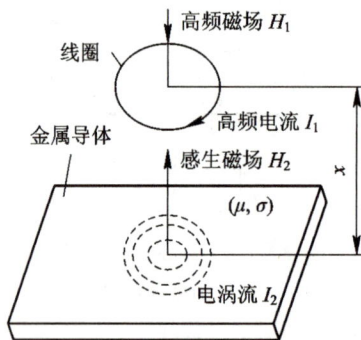

图 3-5　电涡流产生的原理

电涡流的大小与金属体的电阻率 ρ、磁导率 μ、金属板的厚度 d、产生交变磁场的线圈与金属导体的距离 x、线圈的激励电流频率 f 等参数有关。若固定其中若干参数，就能按电涡流大小测量出另外的参数。

由电涡流所造成的能量损耗将使线圈电阻有功分量增加，由电涡流产生反磁场的去磁作用等效于使线圈电感量减小，从而引起线圈等效阻抗 Z 及等效品质因数 Q 值的变化。所以，凡是能引起电涡流变化的非电量，如金属的电导率、磁导率、几何形状、线圈与导体的距离等，均可通过测量线圈的等效电阻 R、等效电感 L、等效阻抗 Z 及等效品质因数 Q 来测量。

实验表明，线圈的激励电流频率 f 越高，电涡流穿透深度越小。因此，根据电涡流传感器激励电流频率的高低，电涡流式传感器可以分为高频反射式和低频透射式两大类。目前，高频反射式电涡流传感器应用广泛。

2. 互感式电感位移传感器

把被测的非电量变化转换为线圈互感量变化的传感器称为互感式传感器。这种传感器是根据变压器的基本原理制作的，主要包括衔铁、一次绕组和二次绕组等。一、二次绕组间的耦合能随衔铁的移动而变化，即绕组间的互感随被测位移的改变而变化。由于在使用时采用两个二次绕组反向串接，以差动方式输出，所以把这种传感器称为差动变压器式传感器，通常简称差动变压器。差动变压器的结构形式较多，有变间隙型、变面积型和螺线管型等，但变间隙型、变面积型差动变压器由于行程小，且结构较复杂，因此目前已很少采用。非电量测量中，应用最多的是螺线管型差动变压器，它可以测量 1～100 mm 范围内的机械位移，并具有测量精度高、灵敏度高、结构简单、性能可靠等优点。

差动变压器的结构如图 3-6 所示。它由初级线圈 P、两个次级线圈 S_1 与 S_2、骨架和插入线圈中央的圆柱形铁芯 b 四部分组成。初级线圈亦称原边或一次线圈，次级线圈亦称副边或二次线圈。副边有两个，相互反接，构成差动式。原、副边线圈绕于骨架上，骨架用塑料制成。可动部分铁芯由良导磁材料（软铁和坡莫合金）制成，与被测对象相连接。

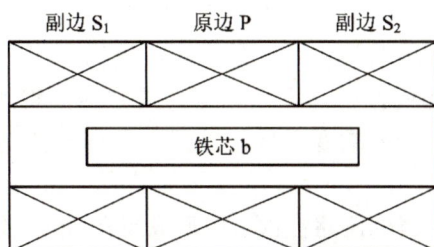

图 3-6 差动变压器的结构

差动变压器是利用电磁感应定律制作的。制作过程中，理论计算结果与实际制作后的参数相差很大。在忽略其涡流损耗、磁滞损耗和寄生（耦合）电容等因素后，其等效电路如图 3-7 所示。其中：L_P、R_P 为初级线圈电感和损耗电阻；M_1、M_2 为初级线圈与两次级线圈间的互感系数；$\dot{U}$ 为初级线圈激励电压；$\dot{U}_0$ 为输出电压；L_{S1}、L_{S2} 为次级线圈电感；R_{S1}、R_{S2} 为两次级线圈的损耗电阻；ω 为激励电压的频率。

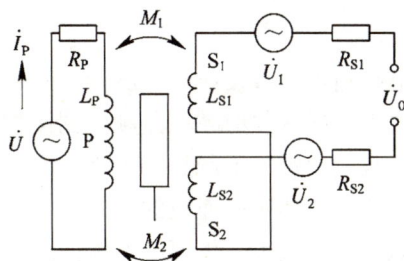

图 3-7 差动变压器等效电路

次级线圈 S_1、S_2 反极性连接。当初级线圈 P 加上某一频率的正弦电压 $\dot{U}$ 后，次级线圈产生感应电压 $\dot{U}_1$ 和 $\dot{U}_2$，它们的大小与铁芯在线圈内的位置有关。$\dot{U}_1$ 和 $\dot{U}_2$ 反极性连接，所以输出电压 $\dot{U}_0$ 为两电压之差，即 $\dot{U}_0 = \dot{U}_1 - \dot{U}_2$。

(1) 当铁芯位于线圈中心位置时，$M_1 = M_2$，$\dot{U}_1 = \dot{U}_2$，$\dot{U}_0 = 0$；

(2) 当铁芯向上移动时，$M_1 > M_2$，$\dot{U}_1 > \dot{U}_2$，$\dot{U}_0 > 0$；

(3) 当铁芯向下移动时，$M_1 < M_2$，$\dot{U}_1 < \dot{U}_2$，$\dot{U}_0 < 0$。

由上述分析可知，当铁芯偏离中心位置时，输出电压 $\dot{U}_0$ 随铁芯偏离中心位置的大小而变化，$\dot{U}_1$ 和 $\dot{U}_2$ 逐渐加大，但相位相差 180°，如图 3-8 所示。也就是说，输出电压 $\dot{U}_0$ 不仅与铁芯位移大小有关，而且与位移的方向有关。当铁芯处于中间平衡位置时，$\dot{U}_1 = \dot{U}_2$，$\dot{U}_0 = 0$。但实际上，$\dot{U}_0 \neq 0$，而是 $\dot{U}_x$，称之为零点残余电压。$\dot{U}_x$ 一般在数十毫伏以下，在实际使用时必须设法减小 $\dot{U}_x$，否则会影响传感器的测量结果。

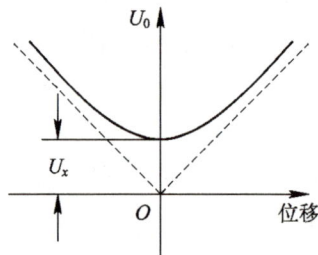

图 3-8　差动变压器输出电压波形

互感式传感器与一般变压器的相同之处在于：结构相同，都有铁芯、骨架、原边线圈和副边线圈；工作原理相同，都是利用电磁感应定律，将线圈互感转换为电压输出。而互感式传感器之所以又称为差动变压器，是因为它与一般变压器存在不同之处，主要如下：

(1) 磁路不同：普通变压器的磁路在铁芯内形成闭合回路，分别与原、副边线圈耦合；差动变压器的磁路不在铁芯内形成闭合回路，而是经铁芯、空气隙与原、副边线圈形成闭合回路，分别与原、副边线圈耦合。

(2) 互感系数 M 不同：普通变压器原、副边线圈的互感系数 M 是常数，而差动变压器的原、副边线圈的互感系数 M 是变量，随铁芯位置的变化而变化。

(3) 副边线圈不同：普通变压器的副边线圈有一组或多组，彼此独立，而差动变压器的副边线圈只有两组，彼此反接。

3.1.4　超声波测距传感器

超声波测距传感器就是空气超声探头发射超声脉冲，到达被测物时，被反射回来，并被另一只空气超声探头所接收。测出从发射超声波脉冲到接收超声波脉冲所需的时间，再乘以空气的声速 (340 m/s)，就是超声脉冲所经历的路程，除以 2 就得到距离。

超声波传感器是利用超声波的特性研制而成的传感器。超声波是一种振动频率高于声波的机械波，由换能晶片在电压的激励下发生振动产生的，它具有频率高、波长短、绕射现象小，特别是方向性好，能够成为射线而定向传播等特点。超声波的穿透能力很强，能穿透液体、固体，尤其在不透明的固体中，它可穿透几十米的深度。超声波碰到杂质或分界面会产生显著反射形成反射回波，碰到活动物体能产生多普勒效应，因而超声波检测广泛应用在工业、国防、生物医学等方面。

1. 超声波的传输特性

人耳能够听到的机械波，频率为 16 Hz～20 kHz 的称为声波。人耳听不到的机械波，频率高于 20 kHz 的称为超声波，频率低于 16 Hz 的称为次声波。超声波的频率越高，就越接近光学的反射、折射等特性。

超声波可分为纵波、横波和表面波。质点的振动方向和波的传播方向一致的波称为纵波，它能在固体、液体和气体中传播。质点的振动方向和波的传播方向相垂直的波称为横波，它只能在固体中传播。质点的振动介于横波和纵波之间，沿着表面传播，振幅随着深度的增加而迅速衰减的波称为表面波。

超声波在介质中的传播速度取决于介质密度、介质的弹性系数及波形。一般来说，在同一固体中横波声速为纵波声速的一半左右，而表面波声速又低于横波声速。当超声波在某一介质中传播或者从一种介质传播到另一种介质时，常常遵循如下规律。

1) 传播速度

超声波的传播速度与波长及频率成正比，即声速可表示为

$$C = \lambda f \tag{3-6}$$

式中：λ 为超声波的波长；f 为超声波的频率。

2) 超声波的衰减

超声波在介质中传播时，由于声波的扩散、散射及吸收，能量按照指数规律衰减。如平面波传播时的衰减公式为

$$I_x = I_0 e^{-2\alpha x} \tag{3-7}$$

式中：I_0 为声源处的声强；I_x 为距声源 x 处的声强；α 为衰减系数，单位为 1×10^{-3} dB/mm。

3) 超声波的反射与折射

当超声波从一种介质传播到另一种介质时，在两种介质的分界面上会发生反射与折射。超声波的反射与折射同样遵循反射定律和折射定律，即入射角与反射角、折射角的正弦比等于入射波速与反射波速、折射波速之比。

4) 超声波的波形转换

若选择适当的入射角，使纵波全反射，那么在折射中只有横波出现；如果横波也全反射，那么在工件表面上只有表面波存在。

2. 超声波传感器的结构

超声波探头结构如图 3-9 所示，它主要由压电晶片、吸收块（阻尼块）、保护膜、接线片等组成。当它的两极外加脉冲信号，其频率等于压电晶片的固有振荡频率时，压电晶片将会发生共振，并带动共振板振动，于是产生超声波。反之，如果两电极间未外加电压，当共振板接收到超声波时，将压迫压电晶片做振动，将机械能转换为电信号，这时它就成为超声波接收器了。

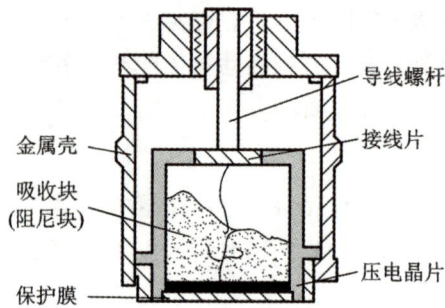

图 3-9　超声波探头结构示意图

压电晶片多为圆板形，厚度为 δ。超声波频率 f 与其厚度 δ 成反比。压电晶片的两面镀有银层，作导电的极板。

阻尼块的作用为降低晶片的机械品质，吸收声能量。如果没有阻尼块，当激励的电脉冲信号停止时，晶片将会继续振荡，加长超声波的脉冲宽度，使分辨率变差。

3. 超声波传感器的类型

超声波探头按其工作原理可分为压电式、磁致伸缩式、电磁式等，其中以压电式最为常用。压电式超声波探头常用的材料是压电晶体和压电陶瓷，这种传感器统称为压电式超声波探头。压电式超声波探头是利用压电材料的压电效应来工作的。逆压电效应将高频电振动转换成高频机械振动，从而产生超声波，可作为发射探头；而正压电效应是将超声振动波转换成电信号，可作为接收探头。

超声波探头有时又称超声波换能器。由于其结构不同，换能器又分为直探头、斜探头、双探头、表面波探头、聚焦探头、冲水探头、水浸探头、空气传导探头以及其他专用探头等。

1) 以固体为传导介质的超声探头

(1) 单晶直探头。发射超声波时，将 500 V 以上的高压电脉冲加到压电晶片上，利用逆压电效应，使晶片发射出一束频率落在超声范围内、持续时间很短的超声振动波。

超声波到达被测物底部后，超声波的绝大部分能量被底部界面所反射。反射波经过短暂的传播时间回到压电晶片。利用压电效应，晶片将机械振动波转换成同频率的交变电荷和电压。由于衰减等因素，该电压通常只有几十毫伏，还要加以放大，才能在显示器上显示出该脉冲的波形和幅值。

超声波的发射和接收虽然均是利用同一块晶片，但时间上有先后之分，所以单晶直探头是处于分时工作状态，必须用电子开关来切换这两种不同的状态。

(2) 双晶直探头。双晶直探头是由两个探头组合而成的，它装配在同一壳体内，其中一片晶片发射超声波，另一片晶片接收超声波。两晶片之间用一片吸声性能强、绝缘性能好的薄片加以隔离，使超声波的发射和接收互不干扰。双晶直探头的结构虽然比较复杂，但检测精度比单晶直探头高，且超声信号的反射和接收的控制电路较单晶直探头简单。

(3) 斜探头。为了使超声波能倾斜入射到被测介质中，可使压电晶片粘贴在与底面成一定角度（如 $30°$，$45°$ 等）的有机玻璃斜楔块上，当斜楔块与不同材料的被测介质（试件）接触时，超声波产生一定角度的折射，倾斜入射到试件中。

(4) 聚焦探头。由于超声波的波长很短（毫米数量级），所以它也类似光波，可以被聚焦成十分细的声束，其直径可小到 1 mm 左右，可以分辨试件中细小的缺陷，这种探头称为聚焦探头。聚焦探头采用曲面晶片来发出聚焦的超声波，也可以采用两种不同声速的塑料来制作声透镜，还可以利用类似光学反射镜的原理制作声凹面镜来聚焦超声波。

2) 以空气为传导介质的超声探头

发射器的压电片上必须粘贴一只锥形共振盘，以提高发射效率和方向性。接收器在共振盘上还增加了一只阻抗匹配器，以滤除噪声，提高接收效率，如图 3-10 所示。空气传导的超声发射器和接收器的有效工作范围为几米至几十米。

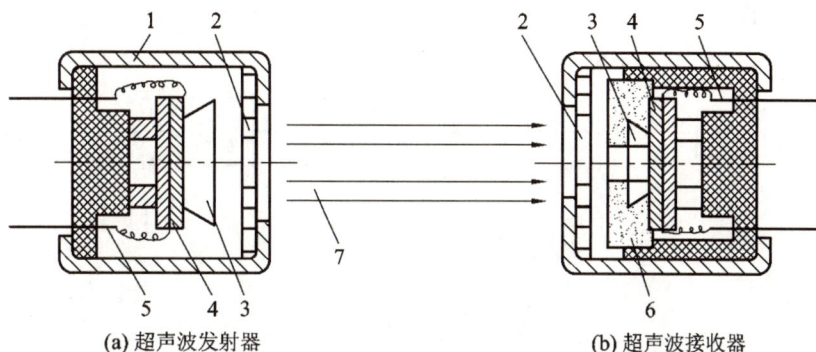

(a) 超声波发射器　　　　　　　(b) 超声波接收器

1—外壳；2—金属丝网罩；3—锥形共振盘；4—压电晶片；5—引脚；6—阻抗匹配器；7—超声波束。

图 3-10　空气传导型超声发生器和接收器的结构

4. 耦合剂

超声探头与被测物体接触时，探头与被测物体表面之间存在一层空气薄层，空气将引起三个界面间强烈的杂乱反射波，造成干扰，并造成很大的衰减。为此，必须将接触面之间的空气排挤掉，使超声波能顺利地入射到被测物体中。在工业中，经常使用一种称为耦合剂的液体物质，使之充满在接触层中，起到传递超声波的作用。常用的耦合剂有自来水、机油、甘油、水玻璃、胶水、化学糨糊等。

3.1.5　光电编码器

本项目前面讲述的各种位移传感器都是间接或直接将位移物理量转变为模拟电信号，而光电编码器是可以把位移直接转变为数字量的器件。

光电编码器是将信号（如比特流）或数据编制、转换为可用来通信、传输和存储的信号形式的设备。编码器把角位移或直线位移转换成电信号，前者称为码盘，后者称为码尺。按照读出方式，编码器可分为接触式和非接触式两种；按照工作原理，编码器可分为增量式和绝对式两种。增量式编码器是将位移转换成周期性的电信号，再把这个电信号转变成计数脉冲，用脉冲的个数表示位移的大小。绝对式编码器的每一个位置对应一个确定的数字码，因此它的示值只与测量的起始和终止位置有关，而与测量的中间过程无关。

1. 增量式光电编码器

光电编码器是一种通过光电转换将输出轴上的机械几何位移量转换成脉冲或数字量的传感器，是目前角位移检测中应用最多的传感器。

增量式光电编码器由光栅盘(码盘)和光电检测装置组成。光电码盘与转轴连在一起。码盘可用玻璃材料制成，表面镀上一层不透光的金属铬，然后在边缘制成向心透光狭缝。透光狭缝在码盘圆周上等分，数量从几百条到几千条不等，这样，整个码盘圆周上就等分成 n 个透光的槽。当光电码盘随工作轴一起转动时，在光源的照射下，透过光电码盘和光栅板狭缝形成忽明忽暗的光信号，光敏元件把此信号转换成电脉冲信号，通过信号处理电路的形成、放大、细分、辨向后，向数控系统输出脉冲信号，通过计算每秒光电编码器输出脉冲的个数就能反映编码器轴的转速或者加速度，也可由数码管直接显示位移量。光电编码器的结构如图 3-11 所示。

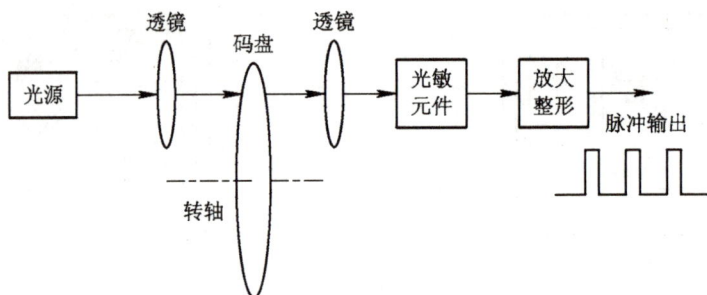

图 3-11 光电编码器的结构

为了判断旋转方向，码盘提供相位差为 90° 的两组透光孔，组成辨向系统，通过电路判断正转还是反转。在一般的光电编码系统中，这两组编码称为 A、B 相，如图 3-12 外圈和中圈虚线所示。另外，为了实现定位，增加了 Z 相作为基准。由 Z 相发出零位脉冲，作为转动的起始点，如图 3-12 内圈虚线所示。

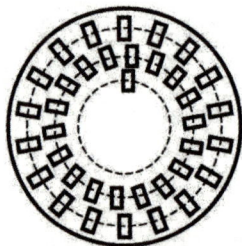

图 3-12 A、B、Z 三相光电编码盘

增量式光电编码器的优点是结构简单，机械平均寿命可在几万小时，抗干扰能力强，可靠性高，适用于长距离传输；其缺点是无法输出轴转动的绝对位置信息，由于光电系统有可能产生丢失脉冲信号的现象，会产生累积误差，不适合高速测量。

2. 绝对式光电编码器

除了增量式光电编码器，还有一种绝对式光电编码器，其原理如图 3-13 所示。绝对式光电编码器是直接输出数字量的传感器，在它的圆形码盘上沿径向有若干同心码道，每条道上由透光和不透光的扇形区相间组成。相邻码道的扇区数目是双倍关系，码盘上的道数就是它的二进制数码的位数，在码盘的一侧是光源，另一侧为每一码道对应的光敏元件。当码盘处于不同位置时，各光敏元件根据受光照与否转换出相应的电平信号，形成二进制数。这种编码器的特点是输出的不是脉冲，不需要计数器，在转轴的任意位置都可读出一个固定的与位置对应的数字信号。显然，码道越多，分辨率越高。对于一个 N 位二进制分辨率的光电编码器，其码道必须有 N 条。目前我国已经有 16 位的绝对式光电编码器产品。

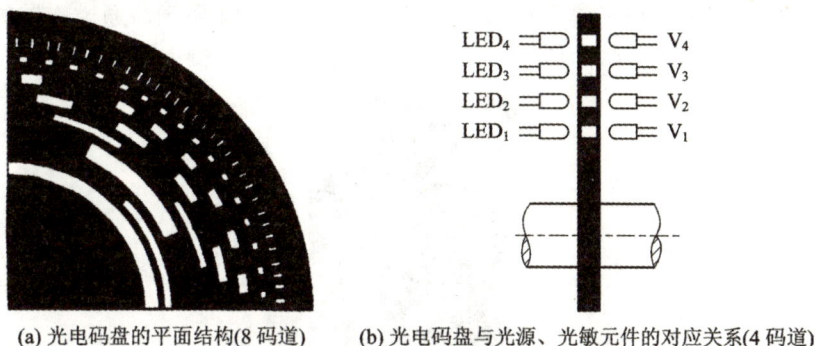

(a) 光电码盘的平面结构(8 码道)   (b) 光电码盘与光源、光敏元件的对应关系(4 码道)

图 3-13   绝对式光电编码器原理图

显然，绝对式编码器与增量式编码器的不同之处在于圆盘上透光、不透光的线条图形；绝对式编码器可有若干编码；根据读出码盘上的编码，可以检测到绝对位置。编码的设计可采用二进制、循环码、二进制补码和格雷码等。不同编码的共同特点是可以直接读出角度坐标的绝对值，没有累积误差，电源切除后位置信息不会丢失。但是，绝对式编码器的分辨率是由二进制的位数决定的，也就是说精度取决于位数，目前有 10 位、14 位等多种。绝对式编码器的优点是允许转速高，精度和码道数量相关；其缺点是结构复杂，价格高。

光电编码器的输出是脉冲量和数字量，容易使用检测计算机网络传输，且技术成熟，应用简单可靠，在转角检测领域应用广泛，如伺服电动机的反馈回路检测均为光电编码器。对于增量式编码器，在实际应用中，由于光电器件有一定的转换时间，有可能产生前一个脉冲正在转换而后一个脉冲已经略过的情况，所以光电编码器的转速有一定限制，需要根据器件的转换时间和编码器的线数(每一圈的道数)计算编码器的最高速度，这也是评价编码器优劣的一个重要性能指标。实际上，大多数编码器的允许转速一般不超过 1500 r/min。对于高速转轴的转速测量一般采用旋转变压器的测量方法。

3.2   光电编码器应用实训

3.2.1   实训目的及要求

通过实训，掌握光电编码器 R3806 与 STM32F407ZGT6 的接口技术及编程技术，能够使用光电编码器进行角度测量及方向检测，并在液晶显示屏幕上显示编码器输出的脉冲个数。本次实训采用的编码器每旋转一周输出 360 个脉冲，那么编码器每输出 1 个脉冲，表示旋转轴旋转了 1°。

3.2.2　R3806 光电编码器简介

1. R3806 光电编码器的特点

R3806 为增量型旋转编码器，A、B 两相输出。如图 3-14 所示，通过旋转的光栅盘和光耦产生可识别方向的计数脉冲信号。其主要特点是价格低、体积小、使用寿命长、精度高。

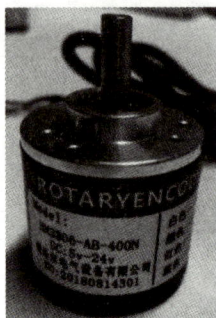

图 3-14　R3806 光电编码器

R3806 光电编码器的主要性能：每转 100、200、300、360、400、500、600 脉冲可以选择，DC 5～24 V 供电，响应频率为 0～20 kHz。本实训选用的编码器每旋转一周输出360 个脉冲。

2. R3806 光电编码器的输出

R3806 输出波形图如图 3-15 所示，A、B 两相输出矩形正交脉冲，电路输出为 NPN集电极开路输出型。此种输出类型可以和带内部上拉电阻的单片机或者 PLC 直接相连，如 51 单片机或者三菱 PLC。注意：如果编码器不接到设备上，则无法直接用示波器显示输出波形 (因为集电极开路输出在没有上拉电阻的时候，不能输出高电平)。

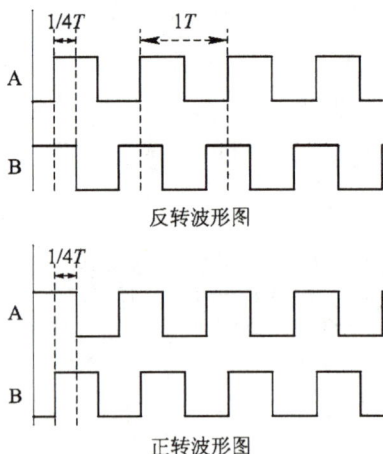

图 3-15　R3806 编码器 A、B 两相输出波形图

3. R3806 光电编码器的接线

R3806 光电编码器的接线为：红色接正极 (V_{CC})，黑色接负极 (GND)，白色接 A 相，绿色接 B 相，网状金属线为屏蔽线。注意事项：A 相与 B 相输出线一定不要直接接 V_{CC}，否

则会烧坏输出三极管。

4. R3806 光电编码器的用途

R3806 增量式光电编码器被广泛应用于自动化控制领域,用于测量物体的旋转速度、角度、加速度及长度等。

3.2.3 光电编码器 R3806 硬件接口电路设计

光电编码器实训原理图如图 3-16 所示。主控芯片 STM32F407ZGT6 的最小系统及人机接口原理图见附录 A,这里仅给出光电编码器 R3806 的设计原理图,编码器 A 相输出接 STM32F407 的 PA3 引脚,编码器 B 相输出接 STM32F407 的 PD5 引脚,编码器 Z 相输出接 STM32F407 的 PB0 引脚,引脚连接线分别接 10 kΩ 上拉电阻。

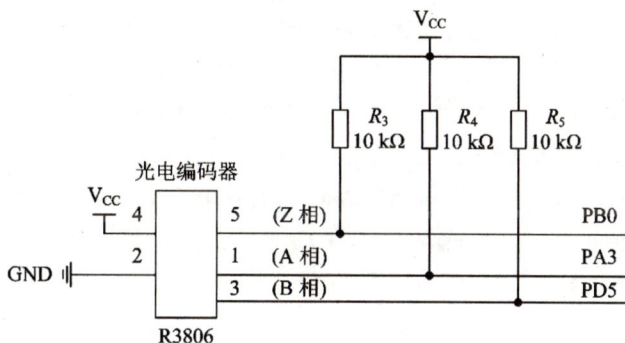

图 3-16 实训原理图

3.2.4 程序设计

本次实训的任务是采用光电编码器对角位移进行测量,该任务功能主要由 main.c、code.c 程序文件来完成,code.c 完成 STM32F407ZGT6 外设 EXTI 的配置,中断触发后对 A、B 相脉冲的处理以及角位移的计算,main.c 将角位移通过 LCD 液晶屏进行显示。

实训程序设计要点如下:

(1) 配置 RCC 寄存器组,开启 GPIOA、GPIOD 时钟;

(2) 配置 GPIOA.3 和 GPIOD.5 均为开漏、输入模式,有上拉电阻,并将 GPIOA.3 设置为外部中断 EXTI3 的输入通道;

(3) 配置 NVIC,使用优先级分组 2,并赋予外部中断 EXTI3:1 级先占优先级,2 级次占优先级;

(4) 开启 EXTI3 中断,配置外部中断 3 下降沿触发;

(5) 编码器转动方向判断、角位移计算以及显示。

鉴于篇幅限制,这里仅给出 code.c 程序清单,扫描下页右侧二维码可以获得本次实训完整的工程文件。

```
#include"code.h"
#include"STM32F40x_GPIO_Init.h"
#include"delay.h"
```

```c
#include"stdio.h"
u32 code_count;

// 外部中断初始化程序
void EXTIX_Init(void)
{
    NVIC_InitTypeDef   NVIC_InitStructure;
    EXTI_InitTypeDef   EXTI_InitStructure;

    NVIC_PriorityGroupConfig(NVIC_PriorityGroup_2);          // 设置系统中断优先级分组 2

    RCC_APB2PeriphClockCmd(RCC_APB2Periph_SYSCFG, ENABLE);// 使能 SYSCFG 时钟

    SYSCFG_EXTILineConfig(EXTI_PortSourceGPIOA, EXTI_PinSource3);
    EXTI_InitStructure.EXTI_Line = EXTI_Line3;
    EXTI_InitStructure.EXTI_Mode = EXTI_Mode_Interrupt;       // 中断模式
    EXTI_InitStructure.EXTI_Trigger = EXTI_Trigger_Falling;   // 下降沿触发
    EXTI_InitStructure.EXTI_LineCmd = ENABLE;                 // 中断线使能

    EXTI_Init(&EXTI_InitStructure);

    NVIC_InitStructure.NVIC_IRQChannel=EXTI3_IRQn;
    NVIC_InitStructure.NVIC_IRQChannelPreemptionPriority=0x01; // 先占优先级 1
    NVIC_InitStructure.NVIC_IRQChannelSubPriority = 0x02;     // 次占优先级 2
    NVIC_InitStructure.NVIC_IRQChannelCmd = ENABLE;           // 使能外部中断通道

    NVIC_Init(&NVIC_InitStructure);
}

void EXTI3_IRQHandler(void)                                   // 中断处理函数
{
    if(EXTI_GetITStatus(EXTI_Line3) != RESET)
    {
        EXTI_ClearITPendingBit(EXTI_Line3);                   // 清空中断标志
        if(READ_CODEB)                                        // 读 B 相是否为高电平
        {
            code_count++;  // 高电平，则 A 相先于 B 相，编码值增加
        }
```

光电编码器
应用实训

```
            else
            {
                code_count--;                                    // 编码值减少
            }
        code_count%=360;
        }
}
```

3.2.5 程序运行结果

获得整个工程文件后，编译并运行程序，实训结果如图 3-17 所示，可以看到液晶显示屏显示了编码器输出的脉冲个数。由于本次实训采用的编码器每旋转一周输出 360 个脉冲，那么输出的脉冲个数即为旋转的角度，用手顺时针或逆时针旋转编码器，可以看到输出脉冲的加减变化。

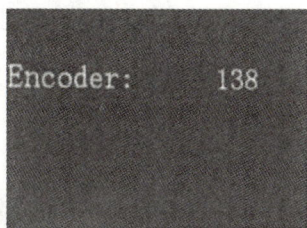

图 3-17 实训结果

3.3 超声波测距实训

3.3.1 实训目的及要求

通过实训，掌握超声波传感器的使用方法、超声波探头与超声波测距芯片 CS100A 的连线、CS100A 与 STM32F407ZGT6 芯片的接口技术及编程技术，熟悉使用超声波传感器进行距离测量，并在液晶显示屏幕上显示出被测物体的距离。

3.3.2 超声波探头及测距芯片 CS100A 简介

1. 超声波探头

本实训使用的超声波传感器型号为分体收发器探头 TCT40-16T/R，如图 3-18 所示。其中 R 代表接收，T 代表发送。具体性能指标如下：

(1) 标称频率 (kHz)：40。

(2) 发射声压 at 10 V(0 dB = 0.02 mPa)：≥110 dB。

(3) 接收灵敏度 at 40 kHz(0 dB = V/ubar)：≥-70 dB。

(4) 静电容量 at 1 kHz，<1 V(pF)：2000 ± 30%。

(5) 探测距离 (m)：0.2～10。

(6) -6 dB 指向角：50° ± 10°。

(7) 工作温度：-30～+85℃。

(8) 外壳材料：铝。

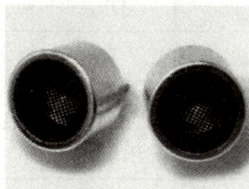

图 3-18 TCT40-16 超声波传感器探头

2. 超声波测距芯片 CS100A

CS100A 是一款工业级超声波测距芯片，其内部集成了超声波发射电路、超声波接收电路、数字处理电路等，单芯片即可完成超声波测距，测距结果通过脉宽的方式进行输出，通信接口兼容现有超声波模块。

CS100A 配合使用 40 kHz 的开放式超声波探头，只需要一个 22 MΩ 的下拉电阻和 8 MHz 的晶振，即可实现高性能测距功能。CS100A 使用的外围器件很少，可以大幅减小电路板的面积，提高可靠性；同时，其使用外围器件也较少，因此布线更为简单，使用单面 PCB 即可实现超声波测距功能，可以大幅降低成本。

1) CS100A 引脚定义

CS100A 采用 SOP16 封装，其封装图如图 3-19 所示。其 I/O 口功能见表 3-1。

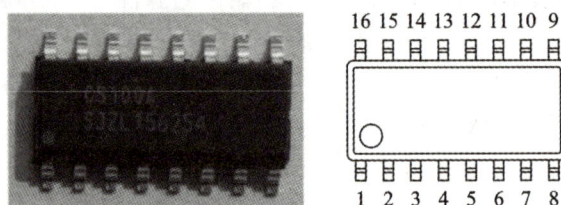

图 3-19　CS100A 芯片封装图

表 3-1　CS100A 引脚功能

引脚编号	引脚名称	I/O	功　能　描　述
1	RN	I	接收探头反相输入端
2	RP	I	接收探头同相输入端
3	AV_{SS}	—	模拟地
4	AV_{DD}	—	模拟电源，3～5.5 V
5	TEST1	O	放大器输出测试点；不用时，悬空即可
6	COMP0	O	比较器输出测试点；不用时，悬空即可
7	ECHO	O	测距脉宽输出，ECHO 引脚高电平的宽度为超声波往返时间
8	TRIG	I	触发测距，输入一个大于 10 μs 的高电平脉冲，开始测距
9	DV_{DD}	—	数字电源，3～5.5 V
10	TP	O	超声波同相发射端
11	TN	O	超声波反相发射端
12	DV_{SS}	—	数字地
13	XI	—	接 8 MHz 晶振
14	XO	—	接 8 MHz 晶振，或外接 8 MHz 的时钟信号
15	BLIND2	I	未用，悬空即可
16	PD	I	接高电平可实现断电；不用时，悬空即可

2) CS100A 时序图

在 TRIG 引脚输入一个 10 μs 以上的高电平脉冲信号，芯片 (TP，TN 引脚) 便可发出 8 个 40 kHz 的超声波脉冲，然后 (RP，RN) 检测回波信号。当检测到回波信号后，ECHO 引脚输出高电平，如图 3-20 所示。

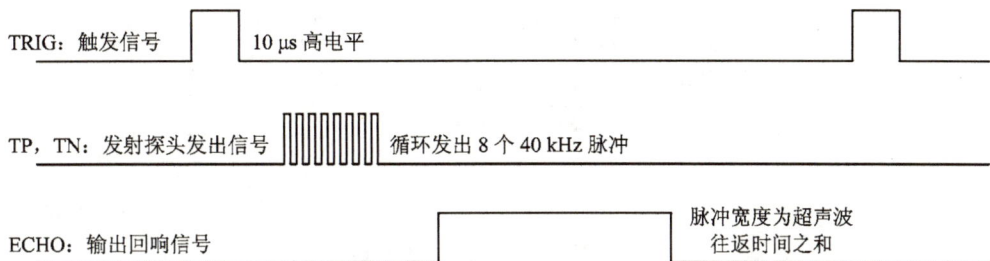

图 3-20 CS100A 测距时序图

根据 ECHO 引脚输出高电平的持续时间可以计算距离值，即距离值为：(高电平时间 × 340 m/s)/2。当测量距离超过测量范围时，CS100A 仍会通过 ECHO 引脚输出高电平的信号，高电平的宽度约为 66 ms。如图 3-21 所示。

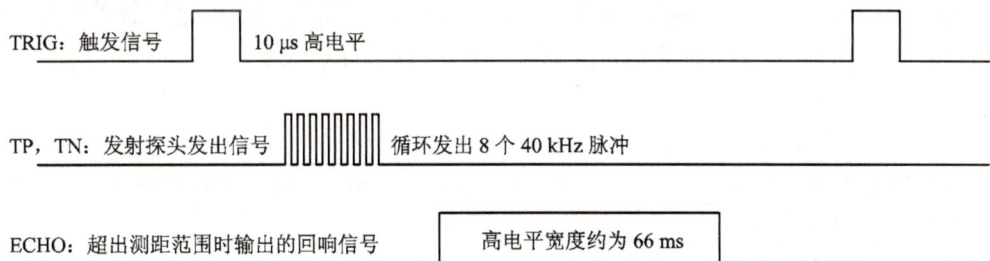

图 3-21 CS100A 超出测量范围时序图

3) 测量周期

当芯片通过 ECHO 引脚输出高电平脉冲后，便可进行下一次测量，所以测量周期取决于测量距离：当测距很近时，ECHO 引脚输出的脉冲宽度较窄，测量周期就很短；当测距较远时，ECHO 引脚输出的脉冲宽度较宽，测量周期也就相应地变长。最坏情况下，被测物体超出测量范围，此时返回的脉冲宽度最长，约为 66 ms，所以最坏情况下的测量周期稍大于 66 ms 即可 (取 70 ms 足够)。

3.3.3 超声波探头及测距芯片 CS100A 硬件接口电路设计

超声波测距实训原理图如图 3-22 所示。主控芯片 STM32F407ZGT6 的最小系统及人机接口原理图见附录 A，这里仅给出超声波探头及测距芯片 CS100A 的设计原理图，CS100A 第 7 引脚 (ECHO) 接 STM32F407 的 PE14 引脚，CS100A 第 8 引脚 (TRIG) 接 STM32F407 的 PE13 引脚。

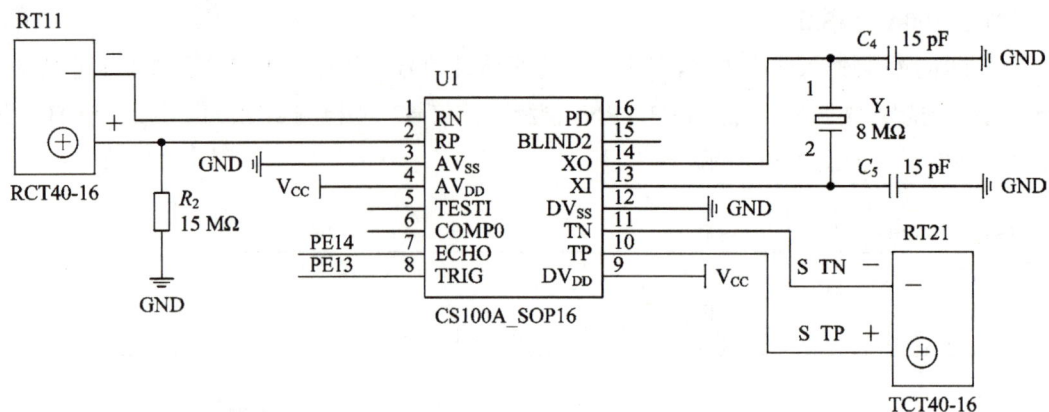

图 3-22　超声波测距原理图

3.3.4　程序设计

本次实训的任务是采用超声波传感器对距离进行检测，该任务功能主要由 main.c、ultrasonic.c 以及 STM32F40x_Timer_eval.c 程序文件来完成。ultrasonic.c 完成外设 EXTI 的配置并测量超声波从发射到接收的时间；STM32F40x_Timer_eval.c 对定时器进行初始化，设置 5 μs 中断一次；main.c 计算测量距离并通过 LCD 液晶屏显示。

本实训程序设计要点如下：

(1) 配置 RCC 寄存器组，开启 GPIOE 时钟；

(2) 配置 GPIOE.14 为开漏、输入模式，无上拉 / 下拉电阻，同时配置 GPIOE.13 为推挽、输出模式，无上拉 / 下拉电阻；

(3) 配置定时器 Timer3，计数周期为 20、预分频值为 20，5 μs 中断一次；

(4) 外部中断及定时器中断处理，实现超声波从发射到接收的时间测量；

(5) 完成距离计算并显示。

鉴于篇幅限制，这里仅给出 ultrasonic.c 程序清单，扫描右下侧二维码可以获得本次实训完整的工程设计程序。

```
#include"ultrasonic.h"
#include"STM32F40x_GPIO_Init.h"
u8 read_bit;                              // 存储端口 PE14 电平
u32 race_count;                           // 存储时间值
u8 race_ok_bit;                           // 计数完成标志位
u32 t_count;                              // 计数值
// 外部中断服务程序
void EXTI15_10_IRQHandler(void)
{
  if(EXTI_GetITStatus(EXTI_Line14) != RESET)
  {
    read_bit = READ_ECHO;                 // 读端口 PE14 电平
```

超声波测距实训

```
    if(read_bit==1)                                   // 如果是 1，则计数清零，开始计数
    {      t_count = 0;
    }
    else                                              // 如果是 0，则停止计数，保存计数值
    {      race_count = t_count;
           race_ok_bit = 1;
    }
    EXTI_ClearITPendingBit(EXTI_Line14);
  }
}
// 外部中断初始化函数
void EXTIX_Init(void)
{
    NVIC_InitTypeDef   NVIC_InitStructure;
    EXTI_InitTypeDef   EXTI_InitStructure;
NVIC_PriorityGroupConfig(NVIC_PriorityGroup_2);       // 设置系统中断优先级分组 2
    RCC_APB2PeriphClockCmd(RCC_APB2Periph_SYSCFG, ENABLE);     // 使能 SYSCFG 时钟
    SYSCFG_EXTILineConfig(EXTI_PortSourceGPIOE, EXTI_PinSource14);
EXTI_InitStructure.EXTI_Line = EXTI_Line14;
    EXTI_InitStructure.EXTI_Mode = EXTI_Mode_Interrupt;        // 中断模式
EXTI_InitStructure.EXTI_Trigger = EXTI_Trigger_Rising_Falling;  // 上升沿下降沿都触发
    EXTI_InitStructure.EXTI_LineCmd = ENABLE;                  // 中断线使能
    EXTI_Init(&EXTI_InitStructure);
    NVIC_InitStructure.NVIC_IRQChannel = EXTI15_10_IRQn;
    NVIC_InitStructure.NVIC_IRQChannelPreemptionPriority = 0x01;   // 先占优先级 1
NVIC_InitStructure.NVIC_IRQChannelSubPriority = 0x02;          // 次占优先级 2
    NVIC_InitStructure.NVIC_IRQChannelCmd = ENABLE;               // 使能外部中断通道
    NVIC_Init(&NVIC_InitStructure);
}
```

3.3.5　程序运行结果

获得整个工程文件后，编译并运行程序，实训结果如图 3-23 所示，可以看到液晶显示屏显示物体和超声波探头之间的距离。用手移动物体，可以观察到距离的变化。

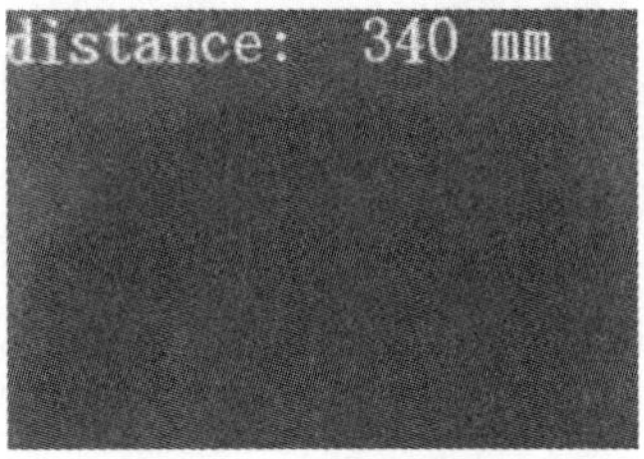

图 3-23　实训结果

中国高铁，靓丽名片

位移传感器在国家重大工程项目中的应用极其广泛，它们是确保这些项目运行安全、高效和精确的关键技术组件。例如，位移传感器应用于高速铁路无缝钢轨的纵向位移在线监测系统，实时检测钢轨因温度变化、列车荷载等因素引起的伸缩变化，确保行车安全，减少维护成本。同样在高铁车辆上，位移传感器参与构成车辆位置检测系统，为列车自动控制系统提供精确的位置信息，实现列车的安全、高效运行。

这些应用不仅展示了位移传感器在提升国家重大工程的效率和安全性方面的重要作用，还体现了现代工程技术对高精度测量和控制的依赖，以及中国在这些领域内不断追求技术创新与突破的决心。

思考与练习

1. 简述各类位移传感器的工作原理。
2. 除了书中介绍的位移传感器，你还能说出其他位移传感器吗？
3. 如何使用 STM32F407 芯片的定时器中断进行编程设计？
4. 光电编码器是如何判断旋转方向的？
5. 如何编程应用超声波测距芯片 CS100A？

项目 4　力和压力检测

知识目标

通过学习，了解各种力及压力传感器的工作原理，了解压力传感器的使用方法。

技能目标

通过实践和训练，掌握各种压力传感器的选型及实际应用，掌握压力传感器和 STM32 的接口技术和编程技术。

　　力是基本物理量之一，因此各种动态力、静态力大小的测量十分重要，力学量包括质量、力矩、压力、应力等。力学量可分为几何学量、运动学量两部分，其中，几何学量指的是位移、形变、尺寸等，运动学量指的是几何学量的时间函数，如速度、加速度等。

　　力的检测在工程应用中极为重要，往往是确定设备安全使用的主要性能指标，在工况监测中广泛应用，如压力加工、流体 (如气体和液体) 的压力值、水坝强度监测、机械制造等，涉及水利水电、铁路交通、智能建筑、生产自控、航空航天、军工、石化、油井、电力、船舶、机床、管道等众多行业。力学量的检测主要使用电阻应变片将受力转换为应变，进而改变电阻引起电路参量变化。除了电阻应变以外，随着现代半导体技术的发展，压阻式压力传感器、压磁式压力传感器、压电式压力传感器以及薄膜式压力传感器也得到了长足发展，丰富了力检测方法。

4.1　认识力和压力传感器

4.1.1　电阻应变片式力传感器

　　1856 年，英国物理学家 W.Thomson 发现了金属电阻的应变效应；1938 年首次出现了金属电阻应变片 (SR-4 型)；1952 年，英国人发明了金属箔式应变片。它们为各种力的测量奠定了理论和技术基础。

　　导体或半导体材料在外界力的作用下会发生机械变形，此时导体或半导体的电阻值也会随之发生变化，这种现象称为电阻应变效应。应变式电阻传感器就是利用应变片的应变效应将应变变化转换成电阻值变化的原理制成的，将电阻应变片粘贴于被测弹性体上，当被测弹性体受到外力的作用时，其产生的应变就会传送到应变片上，使应变片的电阻值发生变化，通过测量应变片电阻值的变化就可得知被测弹性体受力的大小。

电阻应变片的种类繁多，形式多样，按照应变片的材料进行分类，可分为金属应变片和半导体应变片两大类。

1. 金属应变片

1) 金属应变片的工作原理

一段长为 l，截面积为 S，电阻率为 ρ 的导体 (如金属丝)，在其未受力时，原始电阻值为

$$R = \rho \frac{l}{S} \tag{4-1}$$

当金属丝受到拉力 F 作用时，金属丝的长度和截面积都将发生变化，从而引起电阻的变化，如图 4-1 所示。当金属丝受到拉力时，电阻变大；当金属丝受到压力时，电阻变小。

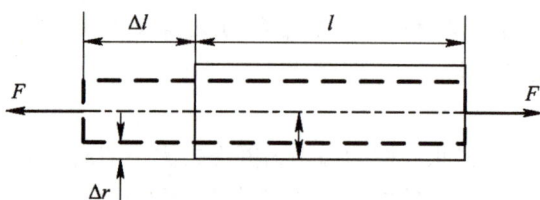

图 4-1　金属丝受力发生应变示意图

2) 金属电阻应变片的结构

金属电阻应变片的结构如图 4-2 所示，它主要由敏感栅、基底、保护层、引出线等构成。

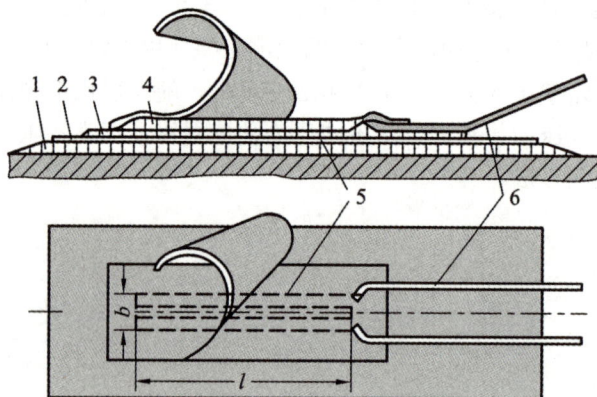

1、3—保护层；2—基底；4—盖片；5—敏感栅；6—引出线。

图 4-2　金属丝电阻应变片的典型结构

(1) 敏感栅：应变片的核心是敏感栅。敏感栅是由某种金属或金属箔绕成栅形，粘贴在基体上，通过基体将应变传递给它。敏感栅将感受到的应变转换为阻值的变化。

金属箔式应变片的敏感栅是由很薄的金属箔片用光刻、腐蚀等技术制作而成的，箔栅

厚度一般在 0.003～0.01 mm 范围内。与丝式应变片相比，箔式电阻应变片的电阻值分散度小，可做成任意形状，易于大量生产、成本低、散热性好、允许通过相对大的电流、灵敏度高、耐蠕变和耐漂移能力强。目前，箔式电阻应变片的应用范围日益扩大，已逐渐取代丝式应变片而占据主要地位。

薄膜应变片的敏感栅是采用真空镀膜技术在很薄的绝缘基底上蒸镀金属电阻材料薄膜，再加上保护层形成的。其优点是灵敏度高，允许通过较大的电流。

(2) 基体与保护层：基体用于固定敏感栅并使敏感栅与试件绝缘，保护层既固定敏感栅、引出线的形状位置，还可以保护敏感栅。基体、保护层均由专门的薄纸制成，基体的厚度一般为 0.02～0.04 mm。

(3) 引出线：它是应变片敏感栅中引出的细金属线，大多数敏感栅材料都可以制成引线，引出线焊接在敏感栅两端，作连接测量导线之用。

(4) 黏合剂：用黏合剂将敏感栅固定在基体上，并将保护层与基体贴在一起。

3) 金属应变式传感器的类型

金属应变片根据敏感栅的形状又可分为箔式金属应变片、丝式金属应变片、薄膜式金属应变片，如图 4-3 所示。图 4-3(a) 为圆角丝栅，其横向应变会引起较大测量误差，但耐疲劳性好，一般用于动态测量。图 4-3(b) 为直角丝栅，精度高，但耐疲劳性差，适用于静态测量。箔式金属应变片的丝栅形状可与应力分布相适应，制成各种专用应变片，图 4-3(c) 为应变片式扭矩传感器专用应变片，图 4-3(d) 为板式压力传感器专用应变片。

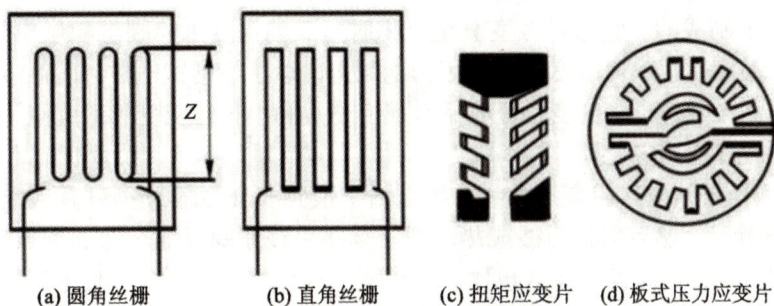

(a) 圆角丝栅　　(b) 直角丝栅　　(c) 扭矩应变片　　(d) 板式压力应变片

图 4-3　金属应变片的类型

2. 半导体应变片

1) 半导体应变片的工作原理

半导体材料在受到压力时，不仅在机械上会发生形状改变，它的电阻率也会发生变化，最终使其电阻值发生更大的变化，这种效应称为压阻效应。半导体应变片是用半导体材料制成的，其工作原理是基于半导体材料的压阻效应。

当力作用于硅晶体时，晶体的晶格产生变形，使载流子从一个能谷向另一个能谷散射，引起载流子的迁移率发生变化，扰动了载流子纵向和横向的平均量，从而使硅的电阻率发生变化。这种变化随晶体的取向不同而异，因此硅的压阻效应与晶体的取向有关。半导体材料导电体的电阻值和金属一样，也和长度 l、截面积 S 及电阻率 ρ 有关，但是硅的压阻效应不同于金属，前者电阻随压力的变化主要取决于电阻率的变化，后者电阻的变化则主要取决于几何尺寸的变化，而且前者的灵敏度比后者大 50～100 倍。

2) 半导体应变片的特点

半导体应变片是利用半导体材料硅的压阻效应制成的传感器，具有灵敏度高、横向效应小、动态响应快、测量精度高、稳定性好、工作温度范围宽、易于小型与微型化、便于批量生产与使用方便等特点。因此，它是一种发展迅速、应用广泛的新型传感器。但它有温度系数大、应变时非线性关系比较严重等缺点。

3) 半导体应变片的类型

半导体应变片的类型分为体型、薄膜型、扩散型、外延型等。

(1) 体型半导体电阻应变片是将单晶硅锭通过切片、研磨、腐蚀、压焊引线等加工工艺，最后粘贴在锌酚醛树脂或聚酰亚胺的衬底上制成的。图4-4所示为体型半导体电阻应变片的结构。

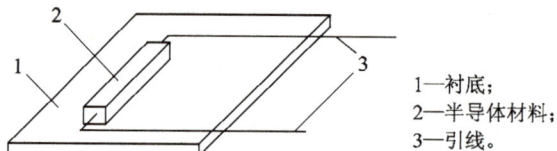

1—衬底；
2—半导体材料；
3—引线。

图 4-4　体型半导体电阻应变片的结构

体型半导体电阻应变片又可分为6种类型：普通型、温度自动补偿型、灵敏度补偿型、高输出（高电阻）型、超线性型、P-N 组合温度补偿型。

(2) 薄膜型半导体电阻应变片是利用真空沉积技术将半导体材料沉积在带有绝缘层的试件或蓝宝石上制成的。它通过改变真空沉积时衬底的温度来控制沉积层电阻率的高低，从而控制电阻温度系数和灵敏度系数，因而能制造出适于不同试件材料的温度自补偿薄膜应变片。薄膜型半导体电阻应变片吸收了金属应变片和半导体应变片的优点，避免了它的缺点，是一种较理想的应变片。

(3) 扩散型半导体电阻应变片是将 P 型杂质扩散到一个高阻 N 型硅基底上，形成一层极薄的 P 型导电层，然后用超声波或热压焊法焊接引线而制成的。它的优点是稳定性好，机械滞后和蠕变小，电阻温度系数也比一般体型半导体应变片小一个数量级；缺点是由于存在 P-N 结，当温度升高时，绝缘电阻大为下降。新型固态压阻式传感器中的敏感元件硅梁和硅杯等就是用扩散硅制成的。

(4) 外延型半导体电阻应变片是在多晶硅或蓝宝石的衬底上外延一层单晶硅而制成的。它的优点是取消了 P-N 结隔离，使工作温度大为提高（可达 300℃以上）。

4.1.2　压电式压力传感器

压电式压力传感器是一种典型的有源传感器，它以某些电介质的压电效应为基础，在外力作用下，材料受力变形时，其表面会有电荷产生，从而实现非电量检测的目的。

压电传感元件是一种力敏感元件，凡是能够变换为力的物理量，如应力、压力、振动、加速度等，均可进行测量，但不能用于静态力测量。由于压电效应的可逆性，压电元件又常用作超声波的发射与接收装置。

压电式压力传感器具有体积小、重量轻、工作频带宽、灵敏度及测量精度高等特点。由于压电式压力传感器没有运动部件，因此它还具有结构坚固、可靠性和稳定性高的特点。

在各种动态力、机械冲击与振动的测量，以及声学、医学、力学、航空航天等领域得到越来越广泛的应用。

1. 压电式压力传感器的工作原理

压电式压力传感器是利用材料的压电效应制作的，压电效应有正压电效应和逆压电效应之分。

1) 正压电效应

科学家在研究中发现，某些电介质在沿一定的方向受到外力的作用而变形时，其内部会产生极化现象，同时在它的两个相对表面上出现正负相反的电荷，当外力去掉后，又重新恢复到不带电的状态，当作用力的方向改变时，电荷的极性也随之改变，这种现象称作正压电效应。具有压电效应的材料称作压电材料。图 4-5 分别绘出了某种压电材料晶体在各种受力条件下所产生的电荷情况。从图中可以看出，改变压电材料的变形方向，可以改变其产生的电荷极性。实验表明，压电材料的线应变、剪应变、体积应变都可以引起压电效应，利用这些效应可以制造出感受各种外力的传感元件。用压电材料制造的传感元件称作压电元件。

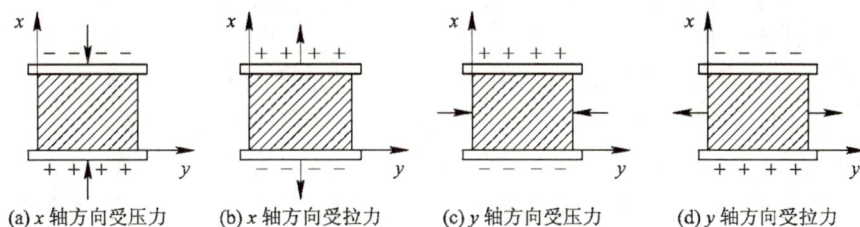

| (a) x 轴方向受压力 | (b) x 轴方向受拉力 | (c) y 轴方向受压力 | (d) y 轴方向受拉力 |

图 4-5　晶片上电荷极性与受力方向的关系

2) 逆压电效应（电致伸缩效应）

压电效应是可逆的，图 4-6 示出了逆压电效应的实验过程。当在压电元件上沿着电轴的方向施加电场时，压电元件将产生机械形变或机械应力；当外加电场撤去时，这些形变或应力也随之消失。如果外加电场的大小、方向发生变化，压电元件的机械形变的大小、方向也随之相应变化，这种现象称作逆压电效应，也称电致伸缩效应。可以想象，当外加电场以很高的频率按正弦规律变化时，压电元件的机械形变也将按正弦规律快速变化，使压电元件产生机械振动，超声波发射元件就是利用这种效应制作的。

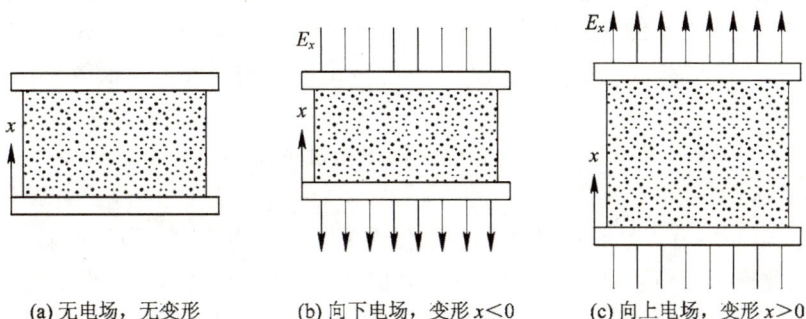

| (a) 无电场，无变形 | (b) 向下电场，变形 $x<0$ | (c) 向上电场，变形 $x>0$ |

图 4-6　电致伸缩效应

利用正压电效应制成的压电传感器，可以将力、压力、振动、加速度等非电量转换为电量，从而进行精密测量。正压电效应还可应用于扬声器、电唱头等电声器件，把机械振动（声波）转换为电振动。利用逆压电效应可制成超声波发生器、声发射传感器、压电扬声器、频率高度稳定的晶体振荡器。利用正、逆压电效应可制成压电超声波探头、压电表面波传感器、压电陀螺等。

由于外力作用在压电元件上产生的电荷只有在无泄漏的情况下才能保存，即需要测量回路具有无限大的输入阻抗，这实际上是不可能的，因此，压电传感器不能用于静态测量。压电元件在交变力的作用下，电荷可以不断补充，可以供给测量回路一定的电流，故可适用于动态测量。

2. 压电材料

在自然界中，大多数晶体都具有压电效应，只是十分微弱。随着对材料的深入研究，人们发现压电效应比较明显的压电材料有天然形成的石英晶体，人工制造的压电陶瓷、锆钛酸铅、钛酸钡等。压电传感器中用得最多的是属于压电多晶的各类压电陶瓷和属于压电单晶的石英晶体。其他压电单晶还有适用于高温辐射环境的铌酸锂以及钽酸锂、稼酸锂、锗酸铋等，它们都具有较大的压电系数，机械性能优良（强度高、固有振荡频率稳定）、时间稳定性好、温度稳定性好，所以它们是较理想的压电材料。

1) 压电材料的分类

迄今为止，压电材料可分为压电晶体、压电陶瓷和新型压电材料三大类。

(1) 压电晶体。它是一种单晶体，包括压电石英晶体和其他压电单晶。

(2) 压电陶瓷。它是一种人工制造的多晶体，例如锆钛酸铅、钛酸钡、铌酸锶等。

(3) 新型压电材料。其中比较重要的有压电半导体和有机高分子压电材料两种，压电半导体有氧化锌（ZnO）、硫化锌（ZnS）、碲化镉（CdTe）、硫化镉（CdS）、碲化锌（ZnTe）和砷化稼（GaAs）等，有机高分子材料有聚氟乙烯（PVF）、聚偏氟乙烯（PVF2）、聚氯乙烯（PVC）和尼龙 11 等。

2) 压电材料的主要特性参数

(1) 压电常数。这是衡量材料压电效应强弱的参数，它直接关系到压力输出灵敏度。

(2) 弹性常数。压电材料的弹性常数（刚度）决定着压电器件的固有频率动态特性。

(3) 介电常数。对于一定形状、尺寸的压电元件，其固有电容与介电常数有关，而固有电容又影响着压电传感器的频率下限。

(4) 机电耦合系数。在压电效应中，机电耦合系数为转换输出的能量（如电能）与输入的能量（如机械能）之比的平方根，它是衡量压电材料机电能量转换效率的一个重要参数。

(5) 电阻。压电材料的绝缘电阻越大，越能减小电荷的泄漏，从而改善压电传感器的低频特性。

(6) 居里点。居里点即压电材料开始丧失压电特性的温度。

3) 石英晶体

常见的压电晶体有天然石英晶体和人造石英晶体。石英晶体，俗称水晶，其化学成分为 SiO_2（二氧化硅）。石英晶体是一种性能良好的压电晶体，其突出的优点是性能非常稳定，介电常数与压电系数的温度稳定性特别好，且居里点高，可以达到 575℃。此外，石英晶体还具有机械强度高、绝缘性能好、动态响应快、线性范围宽、迟滞小等优点。但石英晶体压电系数较小，灵敏度低，且价格较贵，所以只在标准传感器、高精度传感器或高温环境下工作的传感器中作为压电元件使用。天然石英晶体性能优于人造石英晶体,但是天然石英晶体价格更高。

天然石英晶体的外形如图 4-7 所示,是一个正六面体,在晶体学中它可用三根互相垂直的轴来表示,其中 z 轴称为光轴,x 轴称为电轴,与 x 轴和 z 轴同时垂直的 y 轴(垂直于正六面体的棱面)称为机械轴。

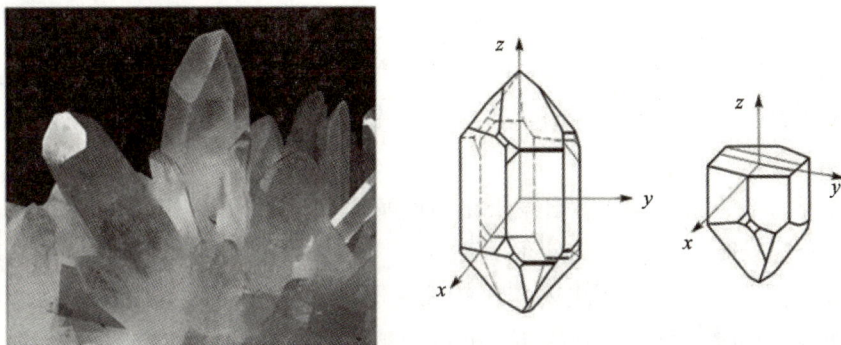

图 4-7　石英晶体外形图及晶轴示意图

从晶体上沿轴线方向切下的薄片称为晶体切片,简称晶片,如图 4-8 所示。当沿着电轴 x 方向对压电晶片施加力的作用时,将在垂直于 x 轴的表面上产生电荷,这种现象称为纵向压电效应。沿着机械轴 y 方向施加力的作用时,电荷仍出现在与 x 轴垂直的表面上,这种现象称为横向压电效应,其原理如图 4-9 所示。当沿着光轴 z 方向施加力的作用时,不产生压电效应。

图 4-8　石英晶体切片图及示意图

图 4-9　石英晶体压电效应工作原理

　　石英晶体的突出优点是性能非常稳定，机械强度高，绝缘性能也相当好。但石英材料价格昂贵，且压电系数比压电陶瓷低得多，因此，一般仅用于标准仪器或要求较高的传感器中。

　　4) 压电陶瓷

　　压电陶瓷是人工制造的多晶体压电材料。与石英晶体相比，压电陶瓷的压电系数很高，制造成本很低。因此，在实际中使用的压电传感器大都采用压电陶瓷材料。压电陶瓷的弱点是居里点较石英晶体要低 200～400℃，性能没有石英晶体稳定。但随着材料科学的发展，压电陶瓷的性能正在逐步提高。压电陶瓷主要有钛酸钡压电陶瓷、锆钛酸铅压电陶瓷、妮酸盐系压电陶瓷等。

　　压电陶瓷内部的晶粒有许多自发极化的电畴，有一定的极化方向，从而存在一定电场。在没有外电场时，电畴杂乱分布，它们各自的极化效应被相互抵消，压电陶瓷内极化强度为零。因此，原始的压电陶瓷呈中性，不具有压电性质，如图 4-10(a) 所示。在陶瓷上施加外电场时，材料得到极化。外电场越强，就有更多的电畴更完全地转向外电场方向。当外电场去掉时，剩余极化强度很大，这时的材料才具有压电特性，如图 4-10(b) 所示。

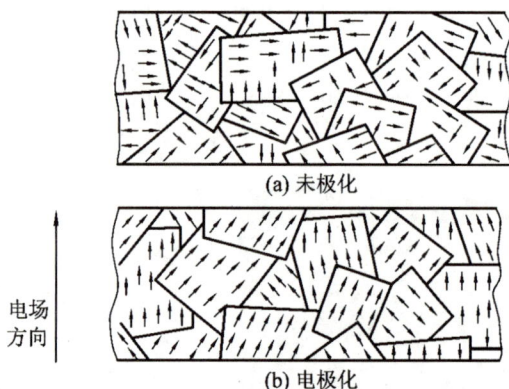

电场方向

(a) 未极化

(b) 电极化

图 4-10　压电陶瓷的极化

　　极化处理后，陶瓷材料内部存在很强的剩余极化，当陶瓷材料受到外力作用时，电畴的界限发生移动，电畴发生偏转，从而引起剩余极化强度的变化，因而在垂直于极化方向的平面上将出现极化电荷的变化，即极化面上将出现极化电荷的变化。这种因受力而产生的机械效应转变为电效应，机械能转变为电能的现象，就是压电陶瓷的正压电效应。声控电路的声音传感器就可以利用压电陶瓷片来实现。

　　压电陶瓷具有压电常数大、灵敏度高、烧制方便、易成形、耐湿、耐高温的优点。同时，其制造工艺成熟，可以通过合理配方和掺杂等人工控制方法来达到所要求的性能。另外，压电陶瓷成形工艺好，成本低廉，因此得到了广泛应用。

　　5) 新型压电材料

　　(1) 压电半导体。有些晶体材料既有半导体性质，又有压电效应，如硫化锌 (ZnS)、碲化镉 (CdTe)、氧化锌 (ZnO)、硫化镉 (CdS)、碲化锌 (ZnTe)、砷化镓 (GaAs) 等，因此既可用其压电特性研制传感器，又可用其半导体特性制作电子器件，也可以两者结合，集元件与线路于一体，研制新型集成压电传感器测试系统。近些年，就有利用氧化锌的压电效应来制作纳米发电机，实现纳米机器的自我供电。

(2) 高分子压电材料。某些合成高分子聚合物经延展拉伸和电场极化后，形成具有一定压电性能的薄膜，称之为高分子压电薄膜。目前常见的一类高分子压电材料是高分子聚合物，如聚氟乙烯 (PVF)、聚偏二氟乙烯 (PVF2)、聚氯乙烯 (PVC) 和尼龙 11 等。与传统的压电材料相比，这些材料的优点是质轻柔软、抗拉强度较高、蠕变小、耐冲击，体电阻达 10^{12} Ω，击穿强度为 150～200 kV/mm，声阻抗近于水或生物体含水组织，热释电性和热稳定性好，易于制成任意形状和面积不等的片或管等，且便于大批量生产和大面积使用，可制成大面积阵列传感器乃至人工皮肤，在力学、声学、光学、电子、测量、红外、安全报警、医疗保健、军事、交通、信息工程、办公自动化、海洋开发、地质勘探等技术领域应用十分广泛。

另一类高分子压电材料是在高分子化合物中掺杂压电 $BaTiO_3$ 粉末，这种复合压电材料同样既保持了高分子压电薄膜的柔软性，又具有较高的压电特性和机电耦合系数。

3. 压电式力传感器的组成及结构

压电式力传感器是以压电元件为转换元件，输出电荷与作用力成正比的力 - 电转换装置。压电式力传感器的种类很多，在工程实际应用中，根据其测力的情况，分为单分量力传感器与多分量力传感器。压电式力传感器多为荷重垫圈式结构，它由底座、传力上盖、压电晶片、电极、绝缘套、电极引出端子构成。

图 4-11 为压电式单向测力传感器的结构示意图。两块压电晶片反向叠在一起，电极 3 为负极，底座与传力上盖形成正极，绝缘套使正负极隔离。压电元件采用并联接法，提高了传感器的电荷灵敏度。

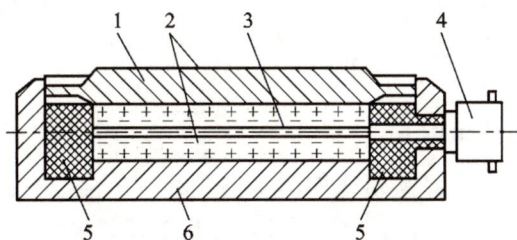

1—传力上盖；2—压电晶片；3—电极；4—引出端子；5—绝缘套；6—底座。

图 4-11　压电式单向测力传感器的结构

被测力通过传力上盖使压电元件受压力作用而产生电荷。由于传力上盖的弹性变形部分的厚度很薄，只有 0.1～0.5 mm，因此灵敏度非常高。这种力传感器体积小，重量轻 (10 g 左右)，分辨力可达 10^{-3} g，固有频率为 50～60 Hz，主要用于频率变化小于 20 kHz 的动态力测量。其典型应用有：在机床动态切削力的测试中作力传感器；在表面粗糙度测量仪中作力传感器；在测量轴承支座反力时作力传感器。

使用压电传感器时，装配压电元件时必须施加较大的预紧力，以消除各部件与压电元件之间、压电元件与压电元件之间因加工粗糙造成的接触不良而引起的非线性误差，使传感器工作在线性范围。

4.1.3 压磁式压力传感器

1. 压磁式压力传感器的工作原理

某些铁磁材料(磁致伸缩材料)受到压缩时,导磁率沿应力方向下降,而沿与应力垂直的方向增加,这种由外力作用引起的导磁率变化现象称为压磁效应。当材料受拉力时,磁导率变化则相反。

压磁效应工作原理如图4-12所示。无外力作用时,载流导线通过这种材料的中孔,材料中的磁力线呈以导线为中心的同心圆分布。在外力作用下,磁力线呈椭圆分布,椭圆长轴与外力(拉力)方向一致。若该铁磁材料开有四个对称的通孔,如图4-12所示,交叉绕两组相互垂直的线圈,励磁线圈所产生的磁力线在线圈两侧对称布置,合成磁场强度与测量线圈平面平行。在无外力作用时,磁力线不和测量线圈交联,从而使得后者不产生感应电动势;一旦受到外力的作用,磁力线发生变化,部分磁力线和测量线圈交联,在该线圈中产生感应电动势。作用力越大,感应电动势越大。这类传感器的输出电动势较大,一般不需要经过放大,但需要经过滤波和整流处理。

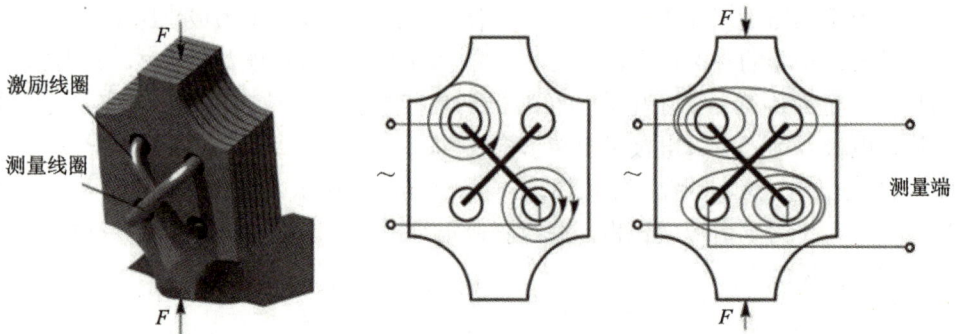

图4-12 压磁效应

2. 压磁式压力传感器的结构

压磁式压力传感器的典型结构形式如图4-13所示,图中三种结构形式的主要区别是压磁元件的结构形式不同。压磁式压力传感器在使用上需要考虑受力点的位置,如果受力点不同,即使受力值相同,检测结果也有可能不同。所以,传感器敏感元件作为核心部件,一般会在其周围布置弹性机架传递力引起的变形,避免检测中的不确定性。

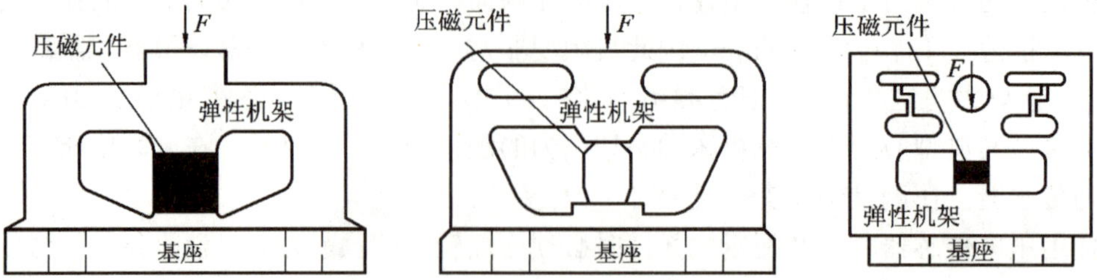

图4-13 压磁式压力传感器的典型结构形式

3. 压磁式压力传感器的特点

压磁式压力传感器具有输出功率大、抗干扰能力强、过载性能好、结构和电路简单、能在恶劣环境下工作、寿命长等一系列优点。目前，这种传感器已成功用在冶金、矿山、造纸、印刷、运输等工业部门。

4.1.4　振弦式力传感器

1. 振弦式力传感器的工作原理

振弦式力传感器是以拉紧的金属弦作为敏感元件的谐振式传感器。当弦的长度确定之后，其固有振动频率的变化量即可表征弦所受拉力的大小，通过相应的检测电路，就可得到与拉力成一定关系的电信号。振弦的固有振动频率 f 与拉力 T 的关系为

$$f = \frac{1}{2l}\sqrt{\frac{T}{\rho}} \tag{4-2}$$

式中：l 为振弦的长度，单位为 m；ρ 为单位弦长的质量，单位为 kg/m；T 为受到的拉力，单位为 N。

2. 振弦的材料

振弦的材料与质量直接影响传感器的精度、灵敏度和稳定性。钨丝的性能稳定，硬度、熔点和抗拉强度都很高，是常用的振弦材料。此外，还可用琴弦、高强度钢丝、钛丝等作为振弦材料。

3. 振弦式力传感器系统的构成和工作过程

振弦式力传感器由振弦、磁铁、夹紧装置和受力机构组成。如图 4-14 所示，振弦的一端固定，另一端连接在受力机构上。利用不同的受力机构可做成检测力、扭矩和加速度等各种振弦式传感器。

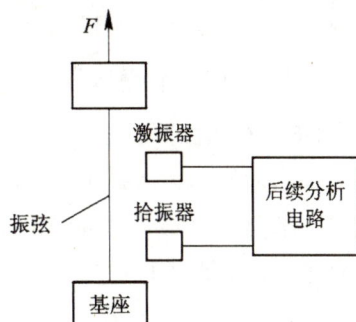

图 4-14　振弦式力传感器系统的构成

振弦式力传感器一般在土木结构和大型机构的检测中使用。工作时，振弦在激振器的激励下振动，其振动频率与受力大小有关，拾振器通过电磁感应获取振动频率信号。振弦振动的激励方式有间歇式和连续式两种。在间歇激励方式中，采用张弛振荡器给出激励脉冲，并通过一个继电器使线圈通电且使磁铁吸住弦上的软铁块。激励脉冲停止后，磁铁被松开，使振弦自由振动，此时在线圈中产生感应电动势，其交变频率即为振弦的固有频率。连续激励方式又可分为电流法和电磁法两种。电流法将振弦作为等效的 LC 回路并联于振动电路中，使电路以振弦固有的频率振荡。电磁法采用两个装有线圈的磁铁分别作为激励线圈和拾振线圈，拾振线圈的感应信号被放大后又送至激励线圈去补充振动的能量。

通过以上分析，振弦式力传感器类似于电感式传感器或变压器式传感器，不同之处在于铁芯的形式和状态。为减小传感器非线性对检测精度的影响，需要选择适中的工作频段和设置预应力，或采用在感压膜的两侧各设一根振弦的差动式结构。

4.2　力敏压力传感器实训

4.2.1　实训目的及要求

通过实训，掌握 DF9-16 柔性薄膜压力传感器与 STM32F407ZGT6 的接口技术及编程技术，能够使用 DF9-16 柔性薄膜压力传感器进行压力的检测，并在液晶显示屏幕上显示传感器输出的模拟电压值、A/D 转换值以及随压力大小变化而变化的波形。

4.2.2　DF9-16 柔性薄膜压力传感器简介

1. DF9-16 柔性薄膜压力传感器的特点

DF9-16 柔性薄膜压力传感器是一种基于新型材料采用纳米工艺制成的新型压力传感器，柔性防水封装。不同于传统的压力传感器，DF9-16 柔性薄膜压力传感器具有柔韧性好、可自由弯曲、厚度小、灵敏度高、检测范围宽、响应速度快、功耗低、稳定性优异、生物相容性好、材料体系安全、易于大规模生产等优点，尤其适用于柔软表面接触应力的测量，在智能家居、智慧医疗、可穿戴设备等领域具有广泛的应用前景。

2. DF9-16 柔性薄膜压力传感器的尺寸规格及技术指标

DF9-16 柔性薄膜压力传感器是一种电阻式传感器，其输出的电阻值随着施加在传感器表面压力的增大而减小，通过特定的压力 - 电阻关系，可以测量出压力的大小。其具体尺寸如图 4-15 所示。DF9-16 系列共有 5 个量程，即 500 g、2 kg、5 kg、10 kg 和 20 kg，其技术指标见表 4-1。

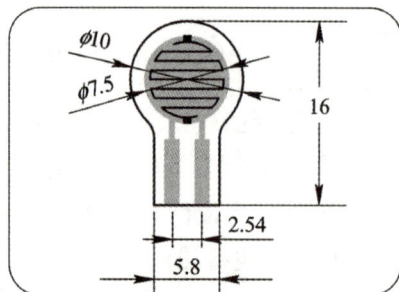

标识	尺寸/mm
长度	16.0
敏感区外径	10.0
敏感区内径	7.5
Pin 脚距离	2.54
公差	0.2

图 4-15　DF9-16 柔性薄膜压力传感器的尺寸图

表 4-1　DF9-16 柔性薄膜压力传感器的技术指标

型号	DF9-16@500 g	DF9-16@2 kg	DF9-16@5 kg	DF9-16@ 10kg	DF9-16@20 kg
量程	0～500 g	0～2 kg	0～5 kg	0～10 kg	0～20 kg
厚度	<0.3 mm				
外观尺寸	见尺寸表				
响应点	20 g	20 g	150 g	150 g	200 g
重复性	±5%(50% 负载)				
一致性	±10%(同一型号批次)				
迟滞	+10%(RF+-RF-)/RF+				
耐久性	>100 万次				
初始电阻	>10 MΩ(无负载)				
响应时间	<1 ms				
恢复时间	<15 ms				
测试电压	典型值 DC 3.3 V				
工作温度	−20～60℃				
电磁干扰 EMI	不产生				
静电释放 ESD	不敏感				

3. DF9-16 柔性薄膜压力传感器的力敏特性

图 4-16 为量程 2 kg 的 DF9-16 柔性薄膜压力传感器的压力 - 电阻值曲线。需要说明的是，图表中的曲线是由在特定条件下测得的数据绘制而成，曲线关系仅供参考，实际数据请根据具体应用情况安装后测试。

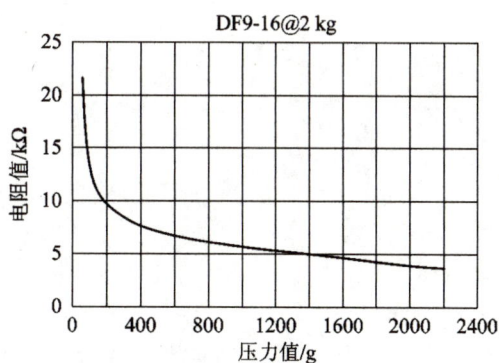

图 4-16　量程 2 kg 的 DF9-16 柔性薄膜压力传感器的压力 - 电阻值曲线

4.2.3　压力薄膜硬件接口电路设计

压力薄膜传感器实训原理图如图 4-17 所示。主控芯片 STM32F407ZGT6 的最小系统及人机接口原理图见附录 A，这里仅给出压力薄膜传感器接口设计及调理电路的原理图，

力敏薄膜和 R_2 串联，中点信号进 U1 运放，运放是射随形式，运放的 4 脚输出模拟信号连接 STM32F407 的 PF4 引脚。

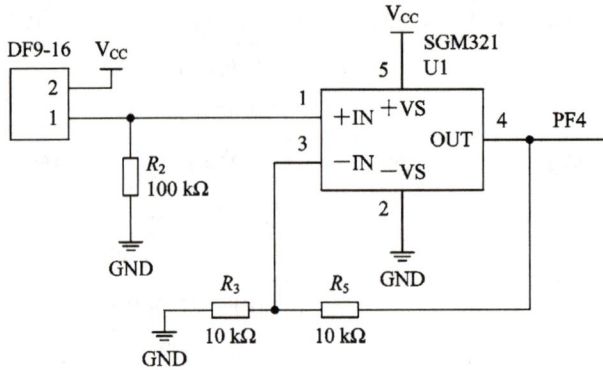

图 4-17　压力薄膜传感器 DF9-16 实训原理图

4.2.4　程序设计

本次实训程序的任务是采用 DF9-16 柔性薄膜压力传感器对力进行检测，该任务功能主要由 main.c、STM32F40x_ADC.c 程序文件完成，STM32F40x_ADC.c 完成外设 ADC 的配置、A/D 转换以及数据的采集，main.c 将采集到的电压值通过 LCD 液晶屏以数据和图形的方式显示。

实训程序设计要点如下：

(1) 配置 RCC 寄存器组，打开 ADC 设备时钟，打开 GPIOF 设备时钟；

(2) 配置 GPIOF.4 为模拟输入模式，无上拉/下拉电阻；

(3) A/D 转换、数据处理并显示。

鉴于篇幅限制，这里仅给出 main.c 程序清单，扫描右下侧二维码可以获得本次实训完整的工程文件。

```
#include"main.h"
#include"delay.h"
#include"string.h"
#include"stdio.h"
#include"STM32F40x_GPIO_Init.h"
#include"STM32F40x_Usart_eval.h"
#include"STM32F40x_Timer_eval.h"
#include"Mfrc522.h"
#include"STM32F40x_SPI_eval.h"
#include"STM32F40x_LCD_SPI.h"
#include"STM32F40x_ADC.h"
extern __IO uint16_t Tim3_Cont_val;
uint8_t tmp = 0;
u16 temp;
```

力敏压力传感器
实训

```c
float vol_f;
u16 vol;
u8 hall_sw;
extern u16 x_count;
int main(void)
{
    sensor_GPIO_Init();                //GPIO 初始化
    delay_Init();                      //SysTick 定时器初始化
    Usart1_Init();                     // 串口 1 初始化
    delay_ms(100);
    printf("USART1 Init OK\r\n");
gpio_lcd_init();
STM_SPI1_2_Init();
delay_ms(100);
LCD_Init();
LCD_Clean(BLUE);
LCD_ShowString(0, 0,"ADC_CODE:", 32, WHITE);
LCD_ShowString(0, 32,"ADC_VOL:", 32, WHITE);
LCD_ShowString(272, 32,"mV", 32, WHITE);
LCD_Draw_Rect_Win(6,70,308,164,BLACK);
a_ADC_configuration();
x_count = 7;
    while (1)
    {
        temp = a_getADC();             //A/D 采样
        vol_f = (float)temp;           //A/D 采集数据强制转换为浮点数据
        vol_f = vol_f*3300/4096;       // 计算电压值
        vol = (u16)vol_f;              // 转换成整形数据 ( 单位为 mV)
        LCD_Oscilloscope_dis_fun(temp);
        LCD_Draw_Rect_Win(200,0,64,32,BLUE);
        LCD_ShowNum(200, 0, temp, 4, 32, WHITE);
        LCD_Draw_Rect_Win(200,32,64,32,BLUE);
        LCD_ShowNum(200, 32, vol, 4, 32, WHITE);
        printf("ADC_CODE = %d        ",temp);
        printf("ADC_VOL = %d        ",vol);
        printf("\r\n");
        delay_ms(20);
    }
}
```

4.2.5　程序运行结果

获得整个工程文件后，编译并运行程序，实训结果如图 4-18 所示，可以看到液晶显示屏显示 A/D 转换的数字量和经过处理后的电压值。用手按压力薄膜，电压会发生变化，并且可以看到随压力变化而变化的曲线。

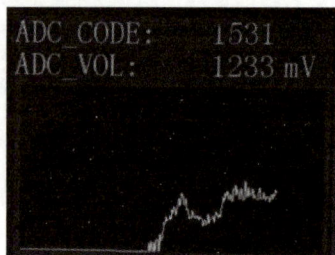

图 4-18　实训结果

4.3　气体压力传感器应用实训

4.3.1　实训目的及要求

通过实训，掌握气体压力传感器 MS5611 的使用方法，以及气体压力传感器 MS5611 与 STM32F407 的接口技术及编程技术，熟练使用 MS5611 测量大气压力，掌握 SPI 总线的编程方法，并在液晶显示屏幕显示当前温度、大气压力及海拔高度。

4.3.2　气体压力传感器 MS5611 简介

1. 气体压力传感器 MS5611 的特点

MS5611 气体压力传感器是由 MEAS(精量电子公司) 推出的一款 SPI 和 I²C 总线接口的新一代高分辨率气体压力传感器，如图 4-19 所示，分辨率可达到 10 cm(海拔高度)。该传感器包括一个高线性度的压力传感器和一个超低功耗的 24 位 ΔΣ 模数转换器。MS5611 提供了精确的 24 位数字压力值和温度值以及不同的操作模式，可以提高转换速度并优化电流消耗；其高分辨率的温度输出，无须额外传感器即可实现高度计 / 温度计功能；可以与几乎任何微控制器连接；通信协议简单，无须在设备内部寄存器编程。MS5611 压力传感器只有 5.0 mm × 3.0 mm × 1.0 mm 的小尺寸，可以集成在移动设备中，具有高稳定性以及非常低的压力信号滞后。

图 4-19　压力传感器 MS5611

2. 气体压力传感器 MS5611 的应用及详细参数

气体压力传感器 MS5611 广泛应用于移动高度计 / 气压计系统、自行车电脑、户外或多模手表、数据记录器、GPS、智能手机、气压补偿、空气密度补偿等领域。其详细技术参数如下：

(1) 类型：绝压。

(2) 接口：I²C、SPI。

(3) 精确度：25℃，750 mbar 时 −1.5～+1.5 mbar。

(4) 分辨率：可达 10 cm。

(5) 供电电源：1.8～3.6 V。

(6) 封装：陶瓷 / 金属。

(7) 工作温度范围：−40～85℃。

3. 气压传感器 MS5611 具体 I/O 口定义

如图 4-20 所示为气体压力传感器 MS5611 的 I/O 口定义。

引脚	名称	类型	描述
1	V_{DD}	P	电源电压
2	PS	I	通信协议选择 PS high(V_{DD})→I²C PS low(GND)→SPI
3	GND	G	接地
4	CSB	I	片选(低电平有效)，内部连接
5			
6	SDO	O	串口数据输出
7	SDI/SDA	I/(I/O)	串口数据输入/I²C 数据
8	SCLK	I	串口时钟

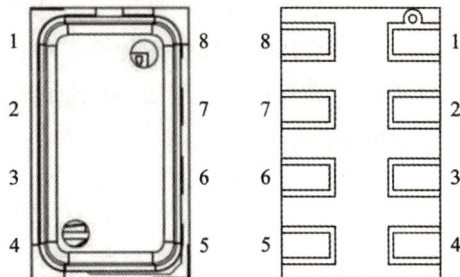

图 4-20　MS5611 的 I/O 口定义

4. 气压传感器 MS5611 的典型接线

MS5611 气压传感器具有 SPI 和 I²C 两种总线通信方式，如图 4-21 所示为 SPI 总线接口，图 4-22 所示为 I²C 总线接口，本次实训采用 SPI 总线进行数据传递。

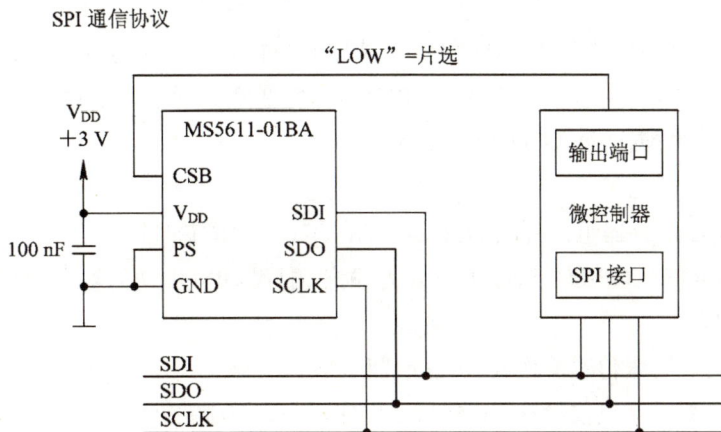

图 4-21　MS5611 SPI 总线接口连线图

I²C 通信协议

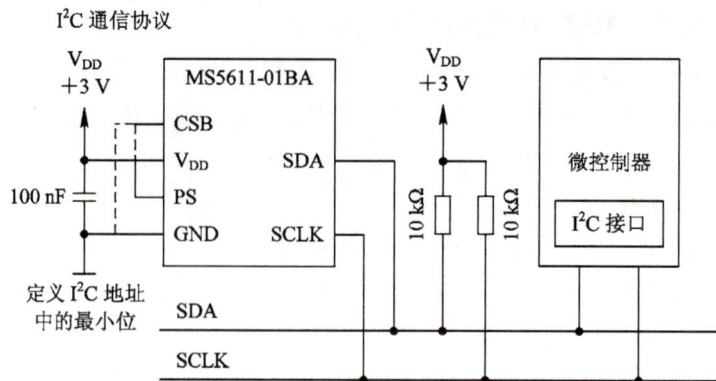

图 4-22　MS5611 I²C 总线接口连线图

4.3.3　气体压力传感器 MS5611 硬件接口电路设计

气体压力检测实训原理图如图 4-23 所示。主控芯片 STM32F407ZGT6 的最小系统及人机接口原理图见附录 A，这里仅给出气体压力传感器 MS5611 的接口设计原理图，MS5611 第 4、5 引脚 (CS) 接 STM32F407 的 PF1 引脚，MS5611 第 6 引脚 (MISO) 接 STM32F407 的 PD7 引脚，MS5611 第 7 引脚 (MOSI) 接 STM32F407 的 PA5 引脚，MS5611 第 8 引脚 (CLK) 接 STM32F407 的 PA4 引脚。

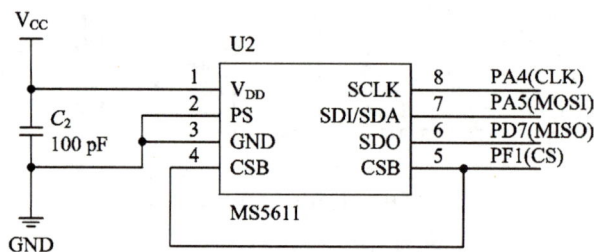

图 4-23　气体压力检测实训原理图

4.3.4　程序设计

本次实训的任务是采用 MS5611 气压传感器对气压、温度进行测量。该任务功能主要由 main.c、MS5611.c 程序文件来完成，MS5611.c 完成数据通信以及对气压、温度的检测，main.c 将采集到的数据通过 LCD 液晶屏显示。

实训程序设计要点如下：

(1) 配置 RCC 寄存器组，开启 GPIOA、GPIOD、GPIOF 时钟；

(2) 配置 GPIOF.1、GPIOA.5、GPIOA.4 为输出，配置 GPIOD.7 为输入，全部为推挽模式，无上拉 / 下拉电阻；

(3) SPI 通信、气压传感器返回数据处理和显示。

鉴于篇幅限制，这里仅给出 MS5611.c 程序清单，扫描下页右侧二维码可以获得本次实训的完整工程文件。

```
#include"MS5611.h"
#include"STM32F40x_GPIO_Init.h"
#include"delay.h"
#include"stdio.h"
#include"STM32F40x_LCD_SPI.h"
#include <math.h>
//*********************************************************************
// 该气压计有 5 个基本指令：复位、读 Prom 校准值、启动温度转换、启动气压转换、
// 读取 ADC 转换值结果。
// 在上电之后，需要执行复位指令，确保校准值 Prom 都载入到寄存器中。
//Prom 寄存器值，读取一次即可。Prom 值中从 0xA0~0xAE，最后一位始终为 0，所以共 8 个数据，
// 第 1 个是厂商信息，2~7 是六个系数信息，8 是 CRC 校验信息。
// 在启动 A/D 转换之后，需要等待相应的时间去读取，否则读取的数据可能为 0；
// 连续读取两次数据也为 0。
// 在读完数据计算温度和气压的时候，需要注意变量的位数，比如 OFF 和 SENS 是 64 位的变量，
// 如果定义成 32 位的就会出现数据丢失，计算错误的情况。
// 在计算温度时
//T=2000+DT*((float)PROM[5]/8388608); 一定要注意其中的 float 强制转换，否则会出现数据错误，
// 在计算气压时
//OFF=((int64_t)PROM[1]<<16)+(((int64_t)PROM[3]*DT)>>7);
//SENS=((int64_t)PROM[0]<<15)+(((int64_t)PROM[2]*DT)>>8);
//Pressure=((int64_t)((CovData[0]*SENS)>>21)-OFF)>>15;
//*********************************************************************
long test_long;
float dT;
float Pressure;
unsigned long D1_Pres,D2_Temp;      // 存放压力和温度，64 位
double OFF,SENS;
float TEMP2,Aux,OFF2,SENS2;         // 温度校验值
float High;                         // 高度
float Temperature;                  // 温度
u16 C1;
u16 C2;
u16 C3;
u16 C4;
u16 C5;
u16 C6;
u16 setup;
u16 CRC_dat;
```

```
// 发送一个字节，同时读取一个字节
u8 SPI_RW(u8 data)
{    u8 i;
     SCK_L;                          // 时钟为低电平
     for(i=0;i<8;i++)
{    if((data&0x80)==0x80)           // 要发送的最高位是否是 1
     {MO_H;}                         //mosi 输出高电平
     else
     {MO_L;}                         //mosi 输出低电平
     delay_us(10);
     SCK_H;                          // 时钟变高电平
     delay_us(10);
     data<<=1;                       // 数据左移 1 位
     if(READ_MI)                     // 读取 MISO 如果是高
     {data|=0x01;}                   // 记录数据
     SCK_L;                          // 时钟变低电平
}
     return data;                    // 返回收到的一个字节
}
// 读取 5611 数据
u8 read_fun(u8 add)
{    u8 temp;
     CS_L;
     SPI_RW(add);
     temp = SPI_RW(0xff);
     CS_H;
     return temp;
}
// 写一个字节
void write_byte_fun(u8 dat)
{    CS_L;
     SPI_RW(dat);
     CS_H;
}
// 读取一个 16 bit 数据
u16 SPI_B0_Read_16bits(u8 addr)
{    u8 byteH,byteL;
     u16 return_value;
     CS_L;
```

```
        SPI_RW(addr);
        byteH = SPI_RW(0x00);
        byteL = SPI_RW(0x00);
        CS_H;
        return_value = byteH;
        return_value = return_value<<8;
        return_value = return_value | byteL;
        return return_value;
}
// 读取 ADC 的值
long MS5611_SPI_read_ADC(void)
{   u8 byteH,byteM,byteL;
        long return_value;
        CS_L;
        SPI_RW(MS5611_ADC);
        byteH = SPI_RW(0x00);
        byteM = SPI_RW(0x00);
        byteL = SPI_RW(0x00);
        CS_H;
        return_value = byteH;
        return_value = return_value<<8;
        return_value = return_value | byteM;
        return_value = return_value<<8;
        return_value = return_value | byteL;
return return_value;
}
// 读取 MS5611 数据
void MS5611_PROM_READ(void)
{   C1 = SPI_B0_Read_16bits(CMD_MS5611_PROM_C1);
        C2 = SPI_B0_Read_16bits(CMD_MS5611_PROM_C2);
        C3 = SPI_B0_Read_16bits(CMD_MS5611_PROM_C3);
        C4 = SPI_B0_Read_16bits(CMD_MS5611_PROM_C4);
        C5 = SPI_B0_Read_16bits(CMD_MS5611_PROM_C5);
        C6 = SPI_B0_Read_16bits(CMD_MS5611_PROM_C6);
        setup = SPI_B0_Read_16bits(CMD_MS5611_RESET);
        CRC_dat = SPI_B0_Read_16bits(CMD_MS5611_PROM_CRC);
    if((C1==0)&&(C2==0)&&(C3==0))
        { printf("MS5611_error\r\n");
          LCD_ShowString(0, 32,"MS5611_error", 32, WHITE);
```

```
    }
      else
    { printf("MS5611_ok\r\n");
      LCD_ShowString(0, 32,"MS5611_ok", 32, WHITE);
    }
}
void Wait_MS(void)
{    while(!READ_MI);
}
void SPI_B0_Strobe(u8 strobe)
{    CS_L;
    Wait_MS();
    SPI_RW(strobe);
    CS_H;
}
// 得到温度数据
void MS5611_getTemperature(u8 OSR_Temp)
{    SPI_B0_Strobe(CMD_CONVERT_D2_OSR4096);
    delay_ms(20);
    D2_Temp=MS5611_SPI_read_ADC();
    dT=D2_Temp - (((u32)C5)<<8);
    Temperature=2000+dT*((u32)C6)/8388608;
}
// 得到压力值
void MS5611_getPressure(unsigned char OSR_Pres)
{    SPI_B0_Strobe(CMD_CONVERT_D1_OSR4096);
    delay_ms(20);
    D1_Pres=MS5611_SPI_read_ADC();
    OFF=(u32)C2*65536+((u32)C4*dT)/128;
    SENS=(u32)C1*32768+((u32)C3*dT)/256;
if(Temperature<2000)
{    TEMP2 = (dT*dT) / 0x80000000;
    Aux = Temperature*Temperature;
    OFF2 = 2.5f * Aux;
    SENS2 = 1.25f*Aux;
    Temperature = Temperature - TEMP2;
    OFF = OFF - OFF2;
    SENS = SENS - SENS2;
}
```

```
    Pressure=(D1_Pres*SENS/2097152-OFF)/32768;
High = 44330.0f * (1-pow(((Pressure) / 101325.0f),(1.0f/5.255f)));
}
```

4.3.5   程序运行结果

获得整个工程文件后，编译并运行程序，实训结果如图 4-24 所示，可以看到液晶显示屏显示采集到的温度、气压以及计算出的海拔高度。该实训程序每秒采集一次数据。

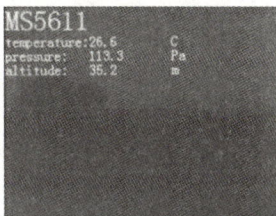

图 4-24   实训结果

🚀 自主创新，科技强国

近年来，我国在力与压力传感器领域的自主创新成果显著，实现了一系列技术突破和国产化替代，彰显了国家在高端制造和核心技术自主研发方面的能力。

华中科技大学团队研发的纸基压力传感器不仅可作为电子人工喉"传感源"和人工耳膜，还能将声音可视化，这展现了压力传感器在生物医学领域的创新应用潜力。清华大学在石墨烯纸基压力传感器的研究上也取得了重要进展，为新型微纳电子器件技术奠定了基础。厦门大学与香港理工大学合作，在《自然·通讯》上发表论文，提出了一种"力-电非线性协同"的压力传感器设计新策略，成功解决了传统传感器"高灵敏度与宽线性量程不可兼得"的问题，为传感器性能的大幅提升开辟了新路径。

这些成果不仅提升了我国在全球传感器市场中的竞争力，也为推动制造业转型升级、实现高质量发展提供了坚实的技术支撑。

💡 思考与练习

1. 简述各种压力传感器的工作原理。
2. 简述高敏压力薄膜的工作原理及编程方法。
3. 简述气体压力传感器的编程方法。

项目5 敏感气体检测

知识目标

掌握气敏传感器的工作原理,熟悉气敏传感器的特性和分类,以及气体传感器的结构和使用方法。

技能目标

掌握各种气敏传感器的选型及实际应用,以及气敏传感器和STM32的接口技术和编程技术。

我们生活在气体的环境中,气体与我们的日常生活密切相关。我们对气体的感知是利用鼻子这个器官,而气敏传感器的作用就相当于我们的鼻子,可以"嗅"出空气中某种特定的气体或判断气体的浓度,从而实现对气体成分的检测和监测,以改善人们的生活水平,保障人民的生命安全。

在现代社会的生产和生活中,人们往往会接触到各种各样的气体,也需要对它们进行检测和控制。比如化工生产中气体成分的检测与控制,煤矿瓦斯浓度的检测与报警,环境污染情况的监测,煤气泄漏,火灾报警,燃烧情况的检测与控制,等等。

气敏传感器就是一种将检测到的气体的成分和浓度转换为电信号的传感器。生活中常用的这类传感器有:测量饮酒者呼气中酒精含量的传感器,测量汽车空燃比的氧气传感器,家庭和工厂用的煤气泄漏传感器,刚发生火灾之后测量建筑材料散发的有毒气体传感器,坑内沼气警报器等。

5.1 认识敏感气体传感器

气敏传感器是能够感知环境中某种气体及其浓度的一种传感器,即将检测到的气体的成分和浓度转换为电信号的传感器。根据这些信号的强弱便可获得环境中待测气体的有关信息,从而可以进行检测、监控、报警,还可以通过接口电路与计算机或单片机组成自动检测、控制和报警系统。常用的气敏传感器主要有半导体气敏传感器、接触燃烧式气敏传感器、电化学气敏传感器等，如图 5-1 所示。

图 5-1　常用的气敏传感器

5.1.1　半导体气敏传感器

半导体气敏传感器具有灵敏度高、响应快、稳定性好、使用简单的特点，应用极其广泛。

1. 半导体气敏传感器的工作原理

半导体气敏元件的敏感部分是金属氧化物半导体微结晶粒子烧结体，当它的表面吸附有被测气体时，半导体微结晶粒子接触界面的导电电子比例就会发生变化，从而使气敏元件的电阻值随着被测气体浓度的改变而改变。气敏元件电阻值的变化是伴随着金属氧化物半导体表面对气体吸附和释放而发生的，为了加速这种反应，通常要用加热器对气敏元件进行加热。

半导体气敏元件有 N 型和 P 型之分，被测气体也可分为氧化型气体和还原型气体，如氧气等具有负离子吸附倾向的气体，被称为氧化型气体——电子接收性气体。当氧化型气体吸附到 N 型半导体上，半导体的载流子减少，电阻率上升；当氧化型气体吸附到 P 型半导体上，半导体的载流子增多，电阻率下降。氢、碳氧化合物、醇类等具有正离子吸附倾向的气体，被称为还原型气体——电子供给性气体。当还原型气体吸附到 N 型半导体上，半导体的载流子增多，电阻率下降；当还原型气体吸附到 P 型半导体上，半导体的载流子减少，电阻率上升。

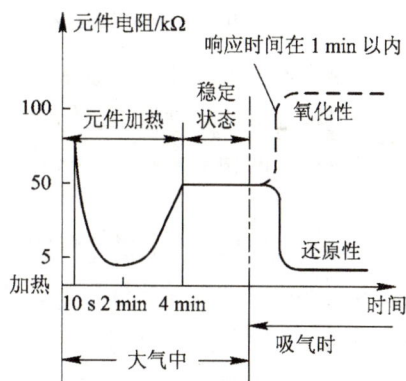

图 5-2　SnO_2 吸附气体时氧化还原反应及电阻值变化曲线

图 5-2 给出了 N 型半导体材料 SnO_2 吸附气体时氧化还原反应及电阻值变化的情况。需要说明的是，气敏元件在工作时都需要加热，其目的是加速气体吸附、脱出的过程，清洁传感器并提高灵敏度等。

当 SnO_2 气敏传感器在洁净的空气中开始通电加热时，其电阻值急剧下降，随着温度的上升，SnO_2 吸附空气中的氧形成负离子吸附，其电阻值增加，最后电阻值逐渐趋于稳定，这个过程一般需要 2～10 分钟。当气敏元件的阻值处于稳定值后，阻值会随被测气体的吸附情况而发生变化，其阻值的变化规律视气体的性质而定：如果被测气体是氧化性气体（如 O_2），被吸附的气体分子从气敏元件中得到电子，使 N 型半导体中的载流子电子减少，因而电阻值增大，如图 5-2 中虚线所示；若被测气体为还原性可燃性气体（如 H_2、

CO、酒精等），原来吸附的氧脱附，而由可燃性气体以正离子状态吸附在金属氧化物半导体表面，氧脱附时放出电子，可燃性气体以正离子状态吸附也要放出电子，从而使氧化物半导体导带电子密度增加，电阻值下降；若可燃性气体不存在了，金属氧化物半导体又会自动恢复氧的负离子吸附，使电阻值升高到初始状态。

2. 半导体气敏传感器的结构

半导体气敏传感器的敏感部分是金属氧化物半导体微结晶粒子烧结体，其制作是将一定配比的敏感材料氧化锌 (SnO₂)、氧化铟 (InO) 及掺杂剂铂 (Pt)、铅 (Pb) 等以水或黏合剂调和，经研磨后使其均匀混合，然后将已均匀混合的膏状物滴入模具内，用传统的制陶方法进行烧结。烧结时埋入加热丝和测量电极，最后将加热丝和测量电极焊在座上，加特制外壳构成器件。这种器件一般分为内热式和旁热式两种结构，如图 5-3 和图 5-4 所示。

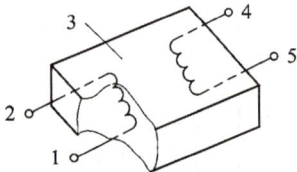

1、2、4、5—电极；　3—SnO₂ 烧结体。

图 5-3　内热式气敏器件结构

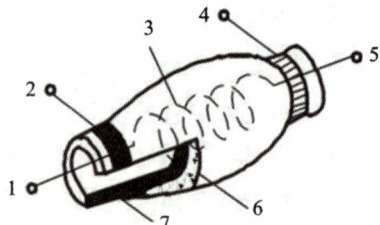

1、2、4、5—电极；　3—加热器；
6—SnO₂ 烧结体；　7—陶瓷绝缘管。

图 5-4　旁热式气敏器件结构

内热式器件管芯体积一般都很小，加热丝直接埋在金属氧化物半导体材料内，兼作一个测量电极，该结构制造工艺简单。其缺点是热容量小，易受环境气流的影响；测量电路和加热电路之间相互影响；加热丝在加热和不加热状态下产生胀、缩，容易造成与材料接触不良的现象。

旁热式气敏器件的管芯是在陶瓷管内放置高阻加热丝，在陶瓷管外涂梳状金电极，再在金电极外涂气敏半导体材料。这种结构形式克服了内热式器件的缺点，使器件稳定性有明显提高。

3. 半导体气敏传感器的应用

半导体气敏传感器广泛应用于防灾报警，如可制成液化石油气、天然气、城市煤气、煤矿瓦斯以及有毒气体等方面的报警器，也可用于对大气污染进行监测，以及在医疗上用于对 O₂、CO₂ 等气体的测量，生活中则可用于空调机、烹饪装置、酒精浓度探测等方面。从检测角度来说，气敏传感器对于不同种类的气体，其灵敏度没有太大的差异。例如，能测出乙醇含量的传感器，也能测出氢气和一氧化碳的含量。通过改变制造传感器元件时的半导体烧结温度、半导体中的掺杂物、加热器的加热温度等，并将这些方法结合起来应用，能使气敏传感器具有对各种气体的识别能力。

5.1.2　接触燃烧式气敏传感器

接触燃烧式气敏传感器的输出信号与可燃性气体浓度成比例，具有良好的线性关系，在检测可燃性气体时，不受空气中水蒸气的影响。

1. 接触燃烧式气敏传感器的工作原理

接触燃烧式气敏传感器的检测元件一般为铂金属丝（也可表面涂铂、钯等稀有金属催化层），使用时对铂丝通以电流，保持 300～400℃ 的高温，此时若与可燃性气体接触，可燃性气体就会在稀有金属催化层上燃烧，因此，铂丝的温度会上升，铂丝的电阻值也会上升，通过测量铂丝电阻值变化的大小，就可以知道可燃性气体的浓度。

2. 接触燃烧式气体传感器的结构

接触燃烧式气体传感器的结构及测量电路如图 5-5 所示。图中采用的是桥式电路。它是将铂丝阻值的变化转换为电压的变化，以达到测量可燃气体浓度的目的。图 5-5 中的 R_2 是补偿元件，其作用是补偿可燃性气体接触燃烧以外的环境温度和电源电压变化等因素所引起的偏差。

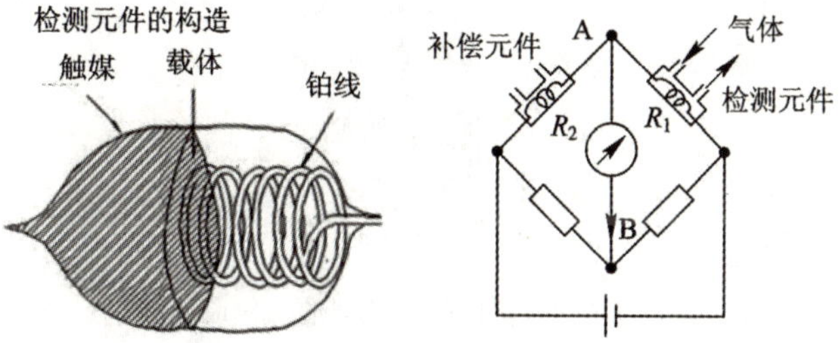

图 5-5　接触燃烧式气敏传感器的结构及测量电路

图 5-5 中，如果在 A、B 两点间连接电流计或电压计，就可以测量 A、B 两点的电位差 E，并由此求得空气中可燃气体的浓度；若与相应的电路配合，就能在空气中的可燃气体达到一定浓度时，自动发出报警信号。工作时，要求在 R_1 和 R_2 上保持 100～200 mA 的电流通过，以供可燃气体在检测元件 R_1 上发生氧化反应（接触燃烧）所需的热量。

制作接触燃烧式气敏传感器时，用高纯度的铂丝绕制成线圈，为了使线圈具有适当的阻值 (1～2 Ω)，一般应绕 10 圈以上。在线圈外面涂以氧化铝和氧化硅组成的膏状涂覆层，干燥后在一定温度下烧结成球状多孔体。使用单纯的铂丝线圈作为检测元件，其寿命较短，所以，实际应用的检测元件都是在铂丝线圈外面涂覆一层氧化物触媒，这样既可以延长其使用寿命，又可以提高检测元件的相应特性。

3. 接触燃烧式气敏传感器的应用

接触燃烧式气敏传感器可用于坑内沼气、化工厂的可燃性气体量的探测、城市煤气泄漏报警等。

5.1.3　电化学式气敏传感器

电化学式气敏传感器一般利用液体（或固体、有机凝胶等）电解质，通过与被测气体发生反应并产生与气体浓度成正比的电信号来工作。其输出形式可以是气体直接氧化或还原产生的电流，也可以是离子作用于离子电极产生的电动势。这种气体传感器结构简单，选择性好，响应快速，便于自动测量和控制。本节以氧化锆氧传感器为例来讲解。

1. 氧化锆氧传感器的测量原理

氧化锆氧传感器是采用氧化锆固体电解质组成的氧浓度差电池来测量氧的传感器。它是 20 世纪 60 年代才兴起的，属于固体离子学中一个重要应用方面。

氧化锆氧传感器的结构是氧化锆膜夹在两个 Pt 电极之间，如图 5-6 所示。在高温下 (700℃以上)，氧化锆中的氧离子可以自由地移动，可以传导氧离子但不导电。当氧化锆膜两边的氧浓度不同时，两个电极之间会产生一个电压，电压与氧浓度的对数成正比关系，因此，氧化锆氧传感器检测的是氧化锆膜两边的氧气浓度差。当要检测一个未知气体中的氧浓度时，氧化锆膜的另一边需要是一个已知氧浓度的气体，即参比气体。普通氧化锆传感器的参比气体均为空气。

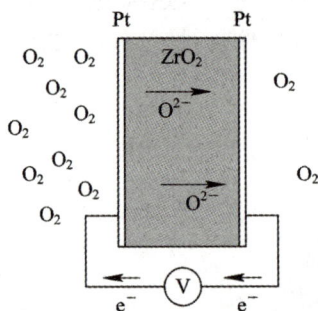

图 5-6　氧化锆氧传感器的工作原理

2. 氧化锆氧传感器的结构及检测方式

氧化锆氧传感器用于实际检测中时，主要需要解决的问题是氧化锆探头、反应电极及将被测气体与参比气体 (空气) 严格隔离的问题 (也叫作氧探头的密封问题)。实际应用过程中，最难以解决的是密封问题和反应电极问题，下面介绍两种氧传感器的检测方式。

1) 采样检测式氧传感器

采样检测方式是通过导引管，将被测气体导入氧化锆检测室。检测室通过加热元件把氧化锆加热到工作温度 (750℃以上)。氧化锆一般采用管状，电极采用多孔铂电极 (见图 5-7)。采样检测的优点是不受检测气体温度的影响，通过采用不同的导引管可以检测各种温度气体中的氧含量。

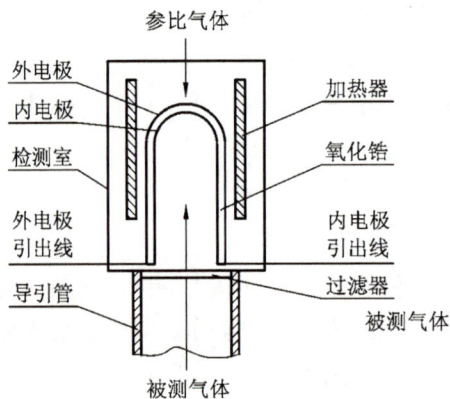

图 5-7　多孔铂电极氧化锆传感器

在被测气体温度较低 (0～650℃)，或被测气体较清洁时，采样式检测方式工作较好，如制氮机测氧、实验室测氧等。

2) 直插式检测方式

直插式检测是将氧化锆氧传感器插入高温被测气体，直接检测气体中的氧含量。这种检测方式应用在被测气体温度在 700～1150℃(特殊结构还可以用于 1400℃的高温) 时，利用被测气体的高温使氧化锆达到工作温度，不另外用加热器，如图 5-8 所示。直插式氧探头技术的关键是陶瓷材料的高温密封问题和电极问题。

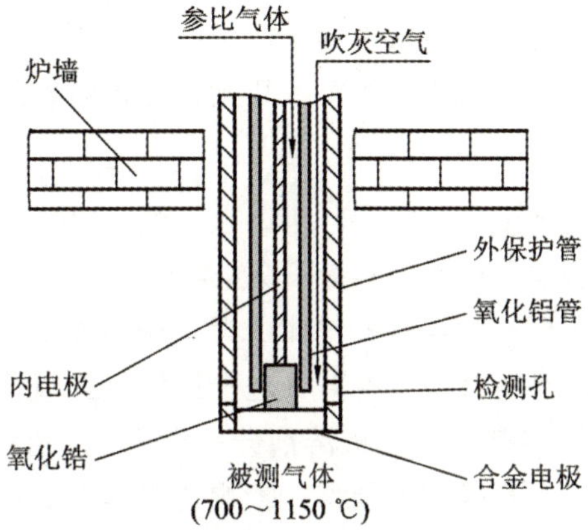

图 5-8　直插式氧化锆氧探头结构

3. 氧化锆氧传感器使用寿命的影响因素

1) 多孔 Pt 电极的问题

ZrO_2 氧传感器在国内普遍存在稳定性差和寿命短的现象，即使国外已完全实用化了的产品也常常出现电势异常、响应劣化、电极中毒或脱落现象，这一切都与 ZrO_2 氧传感器的多孔 Pt 电极的特性有关。氧探头反应电极过去一直用多孔 Pt 制成，因为它的催化能力强，现在还有不少成品用多孔 Pt 电极。多孔 Pt 电极的表面积极大，是一种热力学不稳定状态，特别是由于氧传感器长期在高温下工作，例如渗碳炉中的氧传感器的工作环境温度为 860～940℃，在这种工作条件下，多孔 Pt 电极表面分布的小孔的尺寸会不断增大而响应电极反应。

2) 转晶

Zr 离子在强还原性气氛中会转化为金属 Zr，并溶解于 Pt 中形成 Pt-Zr 固溶体，达到溶解极限后，开始形成 Pt-Zr 金属间化合物，破坏了原始组织结构。

此外，$Pt-ZrO_2$ 黏结力不好而脱膜也是经常发生的现象。

3) 积炭

多孔 Pt 电极在渗碳炉中致命的弱点是炭黑堆积在 Pt 电极的孔洞内，特别在高碳势的情况下更为严重，炭黑在多孔 Pt 电极小孔内的堆积，使得 $Pt/ZrO_2/$ 气相三相催化反应界面处的状态发生变化而使电极反应不稳定，出现输出电势波动或偏高等现象。

4) 堵塞

多孔 Pt 电极的小孔在加热炉烟道中应用时，经常被尘灰堵塞而影响炉气向三相界面的扩散，最终使氧探头输出信号减弱而测不准。

5) ZrO_2 固体电解质的时效问题

ZrO_2 固体电解质作为工业炉用氧探头，往往长期在 700℃ 以上的高温下进行工作，如果不考虑气体的影响，这个工作温度对由 Y_2O_3 固溶为立方相结构的 ZrO_2 固体电解质来讲，是一个高温时效过程，这是氧探头不稳定和失效的另一个主要原因。

4. 氧化锆氧传感器的工业应用

氧化锆氧传感器已在国内外广泛用于工业炉窑优化燃烧，产生了显著的节能效果；广泛用于汽车尾气测量，明显地改善了城市环境污染；广泛用于钢液测氧，大大提高了优质钢的质量和产量；广泛用于惰性气体中测氧，其灵敏度和测氧范围非其他氧量计可比。

5. 氧化锆氧传感器的特点

氧化锆氧传感器的优点是反应时间快，可以在高温、高压、低压下测量氧气浓度，如锅炉尾气等；暴露在空气中或在空气中储存不会影响其性能，因此操作方便。

氧化锆氧传感器的缺点是不适合检测气体中含有在高温下分解的物质或与氧气反应的物质，如有机溶剂和氢气，不适合检测百万分之一级氧气。氧化锆氧传感器需要在高温下工作，当检测气体中含有机溶剂时，有机溶剂会在电极上产生化学变化（分解），从而产生一些问题：影响电极性能，造成零点漂移；影响传感器寿命；在高温下检测气体中的氧气会与有机物反应而被消耗掉，使得氧气检测的值比实际值低。

氧化锆氧传感器在检测过程中不消耗传感器上的材料，从理论上讲，氧化锆氧传感器的寿命比较长，但是由于在高温下金属电极的金属原子会扩散到氧化锆膜中，使得电极绝缘性能下降，从而检测值会有偏差以致传感器失效。传感器一旦失效只能更换整个探头，费用很高。

5.2　酒精气体传感器应用实训

5.2.1　实训目的及要求

通过实训，学会使用 MQ-3 气体传感器对酒精浓度进行检测，掌握气体传感器应用电路设计，熟悉并掌握 STM32F407 芯片外设 ADC 的功能及编程应用，熟悉使用气体传感器进行酒精浓度的测量，并在液晶显示屏幕显示当前酒精浓度数值。

5.2.2　气体传感器 MQ-3 简介

1. 气体传感器 MQ-3 的工作原理

如图 5-9 所示，MQ-3 气体传感器所使用的气敏材料是在清洁空气中电导率较低的二氧化锡 (SnO_2)。当传感器所处环境中存在酒精蒸气时，传感器的电导率随空气中酒精气体浓度的增加而增大，使用简单的电路即可将电导率的变化转换为与该气体浓度相对应的输出信号。MQ-3 气体传感器对酒精的灵敏度高，可以抵抗汽油、烟雾、水蒸气的干扰。这种传感器可检测多种浓度的酒精气氛，是一款适合多种应用的特种传感器。

图 5-9　MQ-3 气体传感器

2. 气体传感器 MQ-3 的应用及特点

MQ-3 气体传感器可用于机动车驾驶人员及其他严禁酒后作业人员的现场检测，也用于其他场所乙醇蒸气的检测，其主要特点为：

(1) 对乙醇蒸气具有很高的灵敏度和良好的选择性；

(2) 具有长期的使用寿命和可靠的稳定性；

(3) 驱动电路简单，成本低；

(4) 快速的响应恢复特性。

3. 气体传感器 MQ-3 的特性曲线

如图 5-10 所示为 MQ-3 气体传感器灵敏度特性曲线，可以看出，MQ-3 气体传感器的阻值随着气体浓度的增加而减小，并且从图中可以看出 MQ-3 气体传感器对酒精气体最敏感。

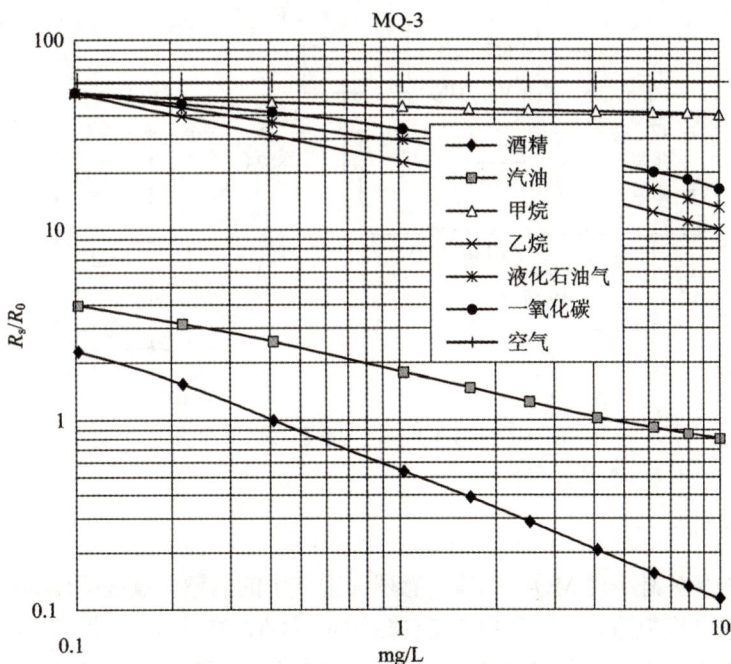

图 5-10　MQ-3 气体传感器灵敏度特性曲线

图中横坐标为气体浓度，纵坐标为传感器的电阻比 (R_s/R_0)，R_s 表示传感器在不同浓度气体中的阻值，R_0 表示传感器在洁净空气中的阻值。图中所示都是在标准试验条件下完成的。

5.2.3　气体传感器 MQ-3 硬件接口电路设计

MQ-3 气体传感器实训原理图如图 5-11 所示。主控芯片 STM32F407ZGT6 的最小系统及人机接口原理图见附录 A，这里仅给出气体传感器 MQ-3 的设计及信号调理原理图。信号经过调理电路后接 STM32F407 的 PF4 引脚；FP6291 是一款升压型 DC-DC 转换器，为气体传感器 MQ-3 提供 5 V 电源。

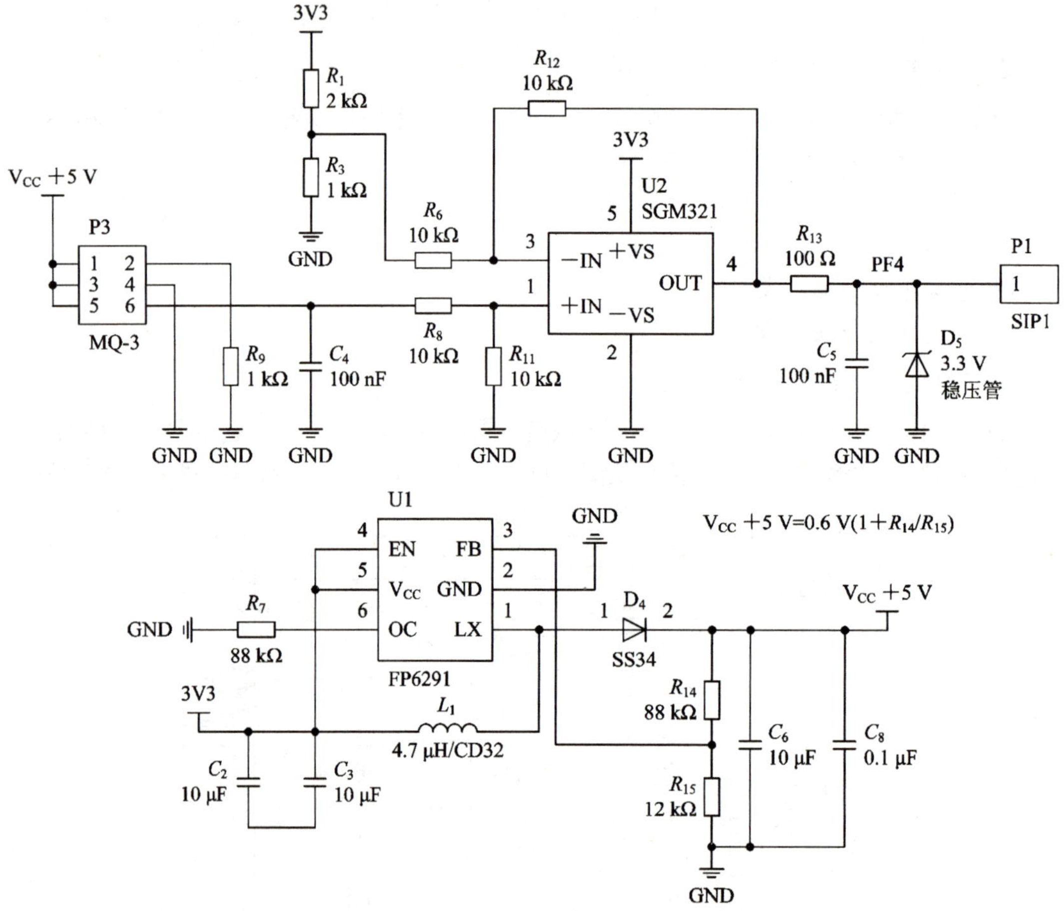

图 5-11　MQ-3 气体传感器实训原理图

5.2.4　程序设计

本次实训的任务是采用 MQ-3 气体传感器对空气中的酒精含量进行检测，由于气体传感器 MQ-3 输出的是模拟量，A/D 转换用 STM32F407ZGT6 外设 ADC 来实现。该任务主要由 main.c、STM32F40x_ADC.c 程序文件来完成，STM32F40x_ADC.c 完成 ADC 外设的配置及对模拟量的采集转换，main.c 将采集到的电压值转换成酒精浓度值并通过 LCD 液晶屏显示。

本实训程序设计要点如下：

(1) 配置 RCC 寄存器组，打开 ADC 设备时钟，同时打开 GPIOF 设备时钟；

(2) 配置 GPIOF.4 为模拟输入模式，无上拉 / 下拉电阻；

(3) A/D 转换、数据处理及显示。

鉴于篇幅限制，这里仅给出 main.c 程序清单，扫描右下侧二维码可以获得本次实训的完整工程文件。

酒精传感器
应用实训

```c
#include"main.h"
#include"delay.h"
#include"string.h"
#include"stdio.h"
#include"STM32F40x_GPIO_Init.h"
#include"STM32F40x_Usart_eval.h"
#include"STM32F40x_Timer_eval.h"
#include"Mfrc522.h"
#include"STM32F40x_SPI_eval.h"
#include"STM32F40x_LCD_SPI.h"
#include"STM32F40x_ADC.h"
extern __IO uint16_t Tim3_Cont_val;
uint8_t tmp = 0;
u16 temp;
float vol_f;
u16 vol;
u8 hall_sw;
float C;
int main(void)
{
sensor_GPIO_Init();                     //GPIO 初始化
delay_Init();                           //SysTick 定时器初始化
Usart1_Init();
delay_ms(100);
printf("USART1 Init OK\r\n");
gpio_lcd_init();
STM_SPI1_2_Init();
delay_ms(100);
LCD_Init();
LCD_Clean(BLUE);
LCD_ShowString(0, 0,"ADC_CODE:", 32, TYPEFACE);
LCD_ShowString(0, 32,"ADC_VOL:", 32, TYPEFACE);
LCD_ShowString(272, 32,"mV", 32, TYPEFACE);
LCD_ShowString(260, 64,"mg/L", 32, TYPEFACE);
LCD_ShowString(0, 64,"C:", 32, TYPEFACE);
```

```
a_ADC_configuration();
    while (1)
    {
    temp = a_getADC();                        //A/D 采集
    vol_f = (float)temp;                      //A/D 采集数据强制转换为浮点数据
    vol_f = vol_f*3300/4096;                  // 计算电压值
    vol = (u16)vol_f;                         // 转换成整形数据
    C = (vol_f/1000-3)/2.778;                 // 浓度 mg/L=( 电压－3)/2.778
    LCD_Draw_Rect_Win(200,0,64,32,BLUE);
    LCD_ShowNum(200, 0, temp, 4, 32, TYPEFACE);
    LCD_Draw_Rect_Win(200,32,64,32,BLUE);
    LCD_ShowNum(200, 32, vol, 4, 32, TYPEFACE);
    LCD_Draw_Rect_Win(160,64,64,32,BLUE);
    LCD_ShowNum(160, 64, C, 4, 32, TYPEFACE);
    printf("ADC_CODE = %d            ",temp);
    printf("ADC_VOL = %d             ",vol);
    printf("\r\n");
    delay_ms(100);
    }
}
```

5.2.5 程序运行结果

获得整个工程文件后，编译并运行程序，实训结果如图 5-12 所示，可以看到液晶显示屏显示空气中酒精含量的 A/D 转换值、电压值以及浓度值。

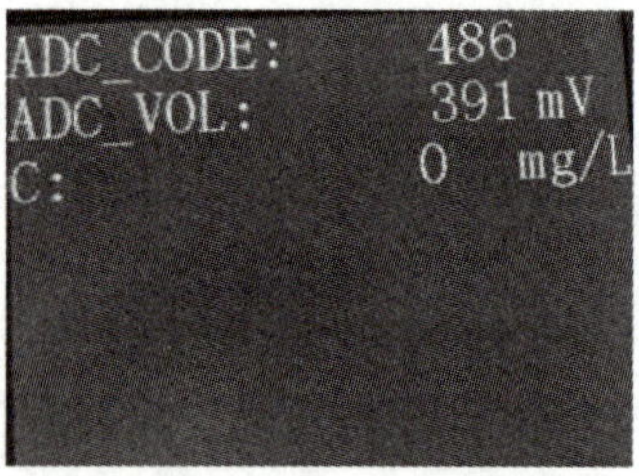

图 5-12 实训结果

5.3 可燃气体传感器应用实训

5.3.1 实训目的及要求

通过实训，掌握可燃气体传感器 MQ-2 的应用调理电路设计，熟悉并掌握 STM32F407-

ZGT6 芯片外设 ADC 的功能编程应用，熟悉使用可燃气体传感器进行可燃气体浓度的测量，并在液晶显示屏上显示当前可燃气体的浓度值。

5.3.2　气体传感器 MQ-2 简介

1. 气体传感器 MQ-2 的工作原理

MQ-2 气体传感器如图 5-13 所示，它的制作材料是在清洁空气中电导率较低的二氧化锡 (SnO_2)，属于表面离子式 N 型半导体。当 MQ-2 气体传感器在 200～300℃ 的环境中时，二氧化锡吸附空气中的氧，形成氧的负离子吸附，使半导体中的电子密度减少，从而使其电阻值增加。当与可燃气体接触时，如果晶粒间界处的势垒受到可燃气体的影响而变化，就会引起表面导电率的变化，利用这一点就

图 5-13　MQ-2 气体传感器

可以获得这种气体存在的信息。气体的浓度越大，导电率越大，输出电阻越低，则输出的模拟信号就越大。

2. 气体传感器 MQ-2 的应用及特点

MQ-2 气体传感器可用于家庭和工厂的气体泄漏检测，适宜对液化气、丁烷、丙烷、甲烷、酒精、氢气、烟雾等进行探测，对天然气和其他可燃蒸气的检测也很理想。这种传感器可检测多种可燃性气体，是一款适合多种应用的低成本传感器。其主要特点是：

(1) MQ-2 型气体传感器对天然气、液化石油气等气体有很高的灵敏度，尤其对烷类气体更为敏感，具有良好的抗干扰性，可准确排除有刺激性的非可燃性烟雾的干扰信息 (经过测试：对烷类的感应度比对纸张、木材燃烧产生的烟雾的感应度要好得多，输出的电压升高得比较快)。

(2) MQ-2 型气体传感器具有良好的重复性和长期的稳定性。初始稳定，响应时间短，长时间工作性能好。需要注意的是：在使用之前必须加热一段时间，否则其输出的电阻和电压不准确。

(3) 其检测可燃气体与烟雾的范围是 100～10000 ppm(ppm 为体积浓度，1 ppm = 1 立方厘米 /1 立方米)。

(4) 电路设计电压范围宽，24 V 以下均可，加热电压 5 ± 0.2 V。需要注意的是：加热电压如果过高，会导致内部的信号线熔断，从而使器件报废。

3. 气体传感器 MQ-2 的特性曲线

如图 5-14 所示为 MQ-2 气体传感器灵敏度特性曲线，可以看出，MQ-2 气体传感器的阻值随着可燃气体浓度的增加而减小，并且从图中可以看出 MQ-2 气体传感器对可燃气体最敏感。

图中纵坐标为传感器的电阻比 (R_s/R_0)，横坐标为气体浓度，R_s 表示传感器在不同浓度气体中的阻值，R_0 表示传感器在洁净空气中的阻值。图中所示都是在标准试验条件下完成的。

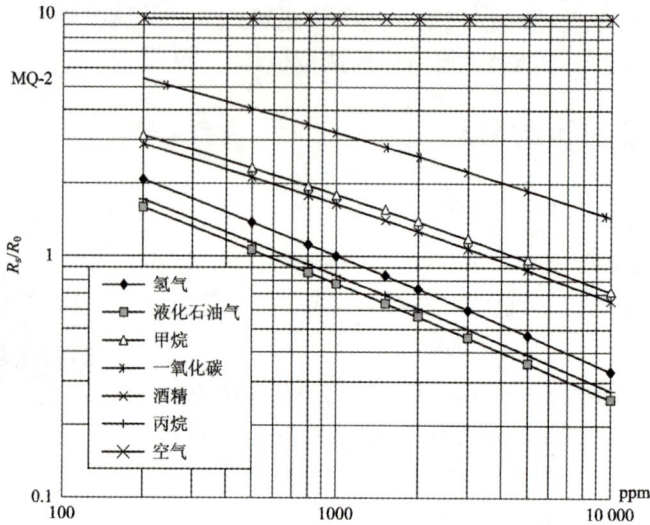

图 5-14 MQ-2 气体传感器灵敏度特性曲线

5.3.3 气体传感器 MQ-2 硬件接口电路设计

MQ-2 气体传感器实训原理图如图 5-15 所示。主控芯片 STM32F407ZGT6 的最小系统及人机接口原理图见附录 A，在这里仅给出气体传感器 MQ-2 的设计及信号调理原理图，信号经过调理电路后接 STM32F407 的 PF4 引脚，FP6291 是一款升压型 DC-DC 转换器，为气体传感器 MQ-2 提供 5 V 电源。

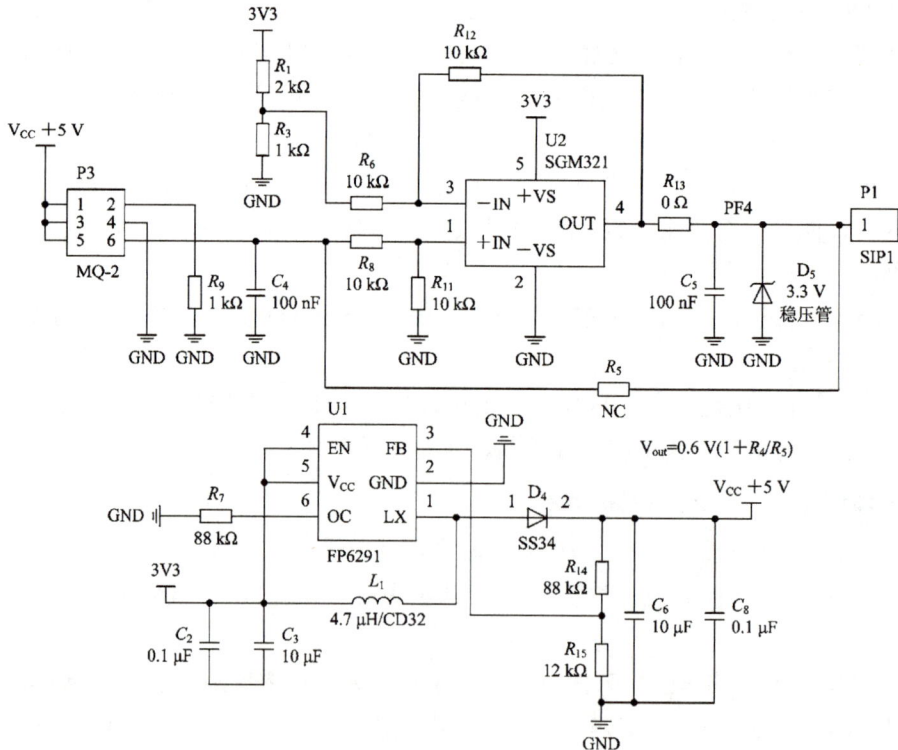

图 5-15 MQ-2 气体传感器实训原理图

5.3.4　程序设计

本次实训的任务是采用 MQ-2 传感器对可燃气体含量进行检测，由于气体传感器 MQ-2 输出的同样是模拟量，A/D 转换利用 STM32F407ZGT6 芯片外设 ADC 来实现。该任务功能主要由 main.c、STM32F40x_ADC.c 程序文件来完成，STM32F40x_ADC.c 完成 ADC 外设的配置及 A/D 转换，main.c 对采集到的数据进行判断是否达到报警阈值，实训结果通过 LCD 液晶屏显示出来。

本实训程序设计要点如下：

(1) 配置 RCC 寄存器组，打开 ADC 设备时钟，同时打开 GPIOF 设备时钟；

(2) 配置 GPIOF.4 为模拟输入模式，无上拉 / 下拉电阻；

(3) A/D 转换、报警阈值判断并显示。

鉴于篇幅限制，这里仅给出 main.c 程序清单，扫描右下侧二维码可以获得本次实训的完整工程文件。

```
#include"main.h"
#include"delay.h"
#include"string.h"
#include"stdio.h"
#include"STM32F40x_GPIO_Init.h"
#include"STM32F40x_Usart_eval.h"
#include"STM32F40x_Timer_eval.h"
#include"Mfrc522.h"
#include"STM32F40x_SPI_eval.h"
#include"STM32F40x_LCD_SPI.h"
#include"STM32F40x_ADC.h"
#include"math.h"
extern __IO uint16_t Tim3_Cont_val;

uint8_t tmp = 0;
u16 temp;
float vol_f;
float vol_f_2;
u16 vol;
char warn=0;
int main(void)
{
    sensor_GPIO_Init();                        //GPIO 初始化
    delay_Init();                              //SysTick 定时器初始化
    Usart1_Init();
    delay_ms(100);
```

可燃气体传感器
应用实训

```
    printf("USART1 Init OK\r\n");
    gpio_lcd_init();
    STM_SPI1_2_Init();
    delay_ms(100);
    LCD_Init();
    LCD_Clean(BLUE);
    LCD_ShowString(0, 0,"ADC_CODE:", 32, TYPEFACE);
    LCD_ShowString(0, 32,"ADC_VOL:", 32, TYPEFACE);
    LCD_ShowString(272, 32,"mV", 32, TYPEFACE);
    LCD_ShowString(0, 64,"warn:", 32, TYPEFACE);
    a_ADC_configuration();
    while (1)
{
temp = a_getADC();                      //A/D 采集
    vol_f = (float)temp;                //A/D 采集数据强制转换为浮点数据
    vol_f = vol_f*3300/4096;            // 计算电压值
    vol = (u16)vol_f;                   // 转换成整形数据
    if(temp>3000)
        warn=1;
    else
        warn=0;
    LCD_Draw_Rect_Win(200,0,64,32,BLUE);
    LCD_ShowNum(200, 0, temp, 4, 32, TYPEFACE);
    LCD_Draw_Rect_Win(200,32,64,32,BLUE);
    LCD_ShowNum(200, 32, vol, 4, 32, TYPEFACE);
    LCD_Draw_Rect_Win(200,64,64,32,BLUE);
    LCD_ShowNum(200, 64, warn, 4, 32, TYPEFACE);
    printf("ADC_CODE = %d          ",temp);
    printf("ADC_VOL = %d           ",vol);
    printf("\r\n");
    delay_ms(100);
  }
}
```

5.3.5   程序运行结果

获得整个工程文件后，编译并运行程序，实训结果如图 5-16 所示，可以看到液晶显示屏显示空气中可燃气体含量的 A/D 转换值、电压值及是否报警，显示"0"没有报警，显示"1"则报警。

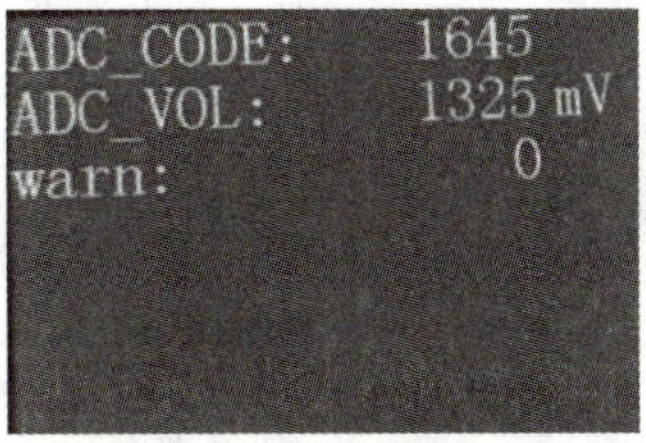

图 5-16 实训结果

重视安全，珍爱生命

不论是在工作中，还是在日常生活中，易燃易爆气体的监测都非常重要，关系到生产安全、公共安全以及环境保护的社会责任。以下几个事故案例时刻给我们敲响警钟：

2024 年 3 月 13 日 7 时 54 分，河北省廊坊市三河市燕郊镇发生一起因天然气泄漏引发的爆燃事故。截至 2024 年 3 月 13 日 23 时，现场救援工作基本结束。事故共造成 7 人死亡，27 人受伤。

2023 年 8 月 21 日，陕西省延安市延川县永坪镇高家屯乡新泰煤矿发生瓦斯闪爆事故。事故发生时井下共有 90 人，其中 81 人成功升井，9 人被困。事故最终造成 11 人死亡、11 人受伤，并带来直接经济损失 1919.2 万元。

2015 年 6 月 30 日，广东省中山市东升镇的汇力化工厂发生原料烟雾泄漏，影响了周边环境和居民健康。

从以上案例可以看出，预防易燃易爆气体泄漏，不仅是对生命财产的直接保护，也是促进经济社会健康发展、构建安全环保型社会的重要基石。

思考与练习

1. 气体传感器的工作原理是什么？
2. STM32 芯片的 ADC 外设编程的注意事项有哪些？
3. 尝试利用气体传感器制作燃气报警器。

项目6 光 检 测

知识目标

熟悉光敏电阻、光电池、热释电传感器的工作原理，了解常用光电器件的特点及结构，掌握光电传感器的使用方法。

技能目标

掌握各种光电传感器的选型及实际应用，掌握光电传感器和 STM32 的接口技术及编程技术。

光检测即对光信号(红外光、可见光及紫外光辐射等)进行检测，光电传感器是把光信号转变为电信号的器件。光电传感器可用于检测直接引起光量变化的非电量，如光强、光照度、辐射测温、气体成分分析等，也可用来检测能转换成光量变化的其他非电量，如零件直径、表面粗糙度、应变、位移、振动、速度、加速度以及物体的形状、工作状态的识别等。光电传感器具有非接触、响应快、性能可靠等特点，因此在工业自动化装置和机器人中获得了广泛应用。

6.1 认识光电传感器

光电传感器是将被测量的变化转换为光量的变化，再通过光电元件把光量的变化转换成电信号的一种测量装置，它的转换原理基于光电效应。

所谓光电效应，是指物体吸收了光能以后，转换为该物体中某些电子的能量而产生的电效应。简单地说，物质在光的照射下释放电子的现象称为光电效应。被释放的电子称为光电子。光电子在外电场中运动所形成的电流称为光电流。

能产生光电效应的光电材料主要有硫化镉、锑化铟、硒和半导体等。光电效应一般可分为外光电效应和内光电效应，内光电效应又分为光电导效应和光生伏特效应。

前面的章节已经介绍过基于外光电效应的光电器件光电管和光电倍增管、基于内光电效应的光电器件光敏二极管和光敏三极管等，本节主要介绍光敏电阻、光电池以及人体热释电传感器等器件。

6.1.1 光敏电阻

1. 光敏电阻的工作原理

如图 6-1 所示，当光敏电阻受到光照时，半导体材料的表面就会产生自由电子，同时产生空穴，电子 - 空穴对的出现使电阻率变小。光照越强，光生电子 - 空穴对就越多，阻值就越低。入射光消失，电子 - 空穴对逐渐复合，电阻也逐渐恢复原值。

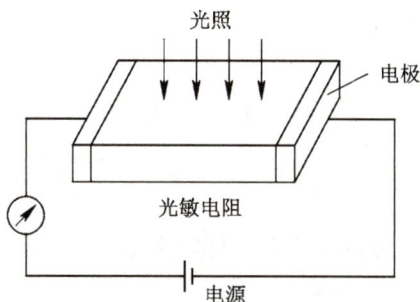

图 6-1　光敏电阻的工作原理

并非一切纯半导体都能显示出光电特性，对于不具备这一条件的物质，可以通过加入杂质使之产生光电效应特性。用来产生这种效应的物质由金属的硫化物、硒化物、碲化物等组成，如硫化镉、硫化铅、硫化铊、硒化镉、硒化铅、碲化铅等。光敏电阻的使用取决于它的一系列特性，如暗电流，光电流，光敏电阻的伏安特性、光照特性、光谱特性、频率特性、温度特性以及光敏电阻的灵敏度、时间常数和最佳工作电压等。

2. 光敏电阻的结构

光敏电阻的结构及图形符号如图 6-2 所示。

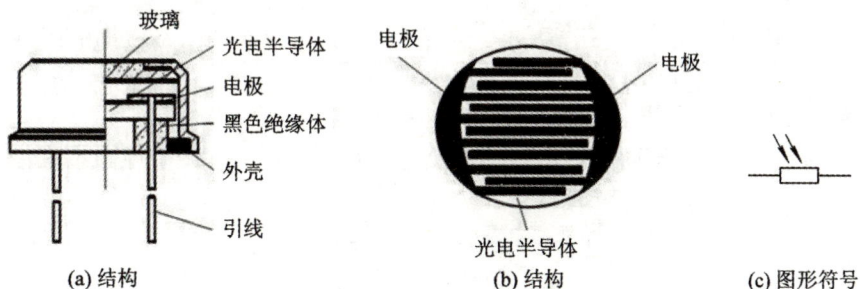

(a) 结构　　　　　　　　　(b) 结构　　　　　(c) 图形符号

图 6-2　光敏电阻的结构及图形符号

光敏电阻的内部结构比较简单，如图 6-3(a) 所示，在玻璃基板上均匀地涂上薄薄的一层半导体物质，如硫化镉 (CdS) 等，然后在半导体的两端装上金属电极，再将其封装在塑料壳体内。为了防止周围介质的污染，在半导体光敏层上覆盖一层漆膜，漆膜成分的选择应使它在光敏层最敏感的波长范围内透射率最大。如果把光敏电阻连接在外电路中，在外加电压作用下，光照能改变电路中电流的大小，如图 6-3(b) 所示。

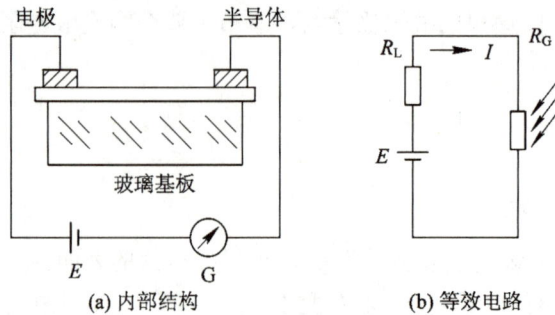

(a) 内部结构　　　　　(b) 等效电路

图 6-3　光敏电阻内部结构与等效电路

3. 光敏电阻的主要特性参数

1) 暗电阻与暗电流

在室温条件下，光敏电阻在未受到光照射时的阻值称为暗电阻，此时流过的电流称为暗电流。

2) 亮电阻与亮电流

光敏电阻在受到某一束光照射时的阻值称为亮电阻，此时流过的电流称为亮电流。

3) 光电流

亮电流与暗电流之差称为光电流。光敏电阻的暗电阻越大，亮电阻越小，则性能越好。也就是说，暗电流要小，亮电流要大，这样光敏电阻的灵敏度就高。光敏电阻的暗电阻的阻值一般为兆欧数量级，亮电阻的阻值在几千欧以下。暗电阻与亮电阻之比一般为 $10^2 \sim 10^6$。

4) 光敏电阻的伏安特性

一般光敏电阻如硫化铅、硫化铊的伏安特性曲线如图 6-4 所示。由该曲线可知，所加的电压越高，光电流越大，而且没有饱和现象；在给定的电压下，光电流的数值将随光照的增强而增大。

5) 光敏电阻的光照特性

光敏电阻的光照特性用于描述光电流和光照强度之间的关系，绝大多数光敏电阻的光照特性曲线是非

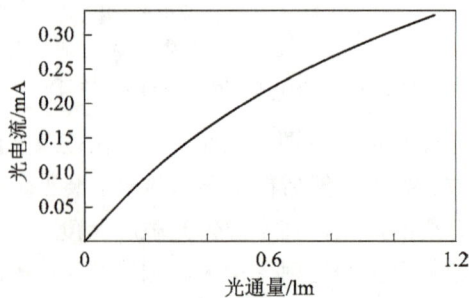

图 6-4　光敏电阻的伏安特性

线性的，如图 6-5 所示。不同光敏电阻的光照特性是不相同的。光敏电阻不宜作线性测量元件，一般用作开关式的光电转换器。

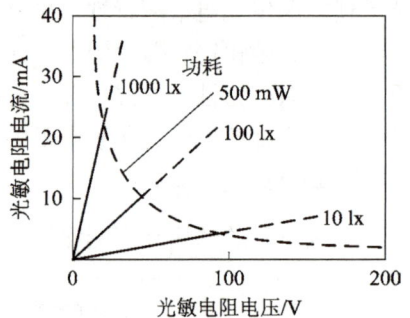

图 6-5　光敏电阻的光照特性

6) 光敏电阻的光谱特性

如图 6-6 所示为几种常用光敏电阻材料的光谱特性曲线。对于不同波长的光，光敏电阻的灵敏度是不同的。从图中可看出，硫化镉的峰值在可见光区域，而硫化铅的峰值在红外区域，因此，在选用光敏电阻时，应当把元件和光源的种类结合起来考虑，才能获得满意的结果。

图 6-6　光敏电阻的光谱特性

7) 光敏电阻的响应时间和频率特性

实验证明，光敏电阻的光电流不能立刻随着光照量的改变而改变，即光敏电阻产生的光电流有一定的惰性，这个惰性通常用时间常数来描述。所谓时间常数即光敏电阻自停止光照起到电流下降为原来的 63% 所需要的时间。因此，时间常数越小，响应越迅速，但大多数光敏电阻的时间常数都较大，这是它的缺点之一。

如图 6-7 所示为硫化镉和硫化铅的光敏电阻的频率特性曲线，硫化铅的使用频率范围最大，其他的都较小。目前正在通过工艺改进来改善各种材料光敏电阻的频率特性。

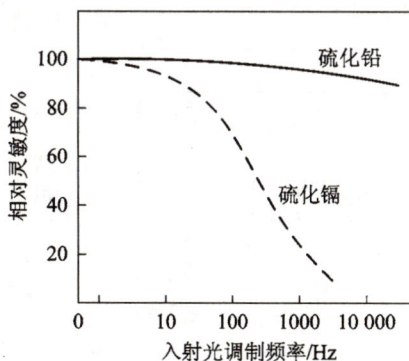

图 6-7　光敏电阻的频率特性

8) 光敏电阻的温度特性

随着温度不断升高，光敏电阻的暗电阻和灵敏度都要下降，同时温度变化也影响它的光谱特性曲线。如图 6-8 所示为硫化铅的光谱温度特性曲线。从图中可以看出，它的峰值随着温度上升向波长短的方向移动，因此有时为了提高元件的灵敏度或为了能够接受较长波段的红外辐射而采取一些制冷措施。

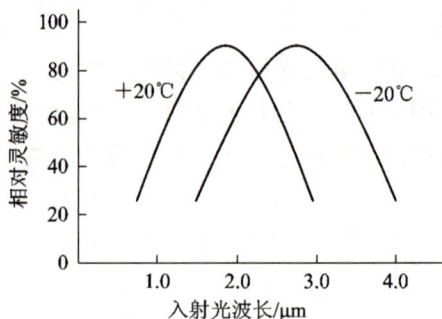

图 6-8　光敏电阻的温度特性

4. 光敏电阻的特点及应用

光敏电阻体积小，重量轻，使用寿命长，稳定性能高，价格便宜，制造工艺简单，因此广泛应用于照相机、防盗报警以及自动化技术中。

6.1.2　光电池

光电池是在光照下，能直接将光量转变为电动势的光电元件。实际上，光电池就是电流源。光电池的种类很多，有硒光电池、锗光电池、硅光电池、氧化亚铜光电池、硫化铊光电池、硫化镉光电池、砷化稼光电池等，其中最常用的是硅光电池和硒光电池。

1. 光电池的工作原理

如图 6-9 所示，当太阳光 (或其他光) 照射到太阳电池上时，电池吸收光能，激发出光生电子 - 空穴对，并立即被内建电场分离，光生电子被送进 N 区，光生空穴则被推进 P 区，这样在光电池两端将出现异号电荷的积累，即会产生"光生电压"，这就是"光生伏特效应"(简称光伏)。在内建电场的两侧引出电极并接上负载，在负载中就有"光生电流"流过，从而获得功率输出。

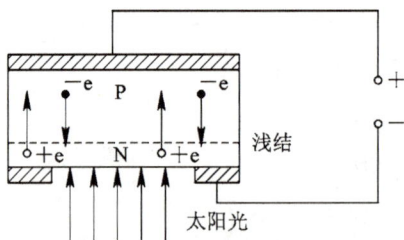

图 6-9　光生伏特效应

2. 光电池的结构

图 6-10(a) 为硅光电池的结构，在一块 N 型硅片上，用扩散方法掺入一些 P 型杂质 (如硼) 形成 P-N 结。当入射光子的能量足够大时，P 区每吸收一个光子就产生一对光生电子 - 空穴对，光生电子 - 空穴对的浓度由表面向内部迅速下降，形成由表及里扩散的自然趋势。在 P-N 结内电场作用下，扩散到 P-N 结附近的电子 - 空穴对分离，电子被拉到 N 型区，空穴则留在 P 型区，使 N 区带负电，P 区带正电。如果光照是连续的，则经短暂时间后，新的平衡建立，P-N 结两侧就有一个稳定的光电流或光生电动势输出。

图 6-10(b) 为硒光电池的结构，在铝基底上涂硒，再用溅射工艺在硒层上形成一层半透明的氧化镉，在正反两面喷上低熔合金作为电极，在光照下，镉材料带负电，铝材料带正电，形成光电流或光电势。

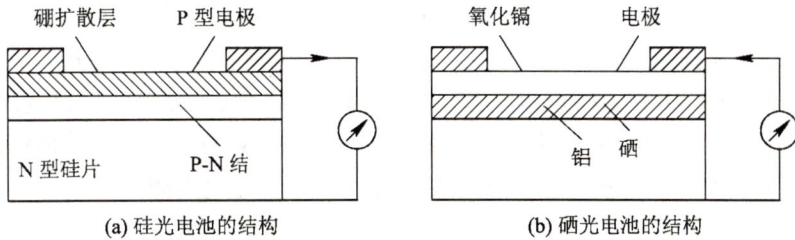

(a) 硅光电池的结构　　　　　　　　(b) 硒光电池的结构

图 6-10　光电池结构示意图

3. 光电池的主要特性参数

1) 光电池的伏安 (I-V) 特性曲线

光电池的伏安 (I-V) 特性曲线就是受光照的太阳电池在一定的温度、辐照度以及不同的外电路负载下，流入负载的电流 I 和电池端电压 V 的关系曲线。如图 6-11 所示为光电池在三种不同光照强度下的伏安特性曲线。

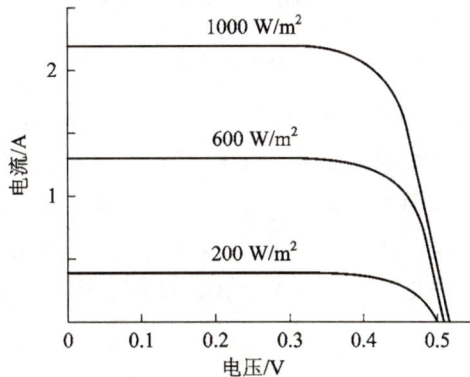

图 6-11　光电池的伏安特性

2) 光电池的光谱特性

光电池受光照射产生电子 - 空穴对，光照消失后电子 - 空穴对的复合，都需要一定时间，因此，当入射光的频率太高时，光电池输出的电流将下降。图 6-12 为硅光电池和硒光电池的光谱特性曲线。由该曲线可以看出，不同的光电池，光谱峰值的位置不同。例如，硅光电池的光谱峰值在 800 nm 附近，硒光电池的光谱峰值在 540 nm 附近。

硅光电池的光谱范围广，通常为 450～1100 nm，硒光电池的光谱范围为 340～750 nm。因此，硒光电池适用于可见光，常用于照度计，测定光的强度。

在实际使用中，应根据光源性质来选择光电池，反之，也可以根据光电池特性来选择光源。例如，硅光电

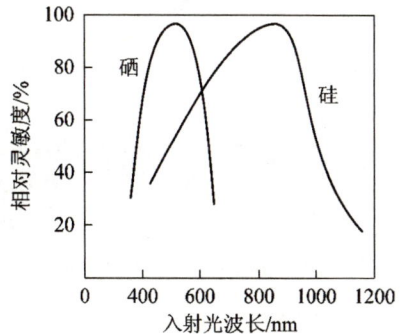

图 6-12　光电池的光谱特性

池对于白炽灯（灯丝）在温度为 2850 K 时，能够获得最佳的光谱响应。但是要注意，光电池光谱值的位置不仅和制造光电池的材料有关，也和制造工艺有关，同时随着使用温度的不同而有所移动。

3) 光电池的光照特性

光电池在不同的光照强度下可产生不同的光电流和光生电动势，硅光电池的光照特性曲线如图 6-13 所示。由该曲线可以看出，短路电流在很大范围内与光强呈线性关系，开路电压随光强变化是非线性的，并且当光照度在 2000 lx（勒克斯）时趋于饱和。因此，把光电池作为测量元件时，应把它当作电流源来使用，不宜作电压源。

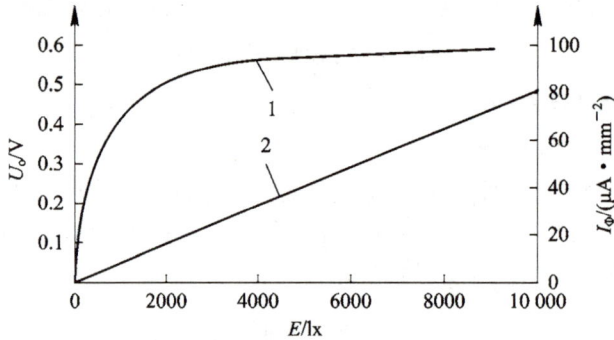

图 6-13　光电池的光照特性

光电池的短路电流即反映负载电阻相对于光电池内阻很小时的光电流。而光电池的内阻是随着照度的增加而减小的，所以在不同的照度下可用大小不同的负载电阻为近似"短路"条件。从实验中知道，负载电阻越小，光电流与照度之间的线性关系越好，且线性范围越宽；对不同的负载电阻，可以在不同的照度范围内，使光电流与光强保持线性关系。因此，应用光电池作测量元件时，所用负载电阻的大小应根据光强的具体情况而定。总之，负载电阻越小越好。

4) 光电池的频率特性

光电池在作为测量、计数、接收元件时，常用交变光照。光电池的频率特性就是反映光的交变频率和光电池输出电流的关系曲线，如图 6-14 所示。由该曲线可以看出，硅光电池有很高的频率响应，可用在高速计数、有声电影等方面。这是硅光电池在所有光电元件中最为突出的优点。

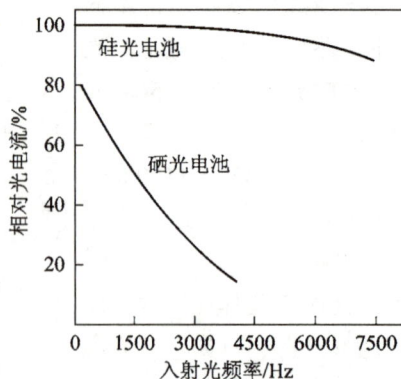

图 6-14 光电池的频率特性

5) 光电池的温度特性

光电池的温度特性主要描述光电池的开路电压和短路电流随温度变化的情况。由于它关系到应用光电池设备的温度漂移，影响到测量精度或控制精度等主要指标，因此它是光电池的重要特性之一。光电池的温度特性曲线如图 6-15 所示。由该曲线可以看出，开路电压随温度升高而下降的速度较快，短路电流随温度升高而缓慢增加。因此，当光电池作测量元件时，在系统设计中应该考虑到温度的漂移，从而采取相应的措施来进行补偿。

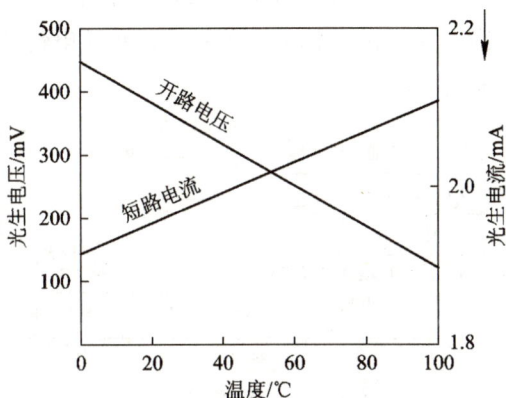

图 6-15 光电池的温度特性

6) 稳定性

当光电池密封良好、电极引线可靠、应用合理时，光电池的性能是相当稳定的，使用寿命很长，而硅光电池的性能比硒光电池更稳定。光电池的性能和寿命除了与光电池的材料及制造工艺有关以外，在很大程度上还与使用环境条件有密切关系，如高温和强光照射会使光电池的性能变差，而且降低使用寿命，这在使用中要特别注意。

4. 光电池的应用

光电池主要有两大类型的应用：一类是将光电池作光伏器件使用，利用光伏作用直接将太阳能转换成电能，即太阳能电池。这是全世界人们追求、探索新能源的一个重要研究课题。太阳能电池已在宇宙开发、航空、通信设施、太阳电池地面发电站、日常生活和交通事业中得到了广泛应用。目前，太阳能电池发电成本尚不能与常规能源竞争，但是随着太阳能电池技术的不断发展，成本会逐渐下降，太阳能电池定将获得更广泛的应用。光电池的另一类应用就是将光电池作光电转换器件应用，这需要光电池具有灵敏度高、响应时间短等特性，但不需要像太阳能电池那样的光电转换效率。这一类光电池需要特殊的制造工艺，主要用于光电检测和自动控制系统中。

6.1.3 热释电传感器

热释电红外传感器是一种能检测人或动物发出的红外线而输出电信号的传感器。早在 1938 年，就有人提出了利用热释电效应探测红外辐射，但并未受到重视。直到 20 世纪 60

年代才又兴起了对热释电效应的研究和对热释电晶体的应用。

1. 热释电传感器的工作原理

1) 光的特性

光是人眼可见的一种电磁波，也称可见光谱。在科学上的定义，光是指所有的电磁波谱，如图 6-16 所示。光是以光子为基本粒子组成的，具有粒子性与波动性，称为波粒二象性。光可以在真空、空气、水等透明的物质中传播。人们看到的光来自太阳或借助产生光的设备，包括白炽灯泡、荧光灯管、激光器、萤火虫等。对于可见光的范围没有一个明确的界线，一般人的眼睛所能接受的光的波长为 380～760 nm。波长小于 380 nm 的紫外光和大于 760 nm 的红外光是我们人眼看不见的，称为不可见光。热释电传感器就是用来检测红外光的，所以又称为热释电红外传感器。

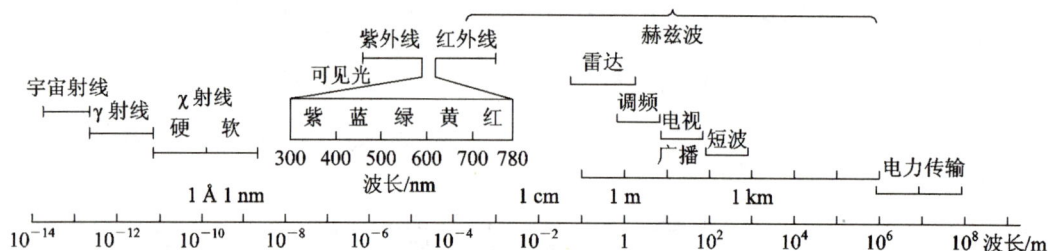

图 6-16　电磁波频谱图

2) 热释电传感器的工作原理

热物体都会向空间发出一定的热辐射，基于这种原理的光源称为热辐射光源。物体温度越高，辐射能量越大，辐射光谱的峰值波长也就越短。白炽灯就是一种典型的热辐射光源。白炽灯光源中最常用的是钨丝灯，它产生的光，谱线较丰富，包含可见光和红外光。使用白炽灯时，常加滤色片来获得不同窄带频率的光。

热释电红外传感器是根据热释电效应工作的，热释电效应是指当某些电介物质的表面温度发生变化时，在这些电介物质的表面上就会产生电荷的变化。用具有这种效应的电介质制成的元件称为热释电元件。热释电元件的常用材料有单晶、压电陶瓷及高分子薄膜等。

能够探测人体产生的红外线的热释电传感器称为热释电人体红外传感器，这种传感器有多种型号，但结构、外形和电参数大致相同，一般可互换。其典型外形如图 6-17 所示。图中的顶视图中，矩形为滤光窗，两个虚线框为矩形敏感单元。

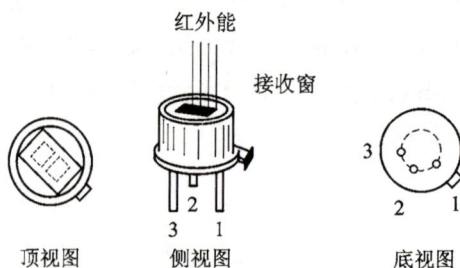

1—漏极；2—源极；3—地。

图 6-17　热释电人体红外传感器外形图

2. 热释电传感器的结构组成

热释电红外传感器的结构如图 6-18(a) 所示。该传感器由敏感元件、场效应管 (FET)、高阻电阻和滤光片等构成，并在氮气环境下封装而成。

1) 敏感元件

热释电红外传感器一般采用热释电材料锆钛酸铅 (压电陶瓷 PZT) 制成，这种材料在外加电场撤除后，仍然保持极化状态，即存在自发极化，且自发极化强度 Ps 随温度升高而下降。

敏感元件的等效电路如图 6-18(b) 所示，内部敏感材料做成很薄的薄片，每一薄片相对的两面各引出一根电极，在电极两端则形成一个等效的小电容，因为这两个小电容是做在同一硅晶片上的，且形成的等效小电容自身能产生极化，在电容的两端产生极性相反的正、负电荷。但这两个电容是按照极性相反串联的。这正是传感器的独特设计之处，因而使得它具有独特的抗干扰性。

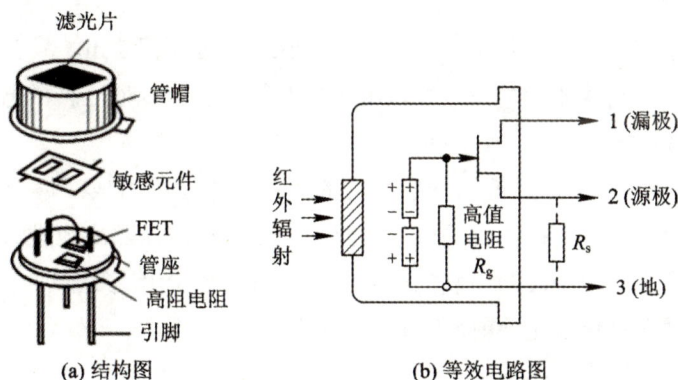

(a) 结构图　　　　**(b) 等效电路图**

图 6-18　热释电红外传感器的结构及等效电路示意图

当传感器没有检测到人体辐射出的红外线信号时，由于 C_1、C_2 自身产生极化，在电容的两端产生极性相反、电量相等的正、负电荷，而这两个电容是相反串联的，所以正、负电荷相互抵消，回路中不产生电流，传感器无输出。

当人体静止在传感器的检测区域内时，照射到 C_1、C_2 上的红外线光能能量相等，且达到平衡，极性相反、能量相等的光电流在回路中相互抵消，传感器仍然没有信号输出。同理，在灯光或阳光下，因阳光移动的速度非常缓慢，C_1、C_2 上的红外线光能能量仍然可以看作是相等的，且在回路中相互抵消，再加上传感器的响应频率很低 (一般为 0.1～10 Hz)，即传感器对红外光的波长的敏感范围很窄 (一般为 5～15 μm)，因此，传感器对它们不敏感。

当环境温度变化而引起传感器本身的温度发生变化时，因 C_1、C_2 做在同一硅晶片上，它所产生的极性相反、能量相等的光电流在回路中仍然相互抵消，传感器无输出。

只有当人体移动时，红外辐射引起传感器敏感元件的两个等效电容产生不同的极化电荷时，才会向外输出电信号。所以，这种传感器只对人体的移动敏感，对静止或移动很缓慢的人体不敏感，且对可见光和大部分红外线具有良好的抗干扰能力。

2) 滤光片

滤光片是由一块薄玻璃片镀上多层滤光层薄膜而构成的。滤光片能有效地滤除 7～14 μm 波长以外的红外线，保证了对人体红外线的选择性。

物体发射出的红外线辐射能、最强波长和温度的关系满足：

$$\lambda_m \times T = 2989(\mu m \cdot k) \tag{6-1}$$

式中：λ_m 为最强波长，T 为绝对温度。

人体的正常体温为 36～37.5℃，即 309～310.5 K，可以计算出人体产生的红外线波长为

$$\lambda_m = 2989/(309\sim310.5) = 9.67\sim9.64\ \mu m \tag{6-2}$$

根据式 (6-2)，可以得到人体红外线的中心波长为 9.65 μm。因此，人体辐射的最强红外线的波长正好落在滤光片响应波长 (7～14 μm) 的中心。所以，滤光片能有效地让人体辐射的红外线通过，而最大限度地阻止阳光、灯光等可见光中的红外线通过，以免引起干扰。

3. 菲涅尔透镜

不使用菲涅尔透镜时，热释电红外传感器的探测半径不足 2 m，只有配合菲涅尔透镜使用，热释电红外传感器才能发挥最大作用。配上菲涅尔透镜时，热释电红外传感器的探测半径可达到 10 m。

如图 6-19 所示，菲涅尔透镜由一组平行的棱柱形透镜所组成，每一透镜单元都只有一个不大的视场角，当人体在透镜的监视视野范围中运动时，顺次地进入第一、第二单元透镜的视场，晶片上的两个反向串联的热释电单元将输出一串交变脉冲信号。当然，如果人体静止不动地站在热释电元件前面，它是"视而不见"的。

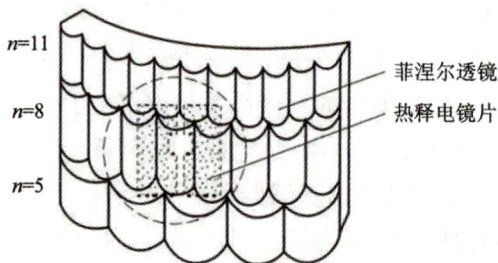

图 6-19　菲涅尔透镜的结构

菲涅尔透镜用聚乙烯塑料片制成，颜色为乳白色或黑色，呈半透明状，但对波长为 10 μm 左右的红外线来说却是透明的。其外形为半球，透镜在水平方向上分成 3 个部分，每一部分在竖直方向上又等分成若干不同的区域。最上面部分的每一等份为一个透镜单元，它们由一个个同心圆构成，同心圆圆心在透镜单元内。中间和下半部分的每一等份也分别为一个透镜单元，同样由同心圆构成，但同心圆圆心不在透镜单元内。

当光线通过这些透镜单元后，就会形成明暗相间的可见区和盲区。由于每一个透镜单元只有一个很小的视角，视角内为可见区，视角外为盲区。任何两个相邻透镜单元之间均以一个盲区和可见区相间隔，它们断续而不重叠和交叉。这样，当把透镜放在热释电传感

器正前方的适当位置时，运动的人体一旦出现在透镜的前方，人体辐射出的红外线通过透镜后在敏感元件上形成不断交替变化的阴影区（盲区）和明亮区（可见区），使敏感元件表面的温度不断发生变化，从而输出电信号。也可以这样理解，人体在检测区内活动时，一旦离开一个透镜单元的视场，又会立即进入另一个透镜单元的视场（因为相邻透镜单元之间相隔很近），敏感元件上就出现随人体移动的盲区和可见区，导致敏感元件的温度变化，从而输出电信号。

菲涅尔透镜不仅可以形成可见区和盲区，还有聚焦作用，其焦点一般为 5 cm 左右。实际应用时，应根据实际情况或资料提供的说明调整菲涅尔透镜与热释电传感器之间的距离，一般把透镜固定在热释电传感器正前方 1~5 cm 的地方。

4. 热释电传感器的应用

热释电人体红外传感器为 20 世纪 90 年代出现的新型传感器，专用于检测人体辐射的红外能。热释电人体红外传感器除了在楼道自动开关、防盗报警上得到应用，还在更多的领域得到了应用，如酒店、商场等公共场所的自动门，在房间无人时会自动停机的空调、饮水机，能判断无人观看或观众已经睡觉后自动关机的电视机，监视器或自动门铃，摄像机或数码相机自动记录动物或人的活动，等等。

6.2　光敏电阻应用实训

6.2.1　实训目的及要求

通过实训，掌握光敏电阻与 STM32F407ZGT6 芯片的接口技术以及 STM32F407 外设 ADC 的编程技术，熟悉使用光敏电阻对光的强弱进行检测，并在液晶显示屏幕上显示光强的变化，同时根据光强的改变观察 4 个 LED 灯的亮灭情况。

6.2.2　光敏电阻 GL5516 简介

1. 光敏电阻 GL5516 的工作原理

光敏电阻又称光敏电阻器或光导管，常用的制作材料为硫化镉，另外还有硒、硫化铝、硫化铅和硫化铋等材料。这些制作材料具有在特定波长的光照射下，其阻值迅速减小的特性。这是由于光照产生的载流子都参与导电，在外加电场的作用下做漂移运动，电子奔向电源的正极，空穴奔向电源的负极，从而使光敏电阻器的阻值迅速下降。

光敏电阻器一般用于光的测量、光的控制和光电转换（将光的变化转换为电的变化）。常用的光敏电阻器——硫化镉光敏电阻器，它是由半导体材料制成的。光敏电阻器对光的敏感性（即光谱特性）与人眼对可见光 (0.4~0.76 μm) 的响应很接近，只要人眼可感受的光，都会引起它的阻值变化。图 6-20 为 GL5516 光敏电阻的内部结构图，图 6-21 为常用的 GL5516 光敏电阻的实物图。

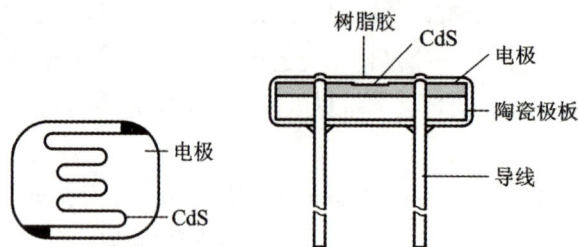

图 6-20　GL5516 光敏电阻内部结构图　　　　图 6-21　GL5516 光敏电阻实物图

2. 光敏电阻 GL5516 的应用及特点

GL5516 被广泛应用于照相机自动测光、光电控制、室内光线控制、报警器、工业控制、光控开关、光控灯、电子玩具等领域，其主要特点为环氧树脂封装、光谱特性好、灵敏度高、可靠性好、体积小、反应速度快等。其主要技术参数如下：

(1) 光谱峰值 (波长)：540 nm。

(2) 最大电压 (DC)：150 V。

(3) 最大功耗：90 mW。

(4) 亮电阻 @10 lx：5～10 kΩ。

(5) 暗电阻：500 kΩ。

(6) 响应时间：上升 20 ms；下降 30 ms。

(7) 环境温度：−30～+75℃。

3. 光敏电阻 GL5516 的特性曲线

图 6-22 为光敏电阻 GL5516 的相对灵敏度特性曲线，纵轴为光敏电阻的相对灵敏度，横轴为光的波长，可以看出，GL5516 光敏电阻在波长 600 nm 左右时其相对灵敏度最高。

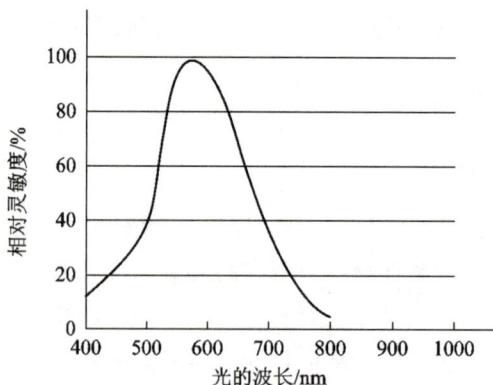

图 6-22　光敏电阻 GL5516 的相对灵敏度特性曲线

图 6-23 为光敏电阻 GL5516 的温度特性曲线，纵轴为光敏电阻的电阻变化率，横轴为温度，可以看出，GL5516 光敏电阻的电阻变化率随着温度的增加而增大。

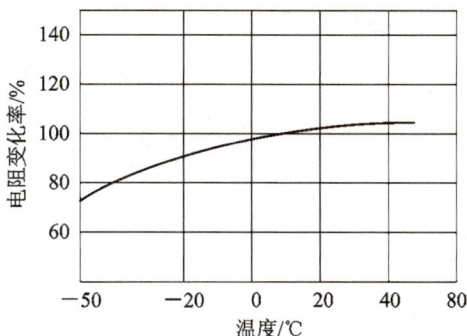

图 6-23 光敏电阻 GL5516 的温度特性曲线

6.2.3 光敏电阻 GL5516 硬件接口电路设计

GL5516 光敏电阻实训原理图如图 6-24 所示。主控芯片 STM32F407ZGT6 的最小系统及人机接口原理图见附录 A，这里仅给出光敏电阻 GL5516 的设计及信号调理原理图，GL5516 输出信号经过调理电路后接 STM32F407 的 PF4 引脚，4 个 LED 灯中的 LED1 接 PB0 引脚，LED2 接 PA3 引脚，LED3 接 PD5 引脚，LED4 接 PF2 引脚。

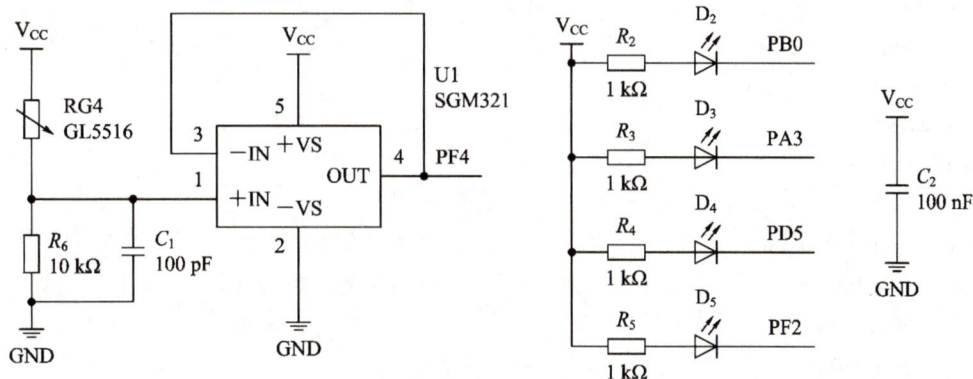

图 6-24 GL5516 光敏电阻实训原理图

6.2.4 程序设计

本次实训的任务是采用光敏电阻 GL5516 对光的强度进行检测。根据原理图设计，如果光的强度发生变化，那么采集信号的电压值也会随之发生变化，A/D 转换用 STM32F407ZGT6 外设 ADC 完成，实训的任务功能由 main.c、STM32F40x_ADC.c 程序文件来完成，STM32F40x_ADC.c 完成 ADC 外设的配置及 A/D 转换，main.c 将采集到的模拟信号数据通过 LCD 液晶屏显示，并根据光的亮度控制 LED 灯的亮灭。

本实训程序设计要点如下：

(1) 配置 RCC 寄存器组，打开 ADC 设备时钟，打开 GPIOF、GPIOA、GPIOB、GPIOD 设备时钟；

(2) 配置 GPIOF.4 为模拟输入模式，配置 GPIOA.3、GPIOB.0、GPIOD.5、GPIOF.2 为推挽、输出模式，无上拉 / 下拉电阻；

(3) A/D 转换、数据处理、LCD 显示和 LED 发光二极管的控制。

鉴于篇幅限制，这里仅给出 main.c 程序清单，扫描右下侧二维码可以获得本次实训的完整工程文件。

光敏电阻
应用实训

```c
#include"main.h"
#include"delay.h"
#include"string.h"
#include"stdio.h"
#include"STM32F40x_GPIO_Init.h"
#include"STM32F40x_Usart_eval.h"
#include"STM32F40x_Timer_eval.h"
#include"Mfrc522.h"
#include"STM32F40x_SPI_eval.h"
#include"STM32F40x_LCD_SPI.h"
#include"STM32F40x_ADC.h"
extern __IO uint16_t Tim3_Cont_val;
uint8_t tmp = 0;
u16 temp;
float vol_f;
u16 vol;
u8 hall_sw;
int main(void)
{
    sensor_GPIO_Init();                              //GPIO 初始化
    delay_Init();                                    ///SysTick 定时器初始化
    Usart1_Init();
    delay_ms(100);
    printf("USART1 Init OK\r\n");
    gpio_lcd_init();
    STM_SPI1_2_Init();
    delay_ms(100);
    LCD_Init();
    LCD_Clean(BACKGROND);
    LCD_ShowString(0, 0,"ADC_CODE:", 32, TYPEFACE);
    LCD_ShowString(0, 32,"ADC_VOL:", 32, TYPEFACE);
    LCD_ShowString(272, 32,"mV", 32, TYPEFACE);
    a_ADC_configuration();
    GPIO_init_all();
    LED1_ON;
    LED2_ON;
    LED3_ON;
```

```
        LED4_ON;
        delay_ms(1000);
        LED1_OFF;
        LED2_OFF;
        LED3_OFF;
        LED4_OFF;
    while (1)
{
    temp = a_getADC();                    //A/D 采样
    vol_f = (float)temp;                  //A/D 采集数据强制转换为浮点数据
    vol_f = vol_f*3300/4096;              // 数据处理、计算电压值
    vol = (u16)vol_f;                     // 转换成整形数据
    LCD_Draw_Rect_Win(200,0,64,32,BACKGROND);
    LCD_ShowNum(200, 0, temp, 4, 32, TYPEFACE);
    LCD_Draw_Rect_Win(200,32,64,32,BACKGROND);
    LCD_ShowNum(200, 32, vol, 4, 32, TYPEFACE);
    printf("ADC_CODE = %d          ",temp);
    printf("ADC_VOL = %d          ",vol);
    printf("\r\n");

if(vol>300)
        LED4_ON;
    else
        LED4_OFF;
    if(vol>400)
        LED3_ON;
    else
        LED3_OFF;
    if(vol>500)
        LED2_ON;
    else
        LED2_OFF;
    if(vol>600)
        LED1_ON;
    else
        LED1_OFF;
    delay_ms(100);


}
}
```

6.2.5 程序运行结果

获得整个工程文件后，编译并运行程序，实训结果如图 6-25 所示，可以看到液晶显示屏显示采集到的数字量、电压值，当光的强度发生变化时，采集值也会随之变化，同时可以看到 LED 的亮灭情况。

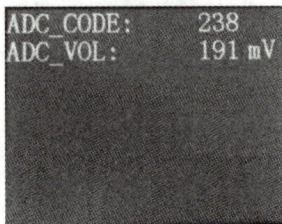

图 6-25　实训结果

6.3　热释电人体红外传感器实训

6.3.1　实训目的及要求

通过实训，掌握热释电人体红外传感器 RE200B 和红外人体感应芯片 BISS0001 的工作原理与应用电路、BISS0001 芯片与 STM32F407ZGT6 的接口技术以及 STM32F407 芯片 I/O 口的编程技术，学会用热释电人体红外传感器 RE200B 和红外人体感应芯片 BISS0001 组成的模块对人体进行检测，当在检测范围内有人走动时，在液晶显示屏幕上显示"Some one"，没有人则显示"No one"。

6.3.2　传感器 RE200B 和 BISS0001 芯片简介

1. 热释电人体红外传感器 RE200B 简介

热释电人体红外传感器 RE200B 采用热释电材料极化随温度变化的特性探测红外辐射，采用双灵敏元互补方法抑制温度变化产生的干扰，如图 6-26 所示。

图 6-26　热释电人体红外传感器 RE200B

热释电人体红外传感器 RE200B 的特点是灵敏度高、温度稳定性高、优越的信噪比、优越的性价比、可靠性高、寿命长、体积小、抗干扰能力强。其主要技术参数如下：

(1) 封装：TO-5。

(2) 红外接收电极：2 mm × 1 mm，2 个灵敏单元。

(3) 窗口尺寸：3 mm × 4 mm。

(4) 接收波长：7～14 μm。

(5) 输出信号峰值：≥3500 mV。

(6) 灵敏度：≥3200 V/m。

(7) 探测率：$1.4 × 10^8$ cmHz$^{1/2}$/W。

(8) 噪声峰值：<70 mV。

(9) 输出平衡度：<10%。

(10) 源极电压：0.2～1.5 V。

(11) 电源电压：2～15 V。

(12) 工作温度：-30～70℃。

2. 人体红外感应芯片 BISS0001 简介

BISS0001 是一款具有较高性能的传感信号处理集成电路 (如图 6-27 所示)，配以热释电红外传感器和少量外接元器件就可构成被动式的热释电红外开关、报警用人体热释电传感器等。它能自动快速开启各类白炽灯、荧光灯、蜂鸣器、自动门、电风扇、烘干机、洗手池自来水自动阀门等装置，特别适用于企业、宾馆、商场、库房及家庭的过道、走廊等区域，或用于安全区域的自动灯光、照明和报警系统。其主要特点如下：

(1) CMOS 数 / 模混合专用集成电路；

(2) 具有独立的高输入阻抗运算放大器；

(3) 可与多种传感器匹配，进行信号预处理；

(4) 双向鉴幅器可有效抑制干扰；

(5) 内设延迟时间计时器和封锁时间计时器；

(6) 结构新颖，稳定可靠，调节范围宽；

(7) 内置参考电源；

(8) 工作电压范围宽 (+3～+5 V)；

(9) 封装形式为 SOP16 或 DIP16。

图 6-27 人体红外感应芯片 BISS0001

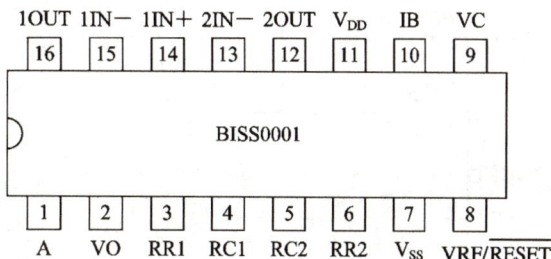

图 6-28 BISS0001 引脚配置图

1) BISS0001 芯片引脚定义

图 6-28 为红外人体感应芯片 BISS0001 的引脚配置图，各引脚定义见表 6-1。

表6-1 红外人体感应芯片 BISS0001 的引脚定义

引脚	名 称	I/O	功 能 说 明
1	A	I	可重复触发和不可重复触发选择端，当 A 为 "1" 时，允许重复触发；反之，不可重复触发
2	VO	O	控制信号输出端，由 VS 的上跳前沿使 VO 输出，从低电平跳变到高电平视为有效触发。在输出延迟时间 Tx 之外和无 VS 上跳变时，VO 保持低电平状态
3	RR1	—	输出延迟时间 Tx 的调节端
4	RC1	—	输出延迟时间 Tx 的调节端
5	RC2	—	触发封锁时间 Ti 的调节端
6	RR2	—	触发封锁时间 Ti 的调节端
7	V_{ss}	—	工作电源负端
8	VRF / $\overline{RESET}$	I	参考电压及复位输入端，通常接 V_{DD}，当接 "0" 时可使定位器复位
9	VC	I	触发禁止端，当 VC＜VR 时禁止触发 (VR≈0.2V_{DD})
10	IB	—	运算放大器偏置电流设置端
11	V_{DD}	—	工作电源正端
12	2OUT	O	第二级运算放大器的输出端
13	2IN-	I	第二级运算放大器的反相输入端
14	1IN+	I	第一级运算放大器的同相输入端
15	1IN-	I	第一级运算放大器的反相输入端
16	1OUT	O	第一级运算放大器的输出端

2) BISS0001 芯片的工作原理

BISS0001 的内部框图如图 6-29 所示，外接元件由使用者根据需要选择。由图 6-29 可

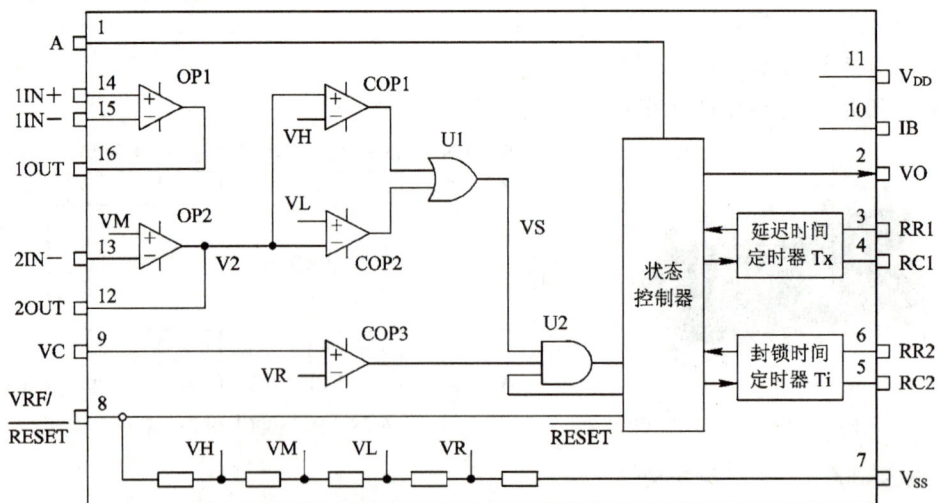

图6-29 红外人体感应芯片 BISS0001 内部框图

见，BISS0001 是由运算放大器、电压比较器、状态控制器、延迟时间定时器、封锁时间定时器及参考电压源等构成的混合专用集成电路。根据引脚"A"的电平，BISS0001 有两种触发方式：当"A"引脚为"0"时，不可重复触发；当"A"引脚为"1"时，可重复触发。

　　BISS0001 不可重复触发工作方式的各点工作波形如图 6-30 所示。首先，根据实际需要，利用运算放大器 OP1 组成传感信号预处理电路，将信号放大。然后耦合给运算放大器 OP2，再进行第二次放大，同时将直流电位抬高为 VM≈0.5V_{DD}，将输出信号 V2 送到由比较器 COP1 和 COP2 组成的双向鉴幅器，检出有效触发信号 VS。由于 VH≈0.7V_{DD}，VL≈0.3V_{DD}，所以，当 V_{DD} = 5 V 时，可有效抑制 ±1 V 的噪声信号，提高系统的可靠性。COP3 是一个条件比较器。当输入电压 VC＜VR(≈0.2V_{DD}) 时，COP3 输出为低电平，封住了与门 U2，禁止触发信号 VS 向下级传递；而当 VC＞VR，COP3 输出为高电平，进入延时周期。当 A 端接"0"电平时，在 Tx 时间内任何 V2 的变化都被忽略，直到 Tx 时间结束，即所谓的不可重复触发工作方式。当 Tx 时间结束时，VO 下跳回低电平，同时启动封锁时间定时器而进入封锁周期 Ti。在 Ti 时间内，任何 V2 的变化都不能使 VO 跳变为有效状态 (高电平)，可有效抑制负载切换过程中产生的各种干扰。

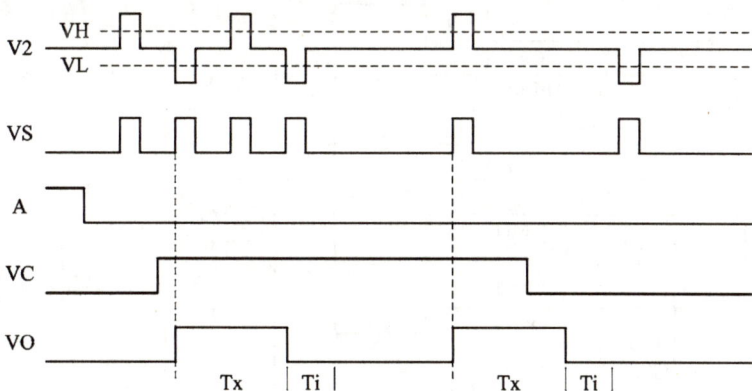

图 6-30　BISS0001 不可重复触发工作方式各点工作波形

　　BISS0001 可重复触发工作方式的各点工作波形如图 6-31 所示。在 VC = "0"、A = "0"期间，信号 VS 不能触发 VO 为有效状态。在 VC = "1"、A = "1"时，VS 可重复触发 VO

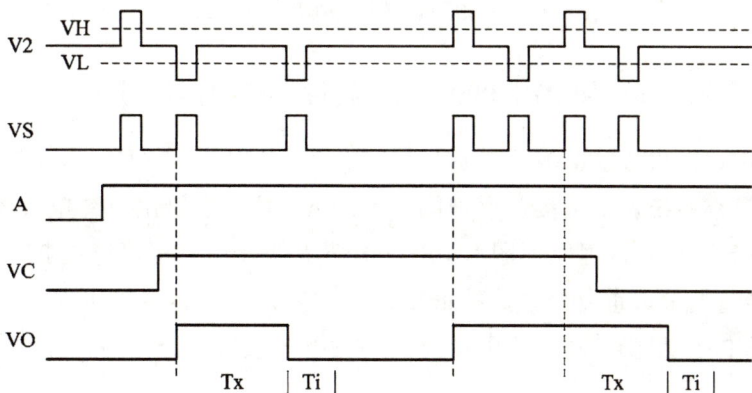

图 6-31　BISS0001 可重复触发工作方式各点工作波形

为有效状态，并可促使 VO 在 Tx 周期内一直保持有效状态。在 Tx 时间内，只要 VS 发生上跳变，则 VO 将从 VS 上跳变时刻起继续延长一个 Tx 周期；若 VS 保持为"1"状态，则 VO 一直保持有效状态；若 VS 保持为"0"状态，则在 Tx 周期结束后，VO 恢复为无效状态，并且，同样在封锁时间 Ti 时间内，任何 VS 的变化都不能触发 VO 为有效状态。

3) BISS0001 芯片的典型应用

图 6-32 为 BISS0001 芯片的典型应用电路图。图中，R_3 为光敏电阻，用来检测环境照度。当作为照明控制时，若环境较明亮，R_3 的电阻值会降低，使 9 脚的输入保持为低电平，从而封锁触发信号 VS。SW1 是工作方式选择开关，当 A 接高电平时，芯片处于可重复触发工作方式；当 A 接低电平时，芯片则处于不可重复触发工作方式。输出延迟时间 Tx 由外部的 R_{10} 和 C_6 的大小调整，值为 $Tx \approx 49\ 152 \times R_{10} \times C_6$；触发封锁时间 Ti 由外部的 R_9 和 C_7 的大小调整，值为 $Ti \approx 48 \times R_9 \times C_7$。

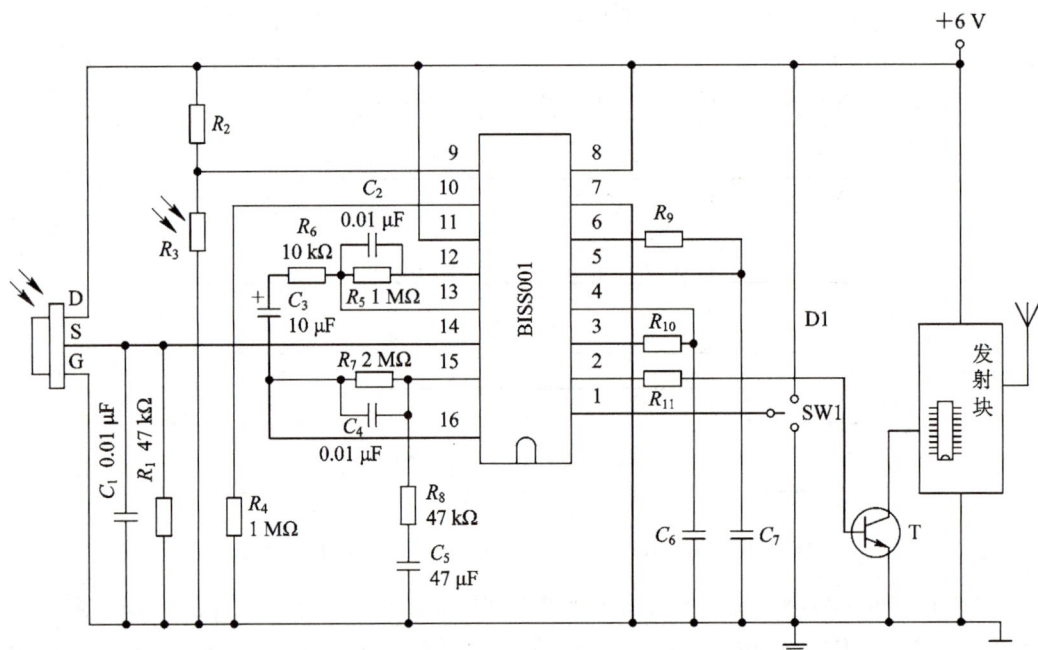

图 6-32　BISS0001 芯片的典型应用电路图

6.3.3　传感器 RE200B 和 BISS0001 芯片硬件接口电路设计

传感器 RE200B 和 BISS0001 芯片应用接口电路设计如图 6-33 所示。主控芯片 STM32-F407ZGT6 的最小系统及人机接口原理图见附录 A，这里仅给出热释电人体红外感应传感器的应用设计及信号调理原理图，BISS0001 芯片的 1 引脚可以通过 P5 端子接高电平或低电平，接高电平可重复触发，接低电平单次触发。传感器输出信号经过调理后接 STM32F407 的 PF15 引脚，同时该引脚接 LED 发光二极管，当检测到有人经过时，发光二极管点亮。

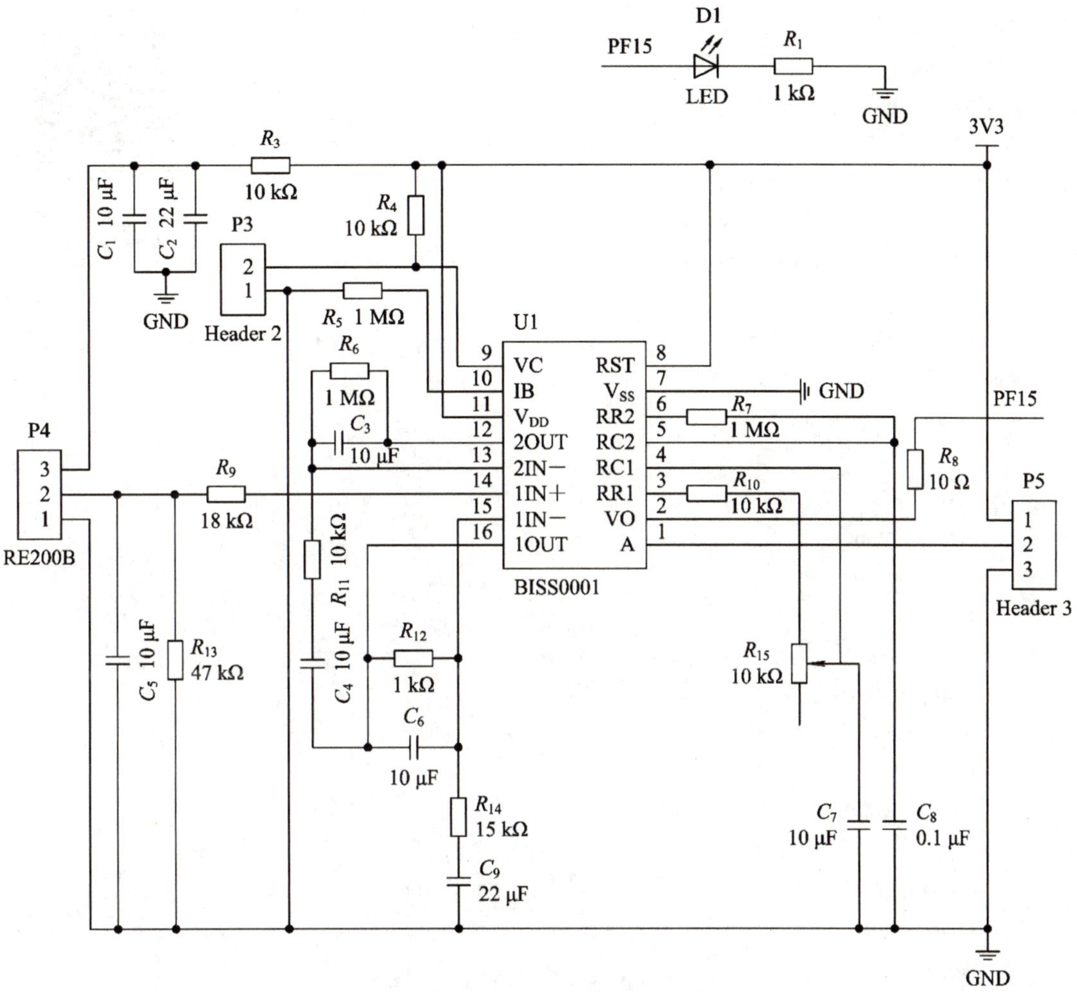

图 6-33　热释电人体红外感应传感器实训原理图

6.3.4　程序设计

本次实训的任务是采用人体热释电模块对人体进行检测，人体热释电模块输出的量是开关量，所以本次实训任务的完成主要是 STM32F407ZGT6 芯片 GPIO 的使用，该任务功能由 main.c、STM32F40x_GPIO_Init.c 程序文件来完成，STM32F40x_GPIO_Init.c 完成 GPIO 的配置，main.c 将检测结果通过 LCD 液晶屏显示。

本实训程序设计要点如下：

(1) 配置 RCC 寄存器组，开启 GPIOF 时钟；

(2) 配置 GPIOF.15 为推挽、输入模式，无上拉 / 下拉电阻；

(3) I/O 口的使用、LCD 显示。

鉴于篇幅限制，这里仅给出 main.c 程序清单，扫描下页右侧二维码可以获得本次实训的完整工程文件。

```c
#include"main.h"
#include"delay.h"
#include"string.h"
#include"stdio.h"
#include"STM32F40x_GPIO_Init.h"
#include"STM32F40x_Usart_eval.h"
#include"STM32F40x_Timer_eval.h"
#include"Mfrc522.h"
#include"STM32F40x_SPI_eval.h"
#include"STM32F40x_LCD_SPI.h"
  void delay_us(u16 time)
 {
    u16 i,j;
    for(i=0;i<time;i++)
    {    for(j=0;j<10;j++);
    }
}
    uint8_t tmp = 0;
    u8 read_bit;
    u8 read_ok;
    int main(void)
{
    delay_Init();                     ///SysTick 定时器初始化
    Usart1_Init();
    delay_ms(100);
    printf("USART1 Init OK\r\n");
    gpio_lcd_init();
    STM_SPI1_2_Init();
    delay_ms(100);
    LCD_Init();
    LCD_Clean(BLUE);
    GPIO_init_all();
    MODE_L;
  while (1)
  {  read_bit = READ_OUT;           // 读 I/O 口电平

    if(read_bit==0)                  // 如果是 0，则显示 "No one"，表示没人
    {    LCD_Draw_Rect_Win(0,0,200,32,BLUE);
        LCD_ShowString(0, 0,"No one", 32, TYPEFACE);
    }
    else                            // 否则，则显示 "Some one"，表示有人
```

热释电人体红外
传感器实训

```
    {   LCD_Draw_Rect_Win(0,0,200,32,BLUE);
        LCD_ShowString(0, 0,"Some one", 32, TYPEFACE);
    }
    delay_ms(100);
    }
}
```

6.3.5 程序运行结果

获得整个工程文件后，编译并运行程序，实训结果如图 6-34 所示，可以看到液晶显示 "Some one"，表示在热释电传感器检测范围内有人走动。

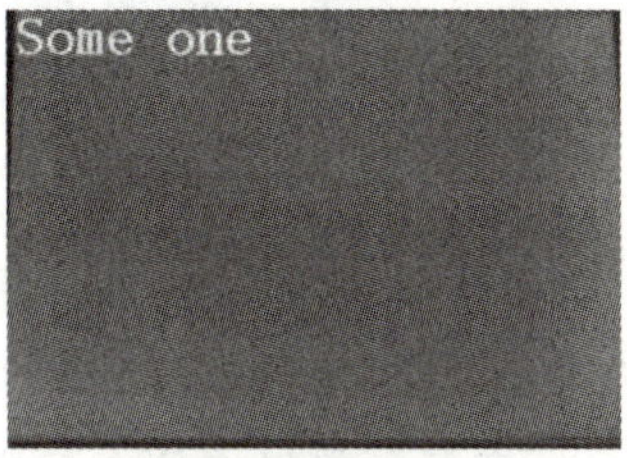

图 6-34 实训结果

🛫 矢志不移，筑梦苍穹

自 2021 年 4 月 29 日天和核心舱成功发射，到 2023 年初，中国完成了天宫空间站的在轨建造，这标志着中国在近地轨道上具备了大型航天器组装建造的能力，也代表中国航天 "三步走" 战略重要目标的达成。

天宫空间站的建成是中国航天史上的一个重要里程碑，标志着中国已经成为世界上少数几个拥有自主建设和运营空间站能力的国家之一。

光检测传感器在天宫项目中扮演了关键角色。

(1) 环境光强度检测：在太空舱内部，为了营造适宜的光照环境，确保航天员的视觉舒适度和生物钟调节，光检测传感器可以用来自动调节舱内照明系统的亮度，根据外部环境或预定程序调整光线强度。

(2) 安全监测：光检测传感器能够用于检测异常光线，比如在火灾预警系统中，光检测传感器对火焰或高温产生的红外线、紫外线进行监测，确保航天器的安全运行。

(3) 科学研究实验：在执行各种太空科学实验时，光检测传感器可用于监测实验条件，如光照强度、光谱成分等，确保实验数据的准确性与可重复性。

这些应用展示了光检测传感器在复杂太空环境下所展现出的高精度、高可靠性和适应性，是现代航天工程中不可或缺的技术组成部分。

💡 思考与练习

1. 光敏电阻、光电池以及热释电传感器的工作原理是什么？

2. 简述硅光电池的分类。目前普遍应用的太阳能电池有哪些？

3. 尝试利用热释电红外传感器制作一个语音提示装置，当有人通过时，发出提示音 "欢迎光临"。

项目7 空气检测

知识目标

理解和掌握常见空气检测传感器的工作原理和使用方法，了解空气检测传感器的基本参数和环境特性，熟悉各类空气检测传感器的应用领域。

技能目标

通过对常见空气检测传感器的了解和软件编程控制，掌握空气检测传感器的应用方法以及空气检测传感器和 STM32 的接口技术和编程技术。

空气检测是一项非常重要的任务，因为大气中的各种污染物对我们的健康和环境都有着严重的影响。空气检测主要包括空气成分检测、温度检测、湿度检测等方面。空气检测的方法有光谱法、质谱法、电化学法、化学分析法、传感器网络法等。本项目根据生产生活的实际需求，介绍常见空气检测传感器，主要包括 PM2.5 空气质量传感器、电解质湿度传感器、半导体陶瓷湿度传感器。

7.1 认识空气检测传感器

随着社会的发展以及生活水平的提高，人们对环境的要求越来越高，其中每天与人类相伴的空气质量日益受到重视，与空气质量相关的传感器发展日新月异。空气检测涉及的范围非常广泛，与生产生活息息相关，空气质量 PM2.5、甲醛 (HCOC)、甲烷 (CH_4) 含量检测已经有成熟的产品，传感器产品也已经发展多年，空气温度和湿度检测更是检测手段多样，产品丰富。

7.1.1 PM2.5 检测传感器

因为空气质量的恶化，阴霾天气现象增多，危害着人们的身体健康，我国不少地区把阴霾天气并入雾一起作为灾害性天气，统称为"雾霾天气"。

1. PM2.5 的定义

雾霾主要由 PM2.5、PM10 以及重金属镍、砷、铬、铅等颗粒物组成。在空气动力学和环境气象学中，颗粒物是按直径大小来分类的，粒径小于 100 μm 的称为 TSP(Total Suspended Particle)，即总悬浮物颗粒；粒径小于 10 μm 的称为 PM10(PM 为 Particulate Matter 的缩写)，即可吸入颗粒物；粒径小于 2.5 μm 的称为 PM2.5，即可入肺颗粒物，它的直径仅相当于人的头发丝粗细的 1/20。

2. PM2.5 的来源

细颗粒物的化学成分主要包括有机碳 (OC)、元素碳 (EC)、硝酸盐、硫酸盐、铵盐、钠盐 (Na+)，主要有自然和人为两种来源，后者危害较大。

细颗粒物的自然源包括土壤扬尘 (含有氧化物矿物和其他成分)、海盐 (颗粒物的第二大来源，其组成与海水的成分类似)、植物花粉、细菌等。大自然中的灾害事件 (如火山爆发向大气中排放了大量的火山岩灰，森林大火及沙尘暴事件，都会将大量细颗粒物输送到大气中) 也是 PM2.5 颗粒的来源之一。

人为源包括固定源和流动源。固定源包括各种燃料燃烧源，如发电、冶金、石油、化学、纺织印染等各种工业过程中，以及供热、烹调过程中燃煤、燃气或燃油排放的烟尘。流动源主要是各类交通工具在运行过程中使用燃料时向大气中排放的尾气。

除自然源和人为源之外，大气中的气态前体污染物会通过大气化学反应生成二次颗粒物，实现由气体到粒子的相态转换。如气态硫酸来自 OH 自由基氧化 SO_2 的气态反应。盐的水合物，如 $xCl \cdot yH_2O$、$xNO_3 \cdot yH_2O$、$xSO_4 \cdot yH_2O$，随着湿度的变化，水合物对 PM2.5 的影响较大，水不仅与盐化合物生成水合物，由于湿度的改变还形成了盐的微小溶液液滴。

3. PM2.5 的危害

虽然 PM2.5 只是地球大气成分中含量很少的组分，但它与较粗的大气颗粒物相比，粒径小，富含大量的有毒、有害物质，且在大气中的停留时间长、输送距离远，因而对人体健康和大气环境质量影响更大。表 7-1 列出了 PM2.5 浓度与空气质量的关系，其主要危害如下：

(1) 呼吸系统损害：PM2.5 能够穿过人体呼吸道进入肺部，对呼吸系统造成损伤，导致咳嗽、气喘、支气管炎等问题。

(2) 心血管疾病：PM2.5 能够进入血液循环系统，影响心血管健康，增加患上心脏病和中风的风险。

(3) 癌症：长期暴露在 PM2.5 高污染环境中，会增加患上肺癌和其他癌症的风险。

(4) 神经系统问题：PM2.5 被吸入后可以通过气道到达大脑，可能会对神经系统产生负面影响，如头痛、眩晕和注意力不集中等问题。

(5) 遮光：PM2.5 会使空气变得浑浊，遮光效应也会影响能见度和光线透过能力，对交通、环境等产生影响。

表 7-1　PM2.5 浓度与空气质量的关系

PM2.5 浓度范围 /($\mu g/m^3$)	空气质量
0～35	优
35～75	良
75～115	轻度污染
115～150	中度污染
150～250	重度污染
大于 250	严重污染

4. PM2.5 的检测方法及工作原理

1) 浊度法

所谓浊度法，就是测量发射端和接收端的光线强度，进而计算出光线能量的衰减，空气越浑浊，光线损失掉的能量就越大，由此来判定目前的空气浊度。实际上这种方法是不能够准确测量 PM2.5 微颗粒物的，甚至光线的发射、接收部分一旦被静电吸附的粉尘覆盖，就会直接导致测量不精准。这种方法做出来的传感器只能定性测量（可以测出相对多少），不能定量测量。更何况这种方法也区分不出颗粒物的粒径来，所以凡是基于这种原理的传感器，性能相对都差一些。

2) 激光法

激光法的工作原理是激光发射器发射的激光被空气中的粉尘反射时，粉尘的反射光强度与粉尘浓度成正比，反射光再经过光电转换器转换成光电流，最后再由光电流积分电路转换成光电脉冲数，粉尘的浓度值就是以计算的脉冲数为基准。这一类的传感器共同的特点就是离不开风扇（或者用采样泵吸），因为这种方法空气如果不流动是测量不到空气中的悬浮颗粒物的。该类传感器通过数学模型可以大致推算出经过传感器气体的粒子大小、空气流量等，经过复杂的数学算法，最终得到比较真实的 PM2.5 数值。

3) Beta 射线法

Beta 射线法利用了 Beta 射线衰减的原理。工作时，将环境空气由采样泵吸入采样管，经过滤膜后排出，在这个过程中，空气中的颗粒物沉淀在滤膜上；当 Beta 射线通过沉积着颗粒物的滤膜时，Beta 射线的能量会被衰减，通过对衰减量的测定便可计算出颗粒物的浓度。

4) 微量振荡天平法

微量振荡天平法是在质量传感器内使用一个振荡空心锥形管，在其振荡端安装可更换的滤膜，振荡频率取决于锥形管的特征和质量。当采样气流通过滤膜，其中的颗粒物沉积在滤膜上，滤膜的质量变化导致振荡频率的变化，通过振荡频率变化计算出沉积在滤膜上颗粒物的质量，再根据流量、现场环境温度和气压计算出该时段颗粒物标志的质量浓度。

5) 重量法

重量法的原理是分别通过一定切割特征的采样器，以恒速抽取定量体积空气，使环境空气中的 PM2.5 和 PM10 颗粒物被截留在已知质量的滤膜上，根据采样前后滤膜的质量差和采样体积，计算出颗粒物 PM2.5 和 PM10 的浓度。必须注意的是，计量颗粒物的单位

μg/m³ 中分母的体积应该是标准状况下 (0℃、101.3 kPa) 的体积，实测温度、压力下的体积均应换算成标准状况下的体积。

7.1.2 湿度检测传感器

随着现代工农业技术的发展及生活条件的提高，湿度的检测与控制成为生产和生活中必不可少的手段。例如：大规模集成电路生产车间，当其相对湿度低于 30% 时，容易产生静电而影响生产；在农业上，先进的工厂式育苗、食用菌的培养与生产、水果与蔬菜的保鲜等都离不开湿度的检测与控制。

湿敏元件是指对环境湿度具有响应或将湿度转换成相应可测信号的元件。湿敏元件主要有电阻式、电容式两大类。湿敏电阻的特点是在基片上覆盖一层用感湿材料制成的膜，当空气中的水蒸气吸附在感湿膜上时，元件的电阻率发生变化，从而使其电阻值也发生相应的变化，利用这一特性即可测量湿度。湿敏电容一般是用高分子薄膜电容制成的，常用的高分子材料有聚苯乙烯、聚酰亚胺、酪酸醋酸纤维等。当环境湿度发生改变时，湿敏电容的介电常数发生变化，使其电容量也发生变化，其电容变化量与相对湿度成正比。

1. 湿度的定义

空气的干湿程度叫作湿度，常用绝对湿度、相对湿度、比较湿度、混合比、饱和差以及露点等物理量来表示。

1) 绝对湿度 (Absolute Humidity)

绝对湿度是指在一定温度和压力条件下，每单位体积 (1 m³) 的混合气体中所含水蒸气的质量 (g)，单位为 g/m³，一般用符号 AH 表示。它的极限是饱和状态下的最高湿度。绝对湿度只有与温度联系起来才有意义，因为空气中的湿度是随温度的变化而变化的。

2) 相对湿度 (Relative Humidity)

相对湿度是指空气中实际水汽压与当时温度下饱和水汽压的百分比，日常生活中，常用相对湿度表示湿度大小，它是一个无量纲的量。例如，20%RH，表示空气相对湿度为20%。相对湿度为 100% 的空气就是水蒸气饱和的空气。相对湿度同样也与温度联系起来才有意义，通过相对湿度和温度也可以换算出表示温度的其他参数。

3) 露点与霜点 (Dew Point and Frost Point)

湿空气在气压不变条件下使其所含水蒸气冷却达到饱和状态时的温度称为露点温度或露点。若露点温度低于 0℃，水汽将凝结成霜，称为霜点温度或霜点。

2. 湿度传感器的分类

湿度传感器，基本形式都为利用湿敏材料对水分子的吸附能力或对水分子产生物理效应的方法测量湿度。现代工业技术要求高精度、高可靠和连续地测量湿度，因而陆续出现了种类繁多的湿敏元件。

根据测量湿度的方式，湿敏元件主要分为两大类：水分子亲和力型湿敏元件和非水分子亲和力型湿敏元件。利用水分子有较大的偶极矩、易于附着并渗入固体表面的特性制成的湿敏元件称为水分子亲和力型湿敏元件。例如，利用水分子附着或浸入某些物质后，其电气性能 (电阻值、介电常数等) 发生变化的特性，可制成电阻式湿敏元件、电容式湿敏元件；利用水分子附着后引起材料长度发生变化的特性，可制成尺寸变化式湿敏元件，如毛发湿度计。另一类非亲和力型湿敏元件利用其与水分子接触产生的物理效应来测量湿度。例如，利用热力学方法测量的热敏电阻式湿度传感器，利用水蒸气能吸收某波长段的红外线的特性制成的红外线吸收式湿度传感器等。

根据湿度传感器的制造材料，湿度传感器可以分为：

(1) 电解质型。以氯化锂为例，它在绝缘基板上制作一对电极，涂上氯化锂盐胶膜。氯化锂极易潮解，并产生离子导电，随湿度升高而电阻减小。

(2) 陶瓷型。一般以金属氧化物为原料，通过陶瓷工艺制成一种多孔陶瓷。陶瓷型湿度传感器利用多孔陶瓷的阻值对空气中水蒸气的敏感特性而制成。

(3) 高分子型。先在玻璃等绝缘基板上蒸发梳状电极，通过浸渍或涂覆，使其在基板上附着一层有机高分子感湿膜。有机高分子的材料种类很多，工作原理也各不相同。

(4) 单晶半导体型。所用材料主要是硅单晶，利用半导体工艺制成，如二极管湿敏器件、MOSFET 湿度敏感器件等。其特点是易于和半导体电路集成在一起。

3. 电解质湿敏传感器

电解质湿敏传感器是利用潮解性盐类受潮后电阻发生变化制成的湿敏元件，最常用的是电解质氯化锂 (LiCl)。从 1938 年顿蒙发明这种元件以来，在较长的使用实践中，人们对氯化锂的载体及元件尺寸做了许多改进，提高了它的响应速度，扩大了它的测湿范围。

氯化锂湿敏传感器是利用湿敏元件的电气特性 (如电阻值随湿度的变化而变化) 原理进行湿度测量的传感器，其结构如图 7-1 所示。湿敏元件一般是在绝缘物上浸渍吸湿性物质，或者通过蒸发、涂覆等工艺制备一层金属、半导体、高分子薄膜或粉末状颗粒而制作的，在湿敏元件的吸湿和脱湿过程中，水分子分解出的离子 H^+ 的传导状态发生变化，从而使元件的电阻值随湿度而变化。

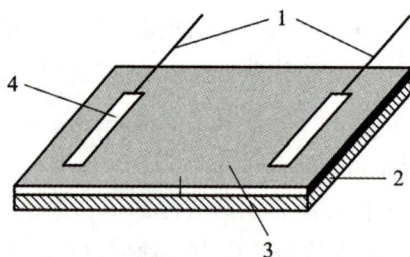

1—引线；2—基片；3—感湿层；4—金电极.

图 7-1　氯化锂湿敏传感器结构示意图

氯化锂通常与聚乙烯醇组成混合体，在氯化锂 (LiCl) 溶液中，Li 和 Cl 均以正负离子的形式存在，而 Li^+ 对水分子的吸引力强，离子水合程度高，其溶液中的离子导电能力与浓度成正比。当溶液置于一定温湿场中，若环境相对湿度高，溶液将吸收水分，使其浓度降低，因此，溶液电阻率增高。反之，环境相对湿度变低时，则溶液浓度升高，其电阻率下降，从而实现对湿度的测量。其电阻率和湿度之间的函数关系如图 7-2 所示。

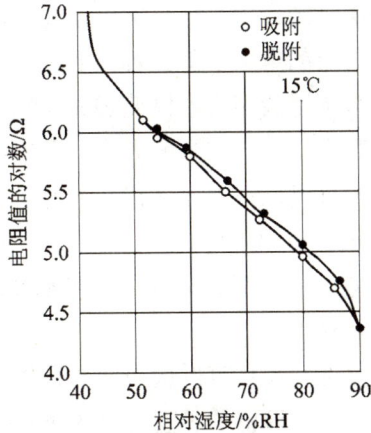

图 7-2 氯化锂湿度—电阻特性曲线

从图 7-2 可以看出，在相对湿度为 50%～80% 的范围内，电阻与湿度的变化呈线性关系。氯化锂湿敏元件的优点是滞后小，不受测试环境风速影响，检测精度高达 ±5%，但其耐热性差，不能用于露点以下测量，器件性能重复性不理想，使用寿命短。

4. 半导体陶瓷湿度传感器

通常，半导体陶瓷湿度传感器用两种以上的金属氧化物半导体材料混合烧结而成的多孔陶瓷。这些材料有 $ZnO\text{-}LiO_2\text{-}V_2O_5$ 系、$Si\text{-}Na_2O\text{-}V_2O_5$ 系、$TiO_2\text{-}MgO\text{-}Cr_2O_3$ 系、Fe_3O_4 等，前三种材料的电阻率随湿度增加而下降，故称为负特性湿敏半导体陶瓷；Fe_3O_4 的电阻率随湿度增加而增大，故称为正特性湿敏半导体陶瓷。半导体陶瓷可以简称为半导瓷。

1) 负特性湿敏半导瓷的导电机理

负特性湿敏半导瓷的湿导特性曲线如图 7-3 所示。由于水分子中的氢原子具有很强的正电场，当水在半导瓷表面吸附时，就有可能从半导瓷表面俘获电子，使半导瓷表面带负电。

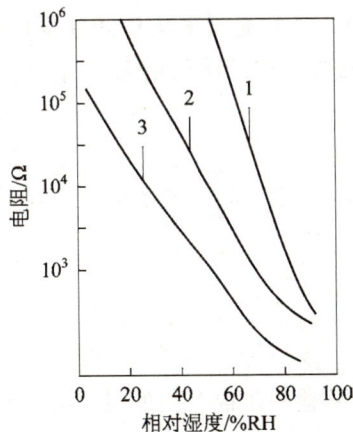

1—$ZnO\text{-}LiO_2\text{-}V_2O_5$ 系；2—$Si\text{-}Na_2O\text{-}V_2O_5$ 系；3—$TiO_2\text{-}MgO\text{-}Cr_2O_3$ 系。

图 7-3 负特性湿敏半导瓷的湿导特性曲线

　　如果该半导瓷是 P 型半导体，则由于水分子附着使其表面电势下降，这将吸引更多的空穴到达其表面，于是，其表面层的电阻下降。若该半导瓷为 N 型，则由于水分子的附着使表面电势下降，如果表面电势下降较多，不仅使表面层的电子耗尽，同时吸引更多的空穴达到表面层，有可能使到达表面层的空穴浓度大于电子浓度，出现所谓表面反型层，这些空穴称为反型载流子，它们同样可以在表面迁移而表现出电导特性。因此，由于水分子的附着，使 N 型半导瓷材料的表面电阻下降。

　　由此可见，不论是 P 型还是 N 型半导瓷，其电阻率都随湿度的增加而下降。

2) 正特性湿敏半导瓷的导电机理

　　正特性湿敏半导瓷的导电机理的解释可以认为这类材料的结构、电子能量状态与负特性材料有所不同。当水分子附着在半导瓷的表面使电势变负时，导致其表面层电子浓度下降，但这还不足以使表面层的空穴浓度增加到出现反型程度，此时仍以电子导电为主。于是，表面电阻将由于电子浓度下降而加大，这类半导瓷材料的表面电阻将随湿度的增加而加大。如图 7-4 所示为 Fe_3O_4 正特性半导瓷湿敏电阻阻值与湿度的关系曲线。

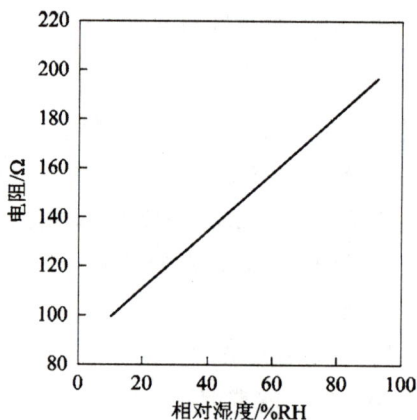

图 7-4　Fe_3O_4 半导瓷的正湿敏特性曲线

　　从图 7-3 与图 7-4 可以看出，当相对湿度从 0%RH 变化到 100%RH 时，负特性材料的阻值均下降 3 个数量级，而正特性材料的阻值增大了约一倍。

7.2　空气湿度检测实训

7.2.1　实训目的及要求

　　通过运用 DHT11 温湿度传感器对当前空气的温、湿度进行测量，了解 DHT11 温湿度传感器的基本原理和使用方法，掌握 DHT11 温湿度传感器与 STM32F407ZGT6 芯片的接口技术及编程技术，掌握使用 keil 软件进行程序设计以及下载和仿真的方法，并在液晶显示屏幕显示当前空气的温湿度。

7.2.2   DHT11 数字温湿度传感器简介

1. DHT11 的性能指标

DHT11 数字温湿度传感器是一款含有已校准数字信号输出的温湿度复合传感器，内部由一个 8 位单片机控制一个电阻式感湿元件和一个 NTC 测温元件。其主要参数如下：

(1) 工作电压：3.0～5.5 V。

(2) 外形尺寸：23.2(L)mm × 12.5(W)mm。

(3) 测量范围：温度：−20～+60℃；湿度：5%RH～95%RH。

(4) 精度：温度：±2℃；湿度：±5%RH(25℃)。

(5) 分辨率：温度：1℃；湿度：1%RH。

(6) 衰减值：温度：<0.1℃/年；湿度：<1%RH/年。

(7) 输出信号：单总线数字信号。

(8) 重量：1 g。

2. DHT11 的封装

图 7-5 为 DHT11 温湿度传感器外形及引脚定义图。DHT11 电路很简单，只需要将 DATA 引脚连接到单片机的一个 I/O 即可，不过该引脚需要上拉一个 5 kΩ 的电阻，DHT11 的供电电压为 3～5.5 V。

图 7-5   DHT11 温湿度传感器外形及引脚定义

3. DHT11 的数据协议

DHT11 虽然也是采用单总线协议，但是该协议与 DS18B20 的单总线协议稍微有些不同。DHT11 采用单总线协议与单片机通信，单片机发送一次复位信号后，DHT11 从低功耗模式转换到高速模式，等待主机复位结束后，DHT11 发送响应信号，并拉高总线准备传输数据。一次完整的数据为 40 bit，按照高位在前、低位在后的顺序传输。

DHT11 的数据格式为：8 bit 湿度整数数据 + 8 bit 湿度小数数据 + 8 bit 温度整数数据 + 8 bit 温度小数数据 + 8 bit 校验和，一共 5 字节 (40 bit) 数据。由于 DHT11 的分辨率只能精确到个位，所以小数部分数据全为 0。校验和为前 4 个字节数据相加，校验的目的是保证数据传输的准确性。

如图 7-6 所示为 DHT11 传感器的 1 帧数据，传感器数据输出的是未编码的二进制数据。数据 (湿度、温度、整数、小数) 之间应该分开处理。图 7-6 的 5 Byte 数据分别为：

湿度整数部分：00101101 = 2DH = 45%RH；

湿度小数部分：00000000 = 00H = 0.0%RH；

温度整数部分：00011100 = 1CH = 28℃；

温度小数部分：00000000 = 00H = 0.0℃；

Byte4	Byte3	Byte2	Byte1	Byte0
00101101	00000000	00011100	00000000	01001001
整数	小数	整数	小数	校验和
湿度		温度		校验和

图 7-6　DHT11 的 1 帧数据

校验和部分：(Byte4 + Byte3 + Byte2 + Byte1 = 01001001 = Byte5) 校验正确。

DHT11 只有在接收到开始信号后才触发一次温湿度采集，如果没有接收到主机发送复位信号，DHT11 不主动进行温湿度采集。当数据采集完毕且无开始信号时，DHT11 自动切换到低速模式。

注意： 由于 DHT11 对时序的要求非常严格，所以在操作时序的时候，为了防止中断干扰总线时序，先关闭总中断，操作完毕后再打开总中断。

4. DHT11 的操作时序

DHT11 的操作时序如图 7-7 所示，两部分的信号规定如下：深色细线是主机信号，浅色粗线是 DHT11 信号。

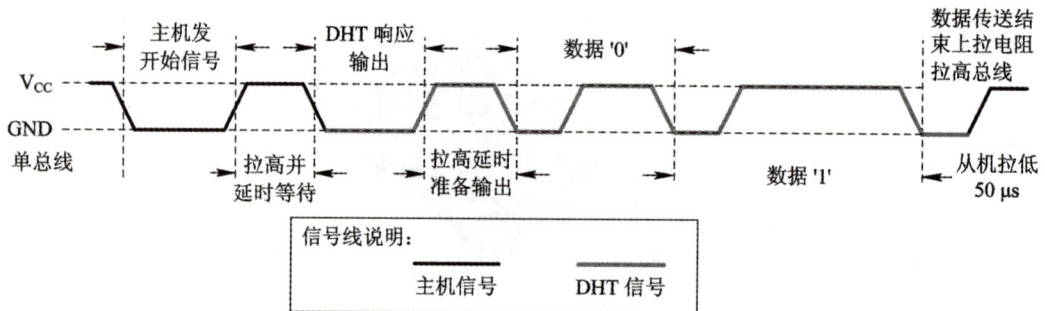

图 7-7　DHT11 操作时序

1) 主机发送复位信号

DHT11 的初始化过程同样分为复位信号和响应信号。

由于总线接有上拉电阻，总线空闲状态为高电平，首先主机拉低总线至少 18 ms，然后再拉高总线，延时 20～40 μs，可取中间值 30 μs，此时复位信号发送完毕。

2) DHT11 发送响应信号

DHT11 检测到复位信号后，触发一次采样，并拉低总线 80 μs 表示响应信号，告诉主机数据已经准备好了；然后 DHT11 拉高总线 80 μs，之后开始传输数据。如果检测到响应信号为高电平，则 DHT11 初始化失败，请检查线路是否连接正常。

当复位信号发送完毕后，如果检测到总线被拉低，就每隔 1 μs 计数一次，直至总线拉高，计算低电平时间；当总线被拉高后重新计数检测 80 μs 的高电平。如果检测到响应信号之后的 80 μs 高电平，就准备开始接收数据。实际上，DHT11 的响应时间并不是标准的 80 μs，往往存在误差，当响应时间处于 20～100 μs 之间时就可以认定响应成功。

3) 数据传输

DHT11 在拉高总线 80 μs 后开始传输数据。每 1 bit 数据都以 50 μs 的低电平时隙开始，告诉主机开始传输一位数据了。DHT11 以高电平的长短定义数据位是 0 还是 1，当 50 μs 低电平时隙过后拉高总线，高电平持续 26~28 μs 表示数据"0"，持续 70 μs 表示数据"1"。

当最后 1 bit 数据传送完毕后，DHT11 拉低总线 50 μs，表示数据传输完毕，随后总线由上拉电阻拉高进入空闲状态。

4) 区分数据 0、1 的方法

DHT11 以高电平的长短定义数据位是 0 还是 1，如果还是像检测响应时间那样计算高电平持续时间，那就太麻烦了。

数据"0"的高电平持续 26~28 μs，数据"1"的高电平持续 70 μs，每一位数据前都有 50 μs 的起始时隙。我们取中间值 40 μs 来区分数据"0"和数据"1"的时隙。当数据位之前的 50 μs 低电平时隙过后，总线肯定会拉高，此时延时 40 μs 后检测总线状态，如果为高，说明此时处于 70 μs 的时隙，则数据为"1"；如果为低，说明此时处于下一位数据 50 μs 的开始时隙，那么上一位数据肯定是"0"。

为什么延时 40 μs？由于误差的原因，数据"0"的时隙并不是准确的 26~28 μs，可能比这短，也可能比这长。当数据"0"的时隙大于 26~28 μs 时，如果延时太短，无法判断当前处于数据"0"的时隙还是数据"1"的时隙；如果延时太长，则会错过下一位数据前的开始时隙，导致检测不到后面的数据。

7.2.3 DHT11 硬件接口电路设计

DHT11 数字温湿度传感器实训原理图如图 7-8 所示。主控芯片 STM32F407ZGT6 的最小系统及人机接口原理图见附录 A，这里仅给出温湿度传感器 DHT11 的设计原理图，数据线 DATA 接 STM32F407ZGT6 的 PE13 引脚，数据线接 4.7 kΩ 上拉电阻，通过 IO 口 PB13 控制 LED 发光二极管，当湿度或温度超过设定阈值时，LED 点亮。

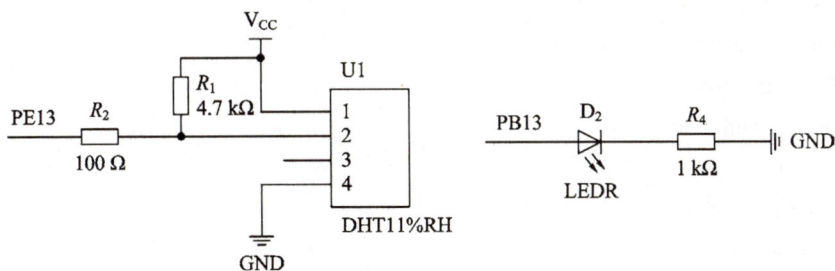

图 7-8 DHT11 数字温湿度传感器实训原理图

7.2.4 程序设计

本次实训的任务是采用 DHT11 数字温湿度传感器对当前室内湿度、温度进行检测。DHT11 数字传感器是 1-Wire 器件，利用 STM32F407ZGT6 的一个 I/O 口就可实现对 DHT11 的控制。该任务功能主要由 main.c 程序文件来实现，完成当前空气湿度、温度的采集，并通过 LCD 液晶屏显示。

本实训程序设计的要点如下：

(1) 配置 RCC 寄存器组，开启 GPIOE、GPIOB 时钟；

(2) 配置 GPIOE.13、GPIOB.13 为推挽、输出模式，无上拉 / 下拉电阻；

(3) DHT11 的复位、读写控制、温湿度读取、LCD 显示等。

鉴于篇幅限制，这里仅给出 main.c 源程序文件清单，扫描右下侧二维码可以获得本次实训的完整工程文件。

空气湿度
检测实训

```c
#include"main.h"
#include"delay.h"
#include"string.h"
#include"stdio.h"
#include"STM32F40x_GPIO_Init.h"
#include"STM32F40x_Usart_eval.h"
#include"STM32F40x_Timer_eval.h"
#include"Mfrc522.h"
#include"STM32F40x_SPI_eval.h"
#include"STM32F40x_LCD_SPI.h"
u8 Humidity[2];
u8 Temperature[2];
u8 check_bit;
u8 check_read;
u8 check_add;
void dht11_read(void)                                // 采集温湿度数据
{
    u8 i;
    u8 loop_bit;
    u8 read_data_new;
    u8 read_data_old;
    u16 time_buf[100];
    u16 count;
    u16 data_H_buf[100];
    u8 buf_count;
    for(i=0;i<100;i++)                                // 对数组初始化
    {
    time_buf[i] = 0;
    data_H_buf[i] = 0;
    }
    data_out_mode();                                 // 输出模式初始化
    // 主机发送开始信号 ( 复位信号 )
     DATA_L;                                         // 数据线拉低
```

```
delay_ms(20);
 DATA_H;                                              // 数据线拉高
data_in_mode();                                       // 输入模式初始化
loop_bit = 1;
buf_count = 0;                                        // 下降沿次数清 "0"
while(loop_bit)
{
read_data_new = READ_DATA;                            // 先读总线电平
if((read_data_new==0)&&(read_data_old==1))            // 判断是否为下降沿
{
    time_buf[buf_count] = count;                      // 将从上升沿到下降沿的时间间隙给数组
    buf_count++;                                      // 加 1，准备存储下一个数据
    count = 0;
}
if((read_data_new==1)&&(read_data_old==0))            // 判断是否为上升沿
{
    count = 0;
}
read_data_old = read_data_new;                        // 将总线电平暂存
count++;                                              // 计算时间间隙
if(count>=2000)                                       // 长时间没有动作退出数据读取
{
    count = 0;
    loop_bit = 0;
}
}
for(i=0;i<40;i++)
{
    data_H_buf[i] = time_buf[i+2];
}

Humidity[0] = 0;
Humidity[1] = 0;
Temperature[0] = 0;
Temperature[1] = 0;
check_read = 0;
// 处理湿度整数数据，高位在前，低位在后
for(i=0;i<8;i++)
{
```

```
        Humidity[1] = Humidity[1]<<1;
        if(data_H_buf[i]>200)            // 如果时间间隙大于 200 个机器周期，则 bit=1，否则 bit=0
        {
            Humidity[1] = Humidity[1]|0x01;
        }
}
// 处理湿度小数数据，高位在前，低位在后
for(i=0;i<8;i++)
{
    Humidity[0] = Humidity[0]<<1;
    if(data_H_buf[i+8]>200)            // 如果时间间隙大于 200 个机器周期，则 bit=1，否则 bit=0
    {
        Humidity[0] = Humidity[0]|0x01;
    }
}
// 处理温度整数数据
for(i=0;i<8;i++)
{
    Temperature[1] = Temperature[1]<<1;
    if(data_H_buf[i+16]>200)
    {
        Temperature[1] = Temperature[1]|0x01;
    }
}
for(i=0;i<8;i++)
{
    Temperature[0] = Temperature[0]<<1;
    if(data_H_buf[i+24]>200)
    {
        Temperature[0] = Temperature[0]|0x01;
    }
}
// 处理温度小数数据
for(i=0;i<8;i++)
{
    check_read = check_read<<1;
    if(data_H_buf[i+32]>200)
    {
        check_read = check_read | 0x01;
    }
```

```
    }
    // 数据校验
    check_add = Humidity[0] + Humidity[1] + Temperature[0] + Temperature[1];

    if((check_add==check_read)&&(buf_count!=0))
    {
        check_bit = 1;
    }
    else
    {
        check_bit = 0;
    }

}
void  LCD_Display_fun(void)
{
    LCD_Draw_Rect_Win(200,0,32,32,BLUE);
    LCD_Draw_Rect_Win(248,0,32,32,BLUE);
    LCD_ShowNum(200, 0, Humidity[1], 2, 32, TYPEFACE);
    LCD_ShowNum(232, 0, Humidity[0], 2, 32, TYPEFACE);
    LCD_Draw_Rect_Win(200,32,32,32,BLUE);
    LCD_Draw_Rect_Win(248,32,32,32,BLUE);
    LCD_ShowNum(200, 32, Temperature[1], 2, 32, TYPEFACE);
    LCD_ShowNum(232, 32, Temperature[0], 2, 32, TYPEFACE);
    LCD_Draw_Rect_Win(96,208,80,32,BLUE);
    if(check_bit==1)
    {
        LCD_ShowString(96, 208,"ok", 32, TYPEFACE);
    }
    else
    {
        LCD_ShowString(96, 208,"error", 32, TYPEFACE);
    }
}
uint8_t tmp = 0;
u8 read_E13;
u8 read_ok;
int main(void)
{
    delay_Init();                                    ///SysTick 定时器初始化
```

```
Usart1_Init();
delay_ms(100);
printf("USART1 Init OK\r\n");
gpio_lcd_init();
STM_SPI1_2_Init();
delay_ms(100);
LCD_Init();
LCD_Clean(BLUE);
LCD_ShowString(0, 0,"Humidity:", 32, TYPEFACE);
LCD_ShowString(232, 0,".", 32, TYPEFACE);
LCD_ShowString(280, 0,"%", 32, TYPEFACE);
LCD_ShowString(0, 32,"Temperature:", 32, TYPEFACE);
LCD_ShowString(232, 32,".", 32, TYPEFACE);
LCD_ShowString(280, 32,"C", 32, TYPEFACE);
LCD_ShowString(0, 208,"Check:", 32, TYPEFACE);
gpio_DHT11_init();
LED_ON;
data_out_mode();
DATA_H;
delay_ms(500);
DATA_L;
while (1)
{
    dht11_read();                              // 函数调用，采集温湿度数据
    LCD_Display_fun();                         // 在屏幕上显示温湿度数据
    printf("Humidity = %d.",Humidity[1]);
    printf("%d",Humidity[0]);
    printf("\r\n");
    printf("Temperature = %d.",Temperature[1]);
    printf("%d",Temperature[0]);
    printf("\r\n");
    printf("check_read = 0x%02x",check_read);
    printf("\r\n");
    printf("check_add = 0x%02x",check_add);
    printf("\r\n");
    printf("\r\n");
    delay_ms(2000);
}
}
```

7.2.5 程序运行结果

获得整个工程文件后，编译并运行程序，实训结果如图 7-9 所示，可以看到液晶显示屏显示当前空气的湿度及温度值。

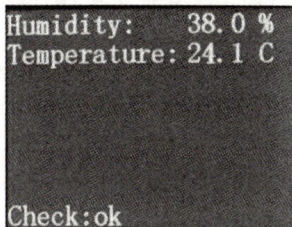

图 7-9 实训结果

7.3 空气质量 PM2.5 检测实训

7.3.1 实训目的及要求

利用夏普光学灰尘传感器 GP2Y1010AU0F 元件模块，探索和熟悉 PM2.5 传感器的性能特征，了解灰尘传感器的基本原理和使用方法，学会功能模块和 STM32F407ZGT6 控制芯片接口技术，掌握使用 keil 软件进行程序设计以及下载和仿真的方法，并在液晶屏显示当时空气的 PM2.5 数值。

7.3.2 GP2Y1010AU0F 传感器简介

1. GP2Y1010AU0F 传感器的工作原理

如图 7-10 所示是夏普公司生产的高灵敏度的灰尘传感器 GP2Y1010AU0F，它可以用来测量空气中 0.8 μm 以上的微小粒子，许多花粉浓度及粉尘浓度检测等应用中，都采用的是这一款传感器。此款产品内部设置的气流发生器，能有效吸收外部空气。

图 7-10 夏普 GP2Y1010AU0F 传感器

灰尘传感器 GP2Y1010AU0F 有很长的使用寿命，无论是保养还是安装都非常方便。该传感器不但具有非常低的电流消耗 (最大值为 20 mA，典型值为 11 mA)，而且稳定性好，精度高，是非常适合日常使用的检测装置。

2. GP2Y1010AU0F 传感器的内部结构

GP2Y1010AU0F 的内部结构及引脚定义如图 7-11 所示。测量原理是 GP2Y1010AU0F 中心有个洞可以让空气自由流动，里面对角位置放着一个红外发光二极管和一个光电晶体管，红外发光二极管定向发射红外线，光电晶体管检测空气中灰尘散射的光线强度，以此来判断灰尘的密度，然后输出与灰尘密度成正比的模拟电压 V_O。

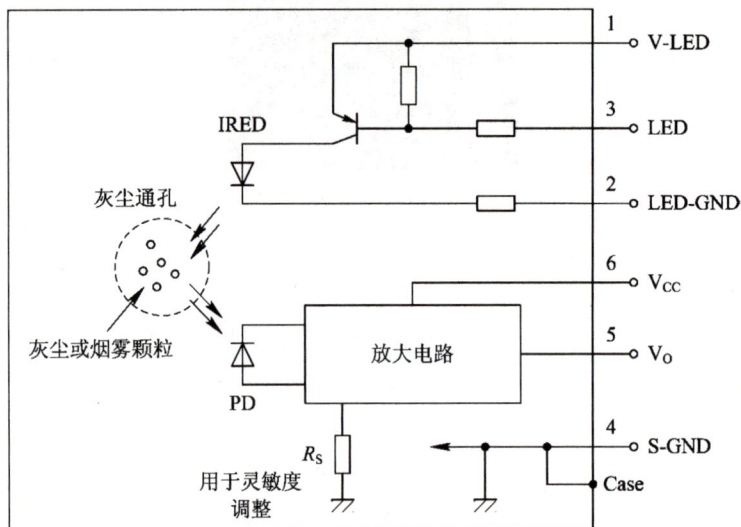

图 7-11　GP2Y1010AU0F 的内部结构及引脚定义

3. GP2Y1010AU0F 传感器的技术参数

夏普光学灰尘传感器 GP2Y1010AU0F 采用光散射法工作原理，其主要技术参数为：

(1) 灵敏度：$0.5 \text{ V}/(100 \text{ μg/m}^3)$。

(2) 有效量程：500 μg/m^3。

(3) 工作电压：$4.5 \sim 5.5 \text{ V}$。

(4) 工作电流：20 mA(max)。

(5) 工作温度：$-10 \sim 65℃$。

(6) 储存温度：$-20 \sim 80℃$。

(7) 使用寿命：5 年。

(8) 产品尺寸：$63.2 \text{ mm} \times 41.3 \text{ mm} \times 21.1 \text{ mm}$。

(9) 固定孔尺寸：2.0 mm。

(10) 通气孔尺寸：9.0 mm。

4. GP2Y1010AU0F 传感器工作特性曲线

如图 7-12 所示为夏普灰尘传感器 GP2Y1010AU0F 的工作特性曲线。GP2Y1010AU0F 传感器处在不同粉尘浓度的空气中时，光电晶体管检测的反射光线越强，粉尘浓度越大，传感器输出的电压也随之增大，反之减小。

从 GP2Y1010AU0F 传感器的工作特性曲线可以看到，空气洁净度很高的时候，V_O 的范围是 $0 \sim 1.5 \text{ V}$，典型值是 0.9 V；当空气灰尘很多的时候，V_O 输出电压不小于 3.4 V。因此，传感器输出电压 V_O 的范围是 $0.9 \sim 3.4 \text{ V}$，即输出 0.9 V 表示空气很洁净，输出 3.4 V 表示空气灰尘很多。根据 GP2Y1010AU0F 的技术手册，灰尘浓度的单位为 mg/m³，典型值是 0.5 mg/m³，因此灰尘浓度的范围是 0～0.5 mg/m³，换算为 PM2.5，范围就是 0～500 μg/m³。

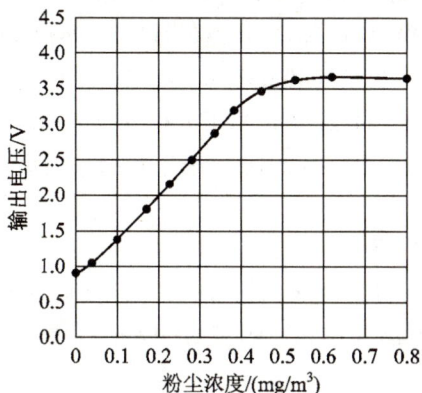

图 7-12 GP2Y1010AU0F 的工作特性曲线

7.3.3 GP2Y1010AU0F 硬件接口电路设计

　　GP2Y1010AU0F 灰尘传感器实训原理图如图 7-13 所示。主控芯片 STM32F407ZGT6 的最小系统及人机接口原理图见附录 A，这里仅给出灰尘传感器 GP2Y1010AU0F 的设计原理图，传感器 VOUT 引脚接 STM32F407ZGT6 的 PF4 引脚，传感器 LED 引脚接控制芯片的 PG1 引脚，FP6291 是一个电流模式升压 DC-DC 转换器，给传感器提供 5 V 工作电源。

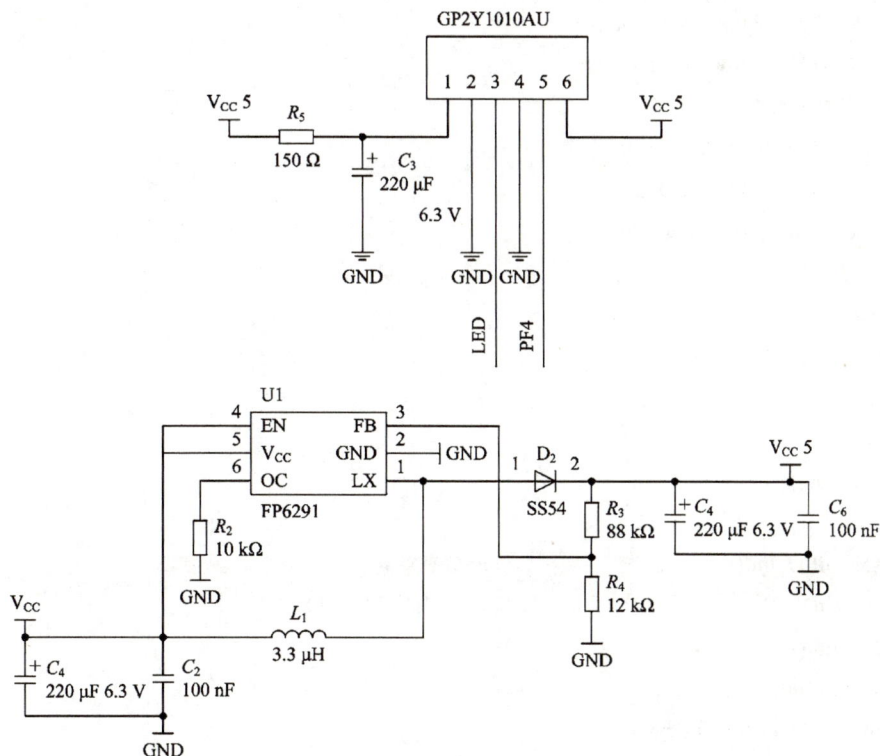

图 7-13 GP2Y1010AU0F 灰尘传感器实训原理图

7.3.4　程序设计

本次实训的任务是采用 PM2.5 模块对空气中 PM2.5 微颗粒含量进行检测，GP2Y1010AU0F 灰尘传感器模块的输出量是模拟电压信号，也就是随着 PM2.5 微颗粒浓度的增加，电压信号增大，所以本次实训使用 STM32F407ZGT6 的 ADC 外设对该电压信号进行采集，任务功能的实现主要由 main.c、STM32F40x_ADC.c 程序文件来完成，STM32F40x_ADC.c 完成 ADC 外设的配置以及 A/D 转换，main.c 对采集到的数值进行处理，转换成 PM2.5 浓度值并通过 LCD 液晶屏显示。

本实训程序设计的要点如下：

(1) 配置 RCC 寄存器组，打开 ADC 设备时钟，打开 GPIOF、GPIOG 设备时钟；

(2) 配置 GPIOF.4 为模拟输入模式，配置 GPIOG.1 为推挽、输出模式，无上拉 / 下拉电阻；

(3) A/D 转换、数据处理及显示。

鉴于篇幅限制，这里仅给出 main.c 程序清单，扫描右下侧二维码可以获得本次实训的完整工程文件。

```
#include"main.h"
#include"delay.h"
#include"string.h"
#include"stdio.h"
#include"STM32F40x_GPIO_Init.h"
#include"STM32F40x_Usart_eval.h"
#include"STM32F40x_Timer_eval.h"
#include"Mfrc522.h"
#include"STM32F40x_SPI_eval.h"
#include"STM32F40x_LCD_SPI.h"
#include"STM32F40x_ADC.h"
u16 ad_dat16;
float vol_f;
u16 vol_u16;
float PM_f;
u8 count;
int main(void)
{
    sensor_GPIO_Init();              //GPIO 初始化
    delay_Init();                    ///SysTick 定时器初始化
    Usart1_Init();
    delay_ms(100);
    printf("USART1 Init OK\r\n");
    gpio_lcd_init();
```

空气质量 PM2.5
检测实训

```
STM_SPI1_2_Init();
delay_ms(100);
LCD_Init();
LCD_Clean(BLUE);
LCD_ShowString(0, 0,"ADC_CODE:", 32, TYPEFACE);
LCD_ShowString(0, 32,"ADC_VOL:", 32, TYPEFACE);
LCD_ShowString(0, 64,"PM2.5:", 32, TYPEFACE);
LCD_ShowString(256, 32,"mV", 32, TYPEFACE);
LCD_ShowString(256, 64,"mg/m", 32, TYPEFACE);
GPIO_init(GPIO_G,GPIO_Pin_1,GPIO_Mode_OUT,GPIO_OType_PP,GPIO_PuPd_NOPULL);
a_ADC_configuration();
 while (1)
 {
    LED_L;
    delay_us(280);
    ad_dat16 = a_getADC();              //A/D 采集
    delay_us(20);
    LED_H;
    delay_ms(9);
    count++;
    if(count==20)
    {
        count = 0;
        vol_f = (float)ad_dat16;
        vol_f = vol_f * 3300 /4096;
        vol_u16 = (u16)vol_f;
        PM_f = vol_f / 1000;
        PM_f = PM_f *0.16 - 0.08;
        if(PM_f<0)
        {
            PM_f = 0;
        }
        printf("%d     ",ad_dat16);
        printf("%f     ",vol_f);
        printf("%f     ",PM_f);
        printf("\r\n");
        LCD_Draw_Rect_Win(128,0,80,32,BLUE);
        LCD_ShowNum(128, 0, ad_dat16, 5, 32, TYPEFACE);
        LCD_Draw_Rect_Win(128,32,80,32,BLUE);
```

```
        LCD_ShowNum(128, 32, vol_u16, 5, 32, TYPEFACE);
        LCD_Draw_Rect_Win(144,64,112,32,BLUE);
        LCD_show_float_fun(144,64,PM_f,32,TYPEFACE);
      }
    }
  }
```

7.3.5   程序运行结果

获得整个工程文件，编译并运行程序，实训结果如图7-14所示，可以看到液晶显示屏显示当前空气PM2.5数值的数字量、电压值以及PM2.5微颗粒的含量。

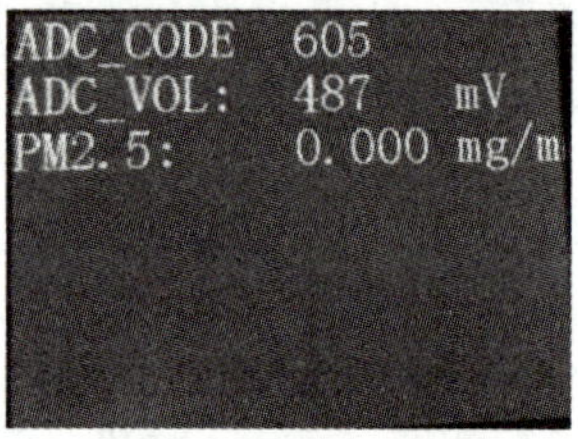

图7-14   实训结果

绿水青山就是金山银山

近年来，空气污染问题引起了全社会的高度关注。作为世界人口最多的国家之一，中国在空气污染治理方面付出了巨大的努力，蓝天白云的天数日益增多。

我国政府积极推动工业升级和结构调整，并制定和完善了一系列法律法规，加强对空气污染的治理；建立了全国范围的大气环境监测网络，实现了空气污染的实时监测和信息公开；积极推动绿色发展，大力发展生态经济和循环经济；通过减少对化石能源的依赖，加强资源的节约利用，推广绿色生产方式，实现了经济增长和环境保护的良性循环。此外，我国还加强了生态文明建设，积极推动森林覆盖率的增加和生态环境的恢复。这些举措不仅有助于提高空气质量，而且为可持续发展打下了坚实的基础。

总结起来，我国在空气污染治理方面取得了一定的成绩。然而，空气污染治理仍然是一个长期而艰巨的任务，需要政府、企业和公众共同努力，加强合作，形成合力，创造更加洁净的生活环境。

思考与练习

1. 绝对湿度、相对湿度和露点的定义分别是什么？
2. 思考并简述湿度传感器的工作原理。
3. PM2.5传感器的工作原理是什么？
4. 浅谈空气质量包含哪些指标。

项目 8　生 物 识 别

知识目标

　　了解图像识别传感器、语音识别传感器、指纹识别传感器和心率检测传感器的工作原理及特点，学会生物识别传感器的使用方法。

技能目标

　　掌握各种生物识别传感器的选型及实际应用，掌握生物识别传感器和 STM32 的接口技术和编程技术。

　　所谓生物识别技术，就是通过计算机与光学、声学、生物传感器等高科技手段密切结合，利用人体固有的生理特性（如指纹、人脸、虹膜等）和行为特征（如语音、步态等）来进行个人身份的鉴定。目前主流的生物识别技术有指纹识别、人脸识别、掌纹识别、虹膜识别和语音识别，还有更多如耳膜、步态、笔迹等生物识别技术正在被研究和实践应用。

　　为什么我们需要生物特征识别呢？传统身份鉴定方法，如钥匙、证件、动态口令、用户名和密码等，一旦身份标识物品或身份标识被盗或遗失，其身份就容易被他人冒充或取代。而生物特征识别技术具有更安全、更保密、不易遗忘、防伪性能好、不易伪造或被盗以及随身"携带"的优点。正是因为人体特征具有不可复制的唯一性，这一生物密钥无法复制、失窃或被遗忘，因此，利用生物识别技术进行身份认定，能达到安全、可靠、准确的目的。

　　目前常用的生物识别传感器有图像识别传感器、语音识别传感器、指纹识别传感器等。与人的指纹一样，每个人的心跳信号也是独一无二的，人体心率检测传感器目前主要应用在健康监测方面，在生物识别方面的应用还比较少。

8.1　认识生物识别传感器

8.1.1　图像识别传感器

　　图像识别传感器是一种通过计算机视觉算法对图像进行分析和识别的传感器。它主要由图像传感器和图像处理单元两部分组成。其中：图像传感器是图像识别传感器的核心组件，负责捕获光线并将其转化为电信号；图像处理单元用于对图像传感器输出的信号进行处理和分析，它可以是一块专用的图像处理芯片，也可以是嵌入在计算机、嵌入式系统或其他设备中的图像处理程序。

1. 图像传感器的工作原理

图像传感器是一种将光学图像转换为电子信号的设备，被广泛地应用在数码相机、摄像机和其他电子光学设备中。目前，常用的图像传感器有光电式摄像管、固态图像传感器、激光图像传感器、红外图像传感器等，其中，固态图像传感器的应用最为广泛。

固态图像传感器一般分为CCD(Charge Coupled Device，电荷耦合元件) 图像传感器和CMOS(Complementary Metal-Oxide Semiconductor，互补金属氧化物半导体元件) 图像传感器两种。这两种图像传感器都是通过感光器件将光信号转变为光生电荷，再对光生电荷进行收集和处理后转换为电压或电流信号，最终将光电信号以数字信号的形式输出。

1) CCD 图像传感器

一个完整的 CCD 图像传感器由像素单元阵列、电荷电压转换模块、读出电路等构成，其结构如图 8-1 所示。CCD 图像传感器中单个像素单元是 MOS 电容器，其结构如图 8-2 所示，最上层的金属栅极、中间的二氧化硅层和最下面的 P 型衬底共同构成了一个 MOS 电容。

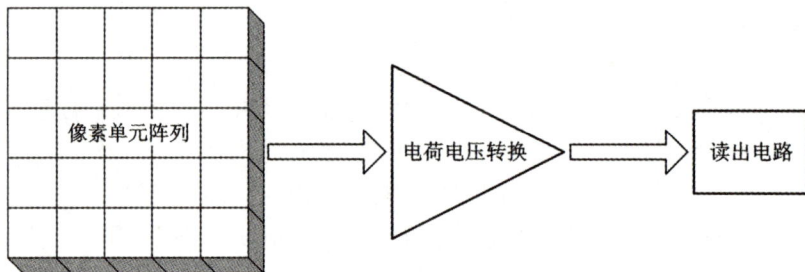

图 8-1　CCD 图像传感器的系统框图

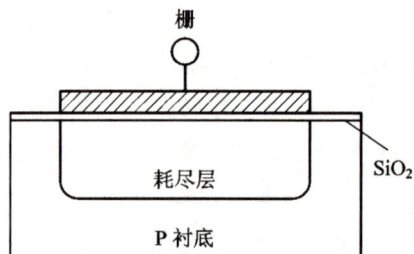

图 8-2　MOS 电容器的结构

如果在像素单元 MOS 电容器的金属栅极上施加正向电压，P 型衬底中的空穴在外加电场的作用下会向底部进行迁移，进而在硅与二氧化硅的界面处形成耗尽层。如果当前像素单元的栅极电压降低，而相邻像素单元的栅极电压升高，在外界光线照射下产生的光生电荷将会从当前像素单元转移到邻近像素单元。CCD 图像传感器的工作原理就是通过不断改变像素单元栅极的电压实现光生电荷的转移，电荷电压转换模块进而将光生电荷转换为电压信号，最终通过读出电路对光电信号进行后续的处理。

2) CMOS 图像传感器

CMOS 图像传感器是一种典型的固体成像传感器，与 CCD 有着共同的历史渊源。CMOS 图像传感器的原理结构如图 8-3 所示，它由像敏单元组、行开关、列开关、地址译码器、A/D 转换器、预处理电路等部分组成，其中，像敏单元组按照 X 方向和 Y 方向排成阵列，阵列中的每一个感光 (像敏) 单元分别由 X 和 Y 两个方向的地址译码器进行定位和选择；每一个感光 (像敏) 单元旁边都有一个列放大器，这个列放大器将感光 (像敏) 单元收集到的信息输出至输出放大器，再经过模数转换器进行转换和预处理电路处理后，通过接口电路输出。

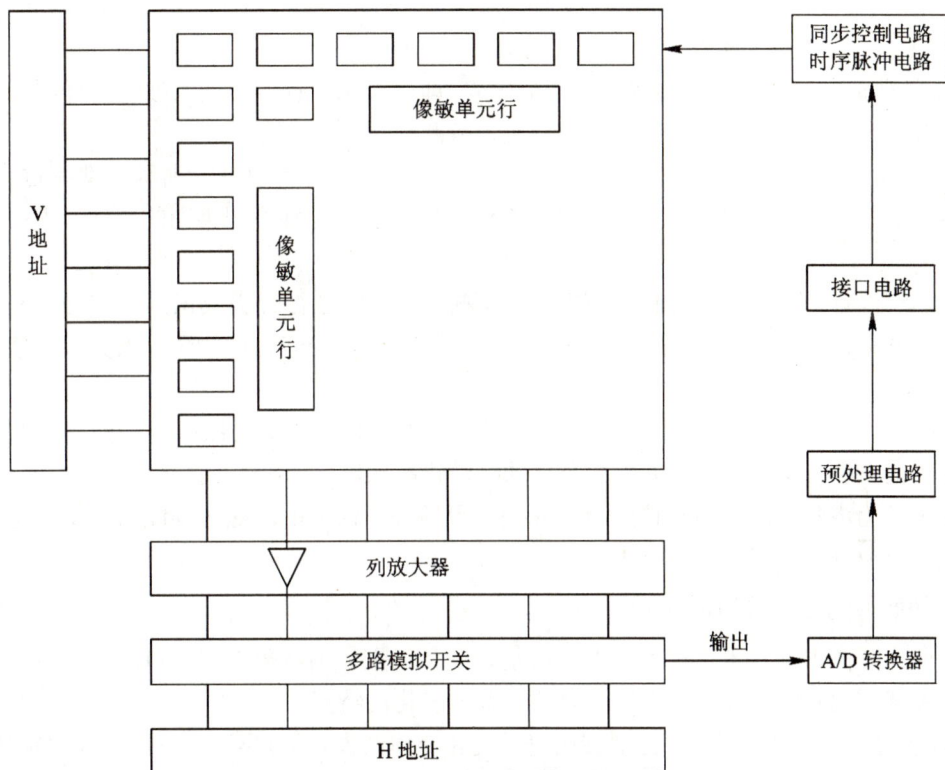

图 8-3　COMS 图像传感器的原理结构

相比于 CCD 图像传感器，CMOS 图像传感器具有以下优点：

(1) 随机窗口读取能力：随机窗口读取操作是 CMOS 图像传感器在功能上优于 CCD 的一个方面，也称为感兴趣区域选取。此外，CMOS 图像传感器的高集成特性使其很容易实现同时开多个跟踪窗口的功能。

(2) 抗辐射能力：总的来说，CMOS 图像传感器潜在的抗辐射性能相较 CCD 有重要增强。

(3) 系统复杂程度和可靠性：采用 CMOS 图像传感器可以大大简化系统硬件结构。

2. 图像识别传感器的工作过程

图像识别传感器不仅能够通过图像传感器捕捉图像，还能够通过图像处理单元实现对图像中内容的分析和识别，实现目标检测、物体识别、运动跟踪等任务。图像处理单元主要通过以下步骤实现对图像的分析和识别，如图 8-4 所示。

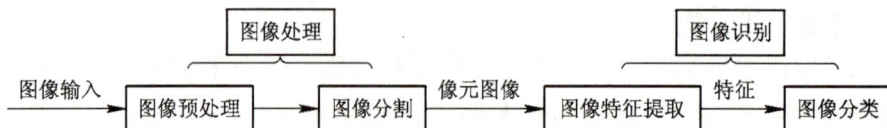

图 8-4   图像识别步骤

(1) 图像预处理：通过图像传感器采集到的图像数据可能存在噪声、失真等问题，因此需要预处理。图像预处理包括图像去噪、增强、归一化等操作，以优化图像的质量和可用性。在图像预处理中，将彩色图像转换为灰度图像是常见的操作。灰度转换公式为

$$灰度值 = 0.299 \times R + 0.587 \times G + 0.144 \times B \tag{8-1}$$

其中，R、G、B 分别表示红、绿、蓝通道上的像素值。

(2) 特征提取：对输入的图像进行特征提取，即从图像中提取有代表性的信息，如边缘、颜色、纹理等。这些特征将用于后续的分类、检测或识别任务。

(3) 模型训练：为了能够准确地进行识别，需要事先对模型进行训练。训练过程中，会使用大量的标记数据对模型进行学习和优化，使其能够识别不同类别的物体、人脸或文字等。

(4) 分类与识别：基于训练好的模型，将输入的图像进行分类或识别。它会将提取到的特征与预先训练好的模型或数据库进行比对，确定图像中包含的物体、人脸、文字等是属于哪个类别。

(5) 目标检测与跟踪：除了识别类别，还可以进行目标检测与跟踪。它能够在图像中定位和标记出感兴趣的目标，并随着目标的运动进行跟踪。

通过以上步骤，图像识别传感器能够提供更精确、快速的图像识别能力，实现更高级的图像处理和分析功能。

3. 图像识别传感器的特点

目前，图像识别技术主要用于人脸识别、商品识别、消费类电子、自动驾驶以及航空航天等领域，具有实时性、高精度、自动化和智能化的特点。

(1) 实时性。图像识别传感器能够快速采集和处理图像数据，实现实时的图像识别任务。这对于需要快速响应、及时决策的应用非常重要，例如自动驾驶、安防监控等。

(2) 高精度。图像识别传感器能够提供高精度的图像数据，使得识别和分析更加准确。高精度对于需要精细识别、精确测量或高精度控制的应用非常重要。

(3) 自动化和智能化。图像识别传感器可以与其他智能系统和设备集成，实现自动化和智能化的功能。通过图像识别传感器，系统可以实时感知和理解周围环境，从而自动做出相应的决策和行动。

8.1.2 语音识别传感器

传统的声音传感器是一种用于检测环境中声音信号的传感器。它可以通过麦克风或其他声音接收器来捕捉声波振动，并将其转化为电信号。声音传感器通常被用于测量噪声水平、声音强度、频率等声学参数，例如在环境监测、声音分析和安防系统中的应用。

语音识别传感器则是一种特殊的传感器，是一种利用语音识别技术将语音转化为文字

或命令的传感器，其核心在于语音识别技术。它结合了语音输入设备 (麦克风)、模拟—数字转换器 (ADC)、相关的信号处理算法和语音识别引擎，能够将捕捉到的声音信号转化为机器可理解的形式，实现语音控制、语音输入和语音识别等功能。

1. 语音识别传感器的工作原理

所谓语音识别，就是将一段语音信号转换成相对应的文本信息。其系统主要包含特征提取、声学模型、语言模型以及字典与解码四大部分，基本框架如图 8-5 所示。

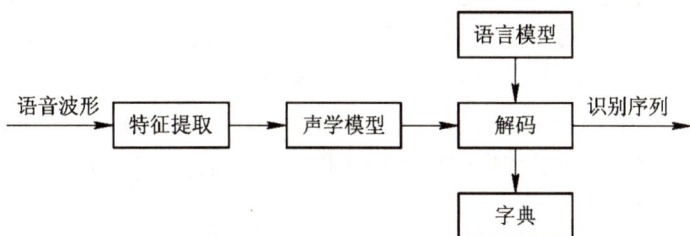

图 8-5　语音识别的基本框架

为了更有效地提取特征，往往还需要对所采集到的声音信号进行滤波、分帧等预处理工作，把要分析的信号从原始信号中提取出来；之后，特征提取工作将声音信号从时域转换到频域，为声学模型提供合适的特征向量；声学模型再根据声学特性计算每一个特征向量在声学特征上的得分；而语言模型则根据语言学的相关理论，计算该声音信号可能对应的词组序列的概率；最后根据已有的字典，对词组序列进行解码，得到最后可能的文本表示。

2. 语音识别传感器的特点

(1) 方便性。语音识别传感器可以直接从人类的语音输入中提取信息，而无须通过键盘或其他输入设备，使得交互更加方便快捷。

(2) 无需触摸。与其他传感器相比，语音识别传感器无需触摸物体或接近设备，免去了物理接触的需求，有利于卫生和便捷性。

(3) 个性化交互。语音识别传感器可以根据每个用户的语音特征和习惯进行个性化交互，提供更加智能化的服务和体验。

(4) 精确性受限。尽管在过去几年语音识别技术有了很大的发展，但在实际应用中，语音识别传感器仍然存在一定的误识别率，特别是在面对复杂的语音环境、口音、方言或者多人说话交互时，其准确性可能会受到影响。

3. 语音识别传感器的应用

语音识别传感器在智能助理、语音控制系统、电话客服等领域都有广泛的应用。

(1) 智能助理和虚拟助手：语音识别传感器可以与智能助理和虚拟助手配合使用，实现语音交互和控制。用户可以通过语音指令来获取信息、发送消息、设置提醒等。

(2) 语音控制系统：语音识别传感器可用于各种设备和系统的语音控制，例如智能家居系统、车载系统、机器人等。用户可以通过语音指令来控制灯光、温度、音乐播放等。

(3) 电话客服和自动语音应答系统：语音识别传感器可用于电话客服和自动语音应答系统，实现自动识别用户的语音输入并提供相应的服务或解决方案。

8.1.3　指纹识别传感器

1. 指纹

指纹是由手指指腹表面许多凹凸不同的纹线共同组合而成的纹路。其中，凸线是乳突线，也称脊线；凹线是小犁沟，也称谷线。研究人员将指纹形状分类为弓型、箕型、斗型等。

指纹特征则指的是手指表面的脊与沟共同组成的平滑纹理模式，这种形式通常会在胚胎形成的过程中受到手指表皮环境的影响，具有非常强的随机性。每个人的指纹都具有独特的纹理和图案，即使在同一对手指上的两个指纹也不会完全相同，这种独特性使得指纹识别成为常见的生物识别技术，常用于身份验证和安全措施。

指纹识别技术具体涉及指纹图像采集、图像处理、特征提取、特征比对与匹配等，但是就其本质来说，最基础和最重要的环节还是指纹图像采集，而指纹图像采集依靠指纹传感器。

指纹传感器涉及多方面领域，并且不同的领域会凸显出不同的技术特点。目前，市面上的指纹传感器主要包含光学指纹传感器、电容指纹传感器以及超声波指纹传感器三种。这三种指纹传感器在使用的时候会表现出不同的优势与局限性。

2. 光学指纹传感器

光学指纹传感器是利用光学原理和图像处理算法来获取和识别人类指纹图像，其工作原理如图 8-6 所示，包括以下几个步骤：

(1) 入射光照射：传感器将一个光源 (通常是 LED) 发出的光线照射到指纹表面，这些入射光线会与指纹的皮肤接触，并被指纹的微小结构所影响。

(2) 反射和吸收：当光线照射到指纹表面时，指纹脊线 (凸起的部分) 会将一部分光线反射回传感器，而指纹谷线 (凹陷的部分) 则会吸收光线。这种反射和吸收现象使得传感器能够感知指纹表面的细微变化。

(3) 形成图像：传感器上安装有一组光敏元件 (例如 CCD 或 CMOS)，这些元件能够接收到从指纹表面反射回来的光线。根据光线的强度和分布，光敏元件将其转换为相应的电信号。

(4) 图像处理：通过对电信号进行增强、滤波和去噪等处理，从而形成清晰可辨的指纹图像。图像处理技术可以帮助消除背景噪声、提高对比度以及强化细节，确保获取到高质量的指纹图像。

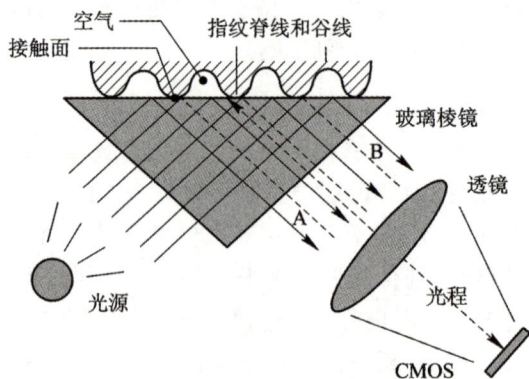

图 8-6　光学指纹传感器原理图

光学指纹传感器具有以下特点：

(1) 系统的稳定性较好、成本较低，可以提供分辨率为 500 dpi 的图像。

(2) 对较大范围的指纹图像采集有良好的效果，可以很好地克服大面积电容式传感器高价格的缺陷。

(3) 安全系数高。

(4) 光学指纹传感器是指纹脊和谷对光的反射不同成像，针对指纹浅、指纹太干燥或蜕皮的客户，会非常容易出现不正确分辨的状况。

(5) 对温度等环境因素的适应能力差，容易受到光线、灰尘等的干扰。

3. 电容式指纹传感器

电容值的检测是电容式指纹传感器的技术基础。电容式指纹传感器的工作原理如图 8-7 所示，二维传感器阵列生长于玻璃衬底，每一个像素点都是一个电容板，作为电容的一极，而手指皮肤作为电容的另一极。当手指放在传感器上时，手指表面和每块电容极板之间产生电荷，这些电荷的大小取决于手指的脊和谷与传感器内每块电容板之间的距离，于是指纹脊和谷就会产生不同的电容数值，通过检测这些不同的电容值就可得到指纹图像。

这种技术的关键部分就是通过脊、谷等纹理信息来获得可靠性较高的图像，同时这种技术能适应多种复杂的指纹，还能够在多种环境下获得高质量的指纹图像。

相比于光学指纹传感器，电容式指纹传感器具有以下特点：

(1) 图像质量较高。电容式指纹传感器应用的是自动控制技术来调节指纹图像像素以及指纹局部敏感程度，如果处于不同的环境，在相应信息的结合下就会产生高质量的图像。

(2) 抗静电能力偏低。通过电容技术获取图像信息的难度较高，受手指与传感器内每块电容板之间的距离影响很大，而且人体指尖的静电放电产生的电场，也可能会严重损坏传感器，所以抗静电能力偏低。

(3) 环境适应能力差。手指的汗液、其他污染物以及手指磨损等都会影响图像采集的质量。

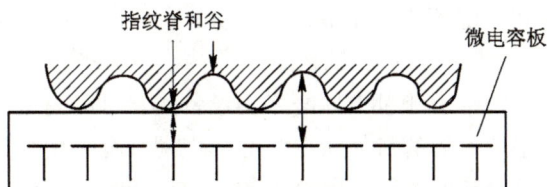

图 8-7　电容式指纹传感器的工作原理图

4. 超声波指纹传感器

超声波具有穿透材料且随材料的不同产生不同回波的能力，因此，利用皮肤与空气对于声波阻抗的差异，就可以区分指纹凹凸不平的图像，包括脊线和谷线。

超声波指纹传感器的工作原理如图 8-8 所示。超声波传感器在超声波扫描指纹表面后，会由接收设备获得反射信号，由于指纹脊与谷的超声受到的阻扰并不相同，因此接收器接收到的超声波的能量也不同，通过测量超声波的速度就可以获得相应的指纹图像。超声波指纹传感器与光学指纹传感器相似，都是要对指纹表面进行扫描，接收设备获得反射信号后，就会转换成指纹图像。

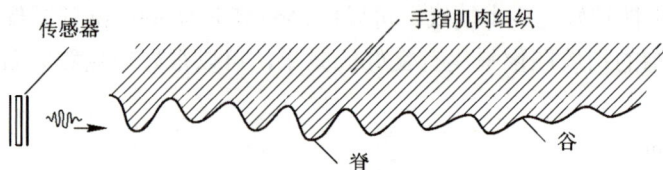

图 8-8　超声波指纹传感器的工作原理

综合来说，超声波指纹传感器集合了光学指纹传感器与电容式指纹传感器的优点，具有以下特点：

(1) 图像质量最高。相比于目前市场中应用的指纹传感器，超声波指纹传感器是精度最高、准确度最好的指纹图像采集器件。

(2) 环境适应能力强。超声波指纹传感器不会受到汗液、灰尘等因素的影响，采集的图像就是指纹凹凸的真实情况。

在实际应用的时候，由于受到不同因素的影响，这项技术性能尚未完全成熟，还需要进一步提高和完善。

5. 指纹识别传感器的应用

指纹识别技术被广泛应用在身份识别、考勤、社保、公安与军事等方面。

在指纹识别传感器的应用市场中，光学指纹传感器占据着非常明显的优势。但人们在研究与调查的过程中发现，应用日益广泛的是耗能较低、体积较小、质量较高的电容式指纹传感器。随着科学技术快速发展，超声波指纹传感器采集指纹图像质量高，受外界环境影响小，还能获取指纹表面的三维信息，具有非常好的发展前景，同时也是未来指纹识别传感器发展的主流趋势。

8.1.4　心率检测传感器

心率指的是人在平和情况下心脏 1 min 内跳动的次数，而心率参数的变化能反映出人体各项机能的运作情况。

心率检测传感器是一种用于测量人体心率的设备，它可以通过感应人体的心跳来获取心率数据，以便更好地了解人体的身体状况。心率识别具有和指纹识别相似的原理，由于一个人的心跳节奏一般是稳定的，因此每个人的心跳形状都不一样，而且不会改变；即使人的心跳加快，心跳的整体形状也不会改变。基于此特点，心率检测传感器也可用于生物识别。但在实际应用中，由于心率缺乏足够的稳定性，因此心率检测传感器在生物识别方面的应用还比较少，而更多地被用在健康监测方面。

1. 心率检测的工作原理

心率可以基于脉搏波进行检测，通过监测脉搏波的特征，如脉搏波的振幅、频率和形态等，来计算心率。一种最简单的方法就是计时 1 min 统计有多少次脉搏值，得到的脉搏值即为心率值。但这种方法每次测心率都要等 1 min 才有一次结果，效率极其低下且实时性不高。另外一种比较普遍的方法是测量相邻两次脉搏的时间间隔，再用 1 min 除以这个间隔得出心率值，此方法可以实时计算心率值，且效率较高。

实际检测脉搏信号时，寻找到"信号上升到振幅中间位置"的特征点，如图 8-9 所示，则认为检测到一次有效脉搏。

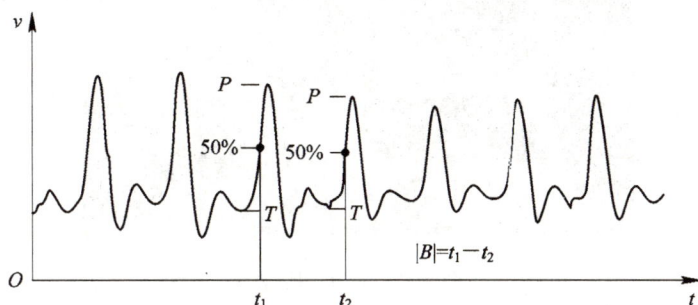

图 8-9　脉搏信号图

目前常用的心率检测传感器有两种类型，一种是通过光反射测量的光电式心率传感器，另一种是利用人体不同部位电势测量的电极式心率传感器。

1) 光电式心率传感器

光电式心率传感器是通过光电容积脉搏扫描法 (Photo Plethysmo Graphy，PPG) 检测活体组织血管中血液的容积变化，进而测算出心率的传感器。

光电式心率传感器内部使用一个或多个发光二极管 (LED) 作为发光源。这些 LED 通常发出绿光，当传感器端的绿光光束照射到指端后，绿光光束将通过反射 (如图 8-10 所示) 或透射 (如图 8-11 所示) 的方式被光敏二极管所接收。

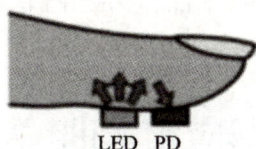

图 8-10　光电反射式　　　　　图 8-11　光电透射式

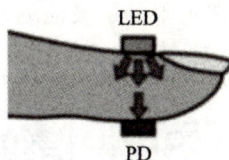

在接收光的这一过程中，光敏二极管检测到的光强会因检测端皮肤组织和血液对光强的吸收衰减而降低。同时，皮肤、肌肉、骨骼以及血管等组织吸收光照强度的能力恒定，但是人体血管中的血液容积随心脏跳动呈搏动性变化，所以血液对于光强的吸收衰减作用会随着心脏的搏动而改变。当心脏收缩时，人体血管中的血液容积最大，对于光强的吸收衰减作用也就最强；当心脏舒张时，人体血管中的血液容积最小，对于光强的吸收衰减作用也就最弱。

光敏二极管将接收到的光强变化的信号转化为电信号，通过测量光信号的强度变化，传感器可以计算出心率值。这些值会被传输到连接的设备 (如智能手表或手机应用程序)上，以显示用户的心率数据。

2) 电极式心率传感器

电极式心率传感器通过心电信号测量法 (Electrocardiogram，ECG) 监测人体心率，由于每次心跳在心脏中产生电脉冲，因此可以利用放置在身体上不同位置的传感器来测量所产生的心电势。异常的心电势可以指示诸如心脏病发作、胸部创伤、心脏血流减少、心律失常、心脏畸形等情况。医院用于监测和记录心脏活动的心电图装置就属于此类,如图8-12所示。

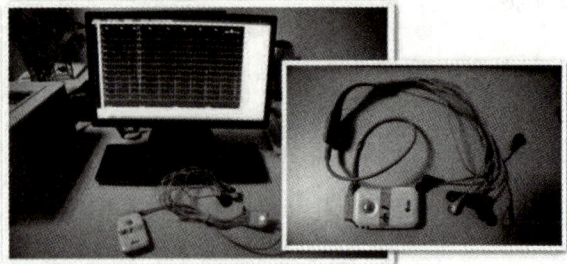

图 8-12　心电图装置

2. 心率检测传感器的特点

光电式心率传感器的优点是使用方便、价格低廉。它可以在家庭环境下使用,不需要专业的医疗设备或技术。此外,光电式心率传感器还可以与智能手机、智能手表等设备配合使用,实现实时监测心率的功能。但是,光电式心率传感器也存在一些局限性:首先,它测量精度低,且只能测量心率,无法测量其他心脏指标,如心电图等;其次,光电传感器的测量结果可能会受到外界干扰,如运动、环境温度等因素的影响。因此,使用光电式心率传感器测量心率时,需要注意避免这些干扰因素。

电极式心率传感器在心率检测的过程中,需要在人体的多个部位连接传感器电极(在被检测人体连接电极数量有 10 个以上),所以电极式心率传感器技术尽管能提供高精度的心率信息,但是其严重限制了被检测人的活动,因而该技术目前多应用于医疗和体育等行业。

8.2　指纹识别传感器应用实训

8.2.1　实训目的及要求

通过实训,了解 ID1016C 电容式指纹识别传感器模块的工作原理,掌握 ID1016C 与 STM32F407ZGT6 芯片的接口技术,掌握 STM32F407 外设串口通信编程技术,熟悉使用 ID1016C 对指纹进行采集录入、识别检测,并通过液晶显示屏幕显示录入、识别的过程。

8.2.2　ID1016C 指纹模块简介

1. ID1016C 的性能特点

指纹识别模块 ID1016C 集指纹采集、处理、存储及指纹比对为一体,采用电容式指纹识别技术,以 ID809 高性能处理器和半导体指纹传感器为核心,运行全新 IDfinger6.0 指纹算法,深度优化、全面提速,能够独立完成全部的指纹识别工作,广泛适用于指纹锁、指纹考勤门禁、智能终端、自助设备等各种需要指纹作为认证的硬件终端。其产品特点为：

(1) 图像质量高、采集速度快、用户体验好。

(2) 功能完善，集指纹采集、图像处理、特征提取、指纹注册、指纹比对、指纹删除等功能于一体。

(3) 易开发，支持 Windows、Android、嵌入式系统，提供完整 SDK 开发包。

(4) 模块 CPU 采用先进工艺制造生产，ARM® Cortex™-M4 内核，运算速度快，功耗低。

(5) 结构简单，体积小巧，可灵活嵌入各种体积受限的产品中。

(6) 静电耐压高，抗干扰能力强，干湿手指适应性好。

2. ID1016C 的引脚定义

指纹识别模块 ID1016C 通过 6 个引脚与主机进行通信。这 6 个引脚的定义如表 8-1 所示。

表 8-1　ID1016C 的引脚定义

序号	信号定义	说　　明
1	GND	公共地
2	UART_RX	UART 接收
3	UART_TX	UART 发送
4	VIN	电源 (+3.3 V)，在要求超低待机功耗时，此脚需接可控电源
5	IRQ/WAKEUP	手指感应唤醒信号输出，高电平输出，有手指触碰时输出高电平
6	V_{CC}	采集器供电电源 (3.3 V)

3. ID1016C 的通信方式与典型接线

指纹识别模块 ID1016C 支持 UART 通信方式。指纹模块和系统 MCU 通信时，电路连接如图 8-13 所示，当有手指按压指纹模块时，WAKEUP 输出高电平，WAKEUP 信号是通知信号，系统 MCU 接收到 WAKEUP 信号后启动系统，输出指纹模块电源开启信号，给 VIN 提供 3.3 V 电源，然后再进行 UART 通信，这样可以将指纹模块的休眠电流控制在 10 μA 以下。也可以让 V_{CC} 和 VIN 一直处于供电状态，这样可以将指纹模块的休眠电流控制在 15 μA 以下。

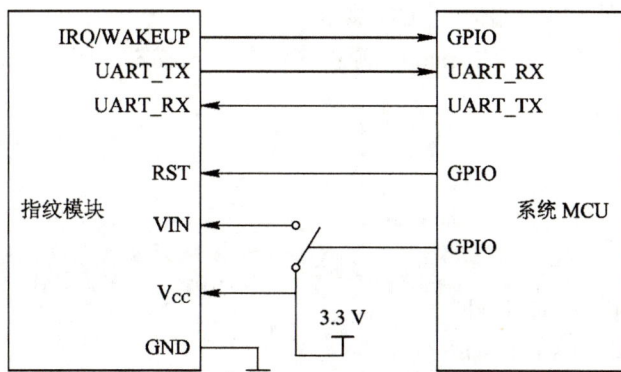

图 8-13　ID1016C 通信原理图

8.2.3　ID1016C 硬件接口电路设计

指纹识别模块 ID1016C 应用实训原理图如图 8-14 所示。主控芯片 STM32F407ZGT6 的最小系统及人机接口原理图见附录 A，这里仅给出实训用到的硬件设计原理图，指纹识别模块 ID1016C 第 2 引脚 (RX) 接 STM32F407 的 PC12 引脚，第 3 引脚 (TX) 接 PD2 引脚，第 5 引脚 (IRQ) 接 PG13 引脚。

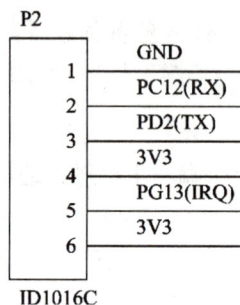

```
            P2
            ┌─────┐
            │  1  │── GND
            │  2  │── PC12(RX)
            │  3  │── PD2(TX)
            │  4  │── 3V3
            │  5  │── PG13(IRQ)
            │  6  │── 3V3
            └─────┘
          ID1016C
```

图 8-14　ID1016C 应用实训原理图

8.2.4　程序设计

本次实训的任务是采用 ID1016C 电容式指纹传感器模块进行指纹的采集和识别，该任务功能主要由 main.c、fingerprint.c、STM32F40x_Usart_eval.c 程序文件来完成，main.c 完成指纹录入及识别控制过程和显示，fingerprint.c 完成指纹的采集和识别，STM32F40x_Usart_eval.c 完成 USART 配置和通信。

本次实训程序设计的要点如下：

(1) 配置 RCC 寄存器组，开启 USART5 时钟，开启 GPIOC、GPIOD、GPIOG 时钟；

(2) 配置 GPIO 端口，设置 GPIOD.2 为复用推挽模式，GPIOC.12 为复用推挽模式，有上拉电阻；设置 GPIOG.13 为开漏、输入模式，无上拉 / 下拉电阻；

(3) 配置 USART5，主要参数为：使用 115 200 b/s 波特率、8 位数据长度、1 个停止位且无校验位、全双工模式，开启中断；

(4) 指纹采集识别、串口通信、LCD 显示。

鉴于篇幅限制，这里仅给出 main.c 源程序清单，扫描右下侧二维码可以获得本次实训的完整工程文件。

```
#include"main.h"
#include"delay.h"
#include"string.h"
#include"stdio.h"
#include"STM32F40x_GPIO_Init.h"
#include"STM32F40x_Usart_eval.h"
#include"STM32F40x_SPI_eval.h"
#include"STM32F40x_LCD_SPI.h"
#include"fingerprint.h"
```

指纹传感器
应用实训

```
u8 test;
int main(void)
{
    SystemInit();                                   // 系统时钟初始化
    delay_Init();                                   //SysTick 定时器初始化
    Usart1_Init();                                  // 串口 1 初始化
    delay_ms(1000);
    printf("USART1 Init OK\r\n");
    Uart5_Init();                                   // 串口 5 初始化
    gpio_lcd_init();                                //LCD 的端口初始化
    STM_SPI1_2_Init();                              //SPI 接口初始化
    delay_ms(100);
    LCD_Init();                                     //LCD 初始化
    LCD_Clean(BLUE);                                // 清屏
    led_on_fun();                                   // 指纹模块 LED 开
    led_on_fun();
    delay_ms(2000);
    led_off_fun();                                  // 指纹模块 LED 关
    // 给指纹模块发送通信测试命令，如果返回 1 说明通信正常，返回 0 说明通信不正常
    if(communication_test())
    {
        LCD_ShowString(0,0,"communication OK",32,TYPEFACE);
    }
    else
    {
        LCD_ShowString(0,0,"communication error",32,TYPEFACE);
    }
    delay_ms(2000);                                 // 延时 2 秒
    LCD_Draw_Rect_Win(0,0,320,32,BACKGROND);        // 清除测试结果
    del_fingerprint_fun(1,3);                       // 删除存储的指纹
    Record_fingerprint_fun(1);                      // 录入指纹，录入三次
    LCD_ShowString(0, 0,"Identify:", 32, TYPEFACE); // 显示判断指纹界面
    delay_ms(100);
    while (1)
    {
        if(Test_finger_on())     // 判断模块上是否有手指，返回 1：有手指；返回 0：无手指
        {
            test = Contrast_fingerprint_fun(3);     // 采集指纹，并和指纹库中采集的指纹进行比对
            LCD_Draw_Rect_Win(144,0,16,32,BLUE);    // 刷新要显示的区域
```

```
            LCD_ShowNum(144,0,test,1,32,TYPEFACE);  // 把识别结果显示出来
            delay_ms(200);
        }
        delay_ms(100);
    }
}
```

8.2.5　程序运行结果

获得整个工程文件，编译并运行程序，实训结果如图 8-15 所示。图 8-15(a) 为开机通信状态显示，显示"ok"表示通信正常，显示"error"表示通信不正常，需要检查程序并重新烧录上电，直到液晶显示屏显示"ok"；图 8-15(b) 为第一次录入指纹；图 8-15(c) 为第二次录入指纹；图 8-15(d) 为第三次录入指纹；图 8-15(e) 为指纹对比等待状态；图 8-15(f) 为指纹检测结果。

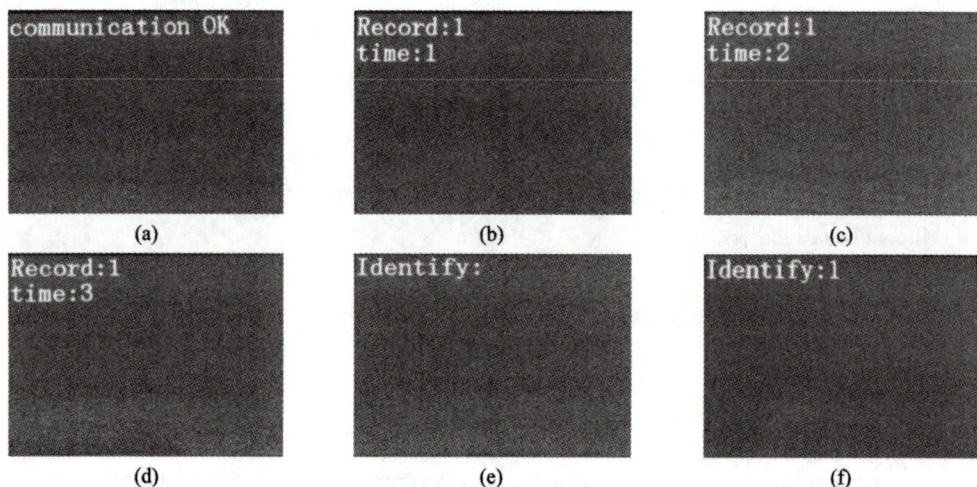

(a)　　　　　　　　　　(b)　　　　　　　　　　(c)

(d)　　　　　　　　　　(e)　　　　　　　　　　(f)

图 8-15　实训结果

8.3　心率血氧传感器应用实训

8.3.1　实训目的及要求

通过实训，掌握 MAX30102 心率血氧传感器模块与 STM32F407ZGT6 芯片的接口技术及编程技术，熟悉使用心率血氧传感器进行心率及血氧检测，并在液晶显示屏幕显示被检测人体的心率及血氧值。

8.3.2　MAX30102 传感器模块简介

1. MAX30102 的特点及应用

本实训应用的心率血氧传感器模块为 MAX30102，如图 8-16 所示。MAX30102 传感器模块搭载了美信 (maxim) 的 MAX30102 心率血氧芯片和一颗集成心率血氧算法的微控制器，可以直接输出心率血氧数值。

图 8-16　MAX30102 传感器模块

MAX30102 是一款集成脉搏血氧仪和心率检测的模块。它包括内部 LED、光电探测器、光学元件和具有环境光抑制功能的低噪声电子设备。MAX30102 提供了完整的系统解决方案，以简化移动和可穿戴设备的设计过程。MAX30102 采用 1.8 V 电源和用于内部 LED 的独立 5.0 V 电源供电，通过标准的 I^2C 接口进行通信。此外，该芯片还可通过零待机电流的软件关闭模块，从而使电源始终保持供电状态。MAX30102 模块的主要参数为：

(1) LED 峰值波长 (nm)：660/880。

(2) LED 供电电压 (V)：3.3～5。

(3) 检测信号类型：光反射信号 (PPG)。

(4) 输出信号接口：I^2C 接口。

(5) 通信接口电压 (V)：1.8、3.3、5(可选)。

该传感器的优势为输出能力快、信噪比高、采样率高、体积小巧、功耗低、性价比高，芯片外围电路非常简单，可以将成品的开发时间和开发成本控制到最低。

2. MAX30102 传感器模块的工作原理

MAX30102 由一对高强度 LED(红色 LED 和红外 LED，均为不同波长) 和一个光电探测器组成。这些 LED 的波长分别为 660 nm 和 880 nm。MAX30102 的工作原理是将两种光都照射到手指或耳垂上，并使用光电探测器测量反射光量。这种通过光检测脉冲的方法称为光电体积描记图。MAX30102 的工作可分为两部分：心率测量和脉搏血氧饱和度测量 (测量血液中的氧含量)。

心率测量：动脉血中的氧合血红蛋白 (HbO_2) 具有吸收红外光的特性。血液越红 (血红蛋白越高)，吸收的红外光越多。当血液随着每次心跳泵入手指时，反射光的量会发生变化，从而在光电探测器的输出端产生变化的波形。当继续照射光并获取光电探测器读数时，很快就会获得心跳 (HR) 脉搏读数。

168 传感器原理及项目实战

脉搏血氧饱和度测量：是基于血液中的血红蛋白对光的吸收特性。氧合血红蛋白吸收的红外光比红光多，而脱氧血红蛋白吸收的红光比红外光多。因此，血氧仪中的红光 LED 和红外线 LED 交替发出光线，光电二极管接收没有被吸收的光信号，并将其转化为电信号放大和输出。光电二极管接收到的红光和红外光的比值用于计算血液中含氧的百分比。根据动脉血流的脉动特性，可计算出脉搏速率和强度。

3. MAX30102 传感器模块的引脚定义

MAX30102 传感器模块的引脚布置图如图 8-17 所示，其引脚定义如表 8-2 所示。

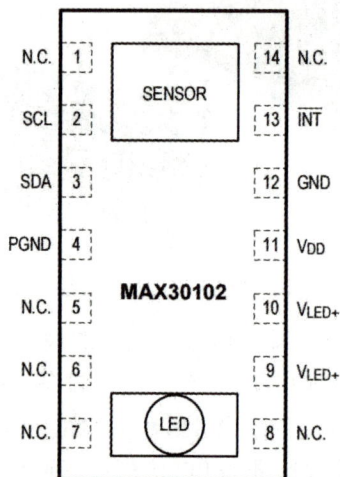

图 8-17　MAX30102 传感器模块引脚布置图

表 8-2　MAX30102 传感器模块的引脚定义

引　脚	名　称	功　能　说　明
1,5,6,7,8,14	N.C.	不连接
2	SCL	I^2C 时钟输入
3	SDA	I^2C 数据，双向（漏极开路）
4	PGND	LED 驱动模块的电源地
9	VLED+	LED 电源阳极
10	VLED+	LED 电源阳极
11	VDD	电源输入端
12	GND	电源地
13	$\overline{INT}$	低电平有效中断（漏极开路），使用上拉电阻连接到外部电压

8.3.3　MAX30102 传感器模块硬件接口电路设计

MAX30102 心率血氧传感器应用实训原理图如图 8-18 所示。主控芯片 STM32F407ZGT6 的最小系统及人机接口原理图见附录 A，这里仅给出本次实训相关的硬件设计原理图，MAX30102 传感器模块第 2 引脚 (SCL) 接 STM32F407 的 PE1 引脚，第 3 引脚 (SDA) 接 PB13

引脚, 第 5 引脚 (R_DRV) 接 PE14 引脚, 第 6 引脚 (IR_DRV) 接 PE13 引脚, 第 13 引脚 (INT) 接 PF15 引脚, 第 9、10 引脚接 V_{CC}。

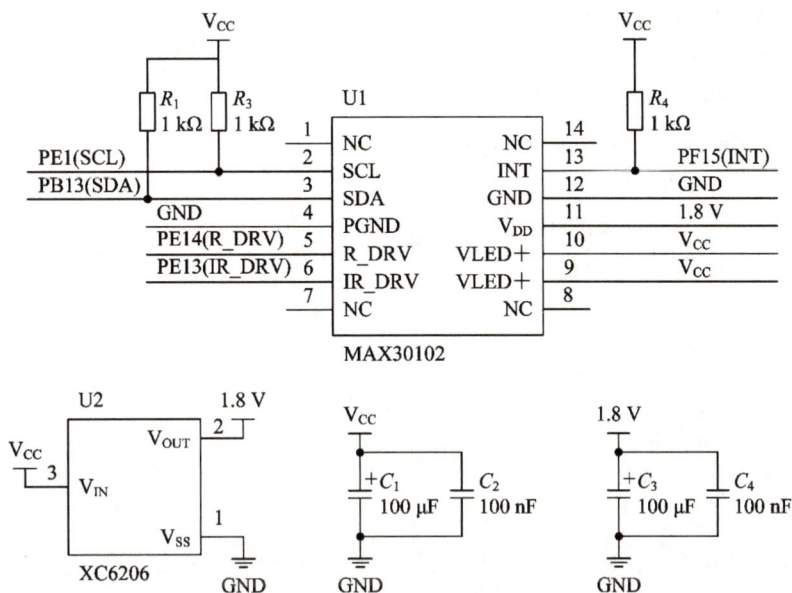

图 8-18　MAX30102 心率血氧传感器模块应用实训原理图

8.3.4　程序设计

本次实训的任务是采用 MAX30102 心率血氧传感器模块对心率和血氧饱和度进行测量, 该任务主要由 main.c 和 MAX30102.c 程序文件来完成, MAX30102.c 完成 MAX30102 与 STM32F407ZGT6 主控芯片的通信、获得数据并进行相应计算、检测数据是否可靠, main.c 完成心率及血氧数据的显示。

本次实训程序设计的要点如下:

(1) 配置 RCC 寄存器组, 开启 GPIOB、GPIOE、GPIOF 时钟;

(2) 配置 GPIOB.13 为开漏、输出模式, GPIOE.1 为推挽、输出模式, GPIOF.15 为开漏、输入模式, GPIOE.13、GPIOE.14 为开漏、输入模式, 无上拉 / 下拉电阻;

(3) I^2C 通信、数据处理及 LCD 显示。

鉴于篇幅限制, 这里仅给出 main.c 程序清单, 扫描右下侧二维码可以获得本次实训的完整工程文件。

```
#include"main.h"
#include"delay.h"
#include"string.h"
#include"stdio.h"
#include"STM32F40x_GPIO_Init.h"
#include"STM32F40x_Usart_eval.h"
#include"STM32F40x_Timer_eval.h"
```

心率血氧传感器
应用实训

```
#include"Mfrc522.h"
#include"STM32F40x_SPI_eval.h"
#include"STM32F40x_LCD_SPI.h"
#include"MAX30102.h"
extern int32_t n_brightness;
extern uint32_t un_min, un_max, un_prev_data;
extern int32_t n_ir_buffer_length;
extern uint32_t aun_red_buffer[500];
extern uint32_t aun_ir_buffer[500];
extern int32_t n_sp02;
extern int8_t ch_spo2_valid;
extern uint8_t uch_dummy;
extern int32_t n_heart_rate;
extern int8_t ch_hr_valid;
float f_temp;
u8 heart_rate_new;
u8 heart_rate_old;
int temp;
u16 j;
int main(void)
{
    delay_Init();                                       //SysTick 定时器初始化
    Usart1_Init();
    delay_ms(100);
    printf("USART1 Init OK\r\n");
    gpio_lcd_init();
    STM_SPI1_2_Init();
    delay_ms(100);
    LCD_Init();
    LCD_Clean(BLUE);
    GPIO_init_all();
    SDA_H;
    SCL_H;
    delay_ms(100);
    read_ID_fun();
    if(maxim_max30102_reset())                          // 复位 MAX30102
        printf("max30102_reset failed!\r\n");
    else
        printf("max30102_reset ok!\r\n");
```

```
if(maxim_max30102_read_reg(REG_INTR_STATUS_1,&uch_dummy))    // 读并清除状态寄存器
    printf("read_reg REG_INTR_STATUS_1 failed!\r\n");
else
    printf("read_reg REG_INTR_STATUS_1 ok!\r\n");

if(maxim_max30102_init())                     // 初始化 MAX30102
    printf("max30102_init failed!\r\n");
else
printf("max30102_init ok!\r\n");
printf("LED_ON\r\n");
delay_ms(1000);
n_brightness=0;
un_min=0x3FFFF;
un_max=0;
n_ir_buffer_length=500;
printf(" 采集 500 个样本 \r\n");
for(j=0;j<n_ir_buffer_length;j++)              // 读取前 500 个样本，并确定信号范围
{
    while(READ_INT==1);                     // 等待 MAX30102 中断引脚拉低
    maxim_max30102_read_fifo((aun_red_buffer+j), (aun_ir_buffer+j));// 从 MAX30102 FIFO 读取
    if(un_min>aun_red_buffer[j])
        un_min=aun_red_buffer[j];            // 得到信号最小值
    if(un_max<aun_red_buffer[j])
        un_max=aun_red_buffer[j];            // 得到信号最大值
    printf("red=");
    printf("%i", aun_red_buffer[j]);
    printf(", ir=");
    printf("%i\r\n", aun_ir_buffer[j]);
}
un_prev_data=aun_red_buffer[j];
// 计算前 500 个样本 ( 前 5 秒的样本 ) 后的心率和血氧饱和度
maxim_heart_rate_and_oxygen_saturation(aun_ir_buffer, n_ir_buffer_length, aun_red_buffer,
&n_sp02, &ch_spo2_valid, &n_heart_rate, &ch_hr_valid);
LCD_Draw_Rect_Win(6,70,308,164,BLACK);
LCD_ShowString(0, 0,"heart rate:", 32, WHITE);
while (1)
{
    j=0;
```

```
un_min=0x3FFFF;
un_max=0;
// 将前 100 组样本转储到存储器中，并将最后 400 组样本移到顶部
for(j=100;j<500;j++)
{
    aun_red_buffer[j-100]=aun_red_buffer[j];
    aun_ir_buffer[j-100]=aun_ir_buffer[j];
    //update the signal min and max
    if(un_min>aun_red_buffer[j])
    un_min=aun_red_buffer[j];
    if(un_max<aun_red_buffer[j])
    un_max=aun_red_buffer[j];
}
// 在计算心率之前取 100 组样本
for(j=400;j<500;j++)
{
    un_prev_data=aun_red_buffer[j-1];
    while(READ_INT==1);                    // 等待 MAX30102 中断引脚拉低
    maxim_max30102_read_fifo((aun_red_buffer+j), (aun_ir_buffer+j));

    if(aun_red_buffer[j]>un_prev_data)  // 根据相邻两个 A/D 数据的偏差来确定 LED 的亮度
    {
        f_temp=aun_red_buffer[j]-un_prev_data;
        f_temp/=(un_max-un_min);
        f_temp*=MAX_BRIGHTNESS;
        n_brightness-=(int)f_temp;
        if(n_brightness<0)
        n_brightness=0;
    }
    else
    {
        f_temp=un_prev_data-aun_red_buffer[j];
        f_temp/=(un_max-un_min);
        f_temp*=MAX_BRIGHTNESS;
        n_brightness+=(int)f_temp;
        if(n_brightness>MAX_BRIGHTNESS)
            n_brightness=MAX_BRIGHTNESS;
    }
    // 通过 UART 将样本和计算结果发送至显示终端
```

```
            printf("red=");
            printf("%i", aun_red_buffer[j]);
            printf(", ir=");
            printf("%i", aun_ir_buffer[j]);
            printf(", HR=%i,", n_heart_rate);
            printf("HRvalid=%i,", ch_hr_valid);
            printf("SpO2=%i,", n_sp02);
            printf("SPO2Valid=%i\r\n", ch_spo2_valid);
            LCD_Oscilloscope_dis_fun(aun_red_buffer[j]/1600,aun_ir_buffer[j]/1600);
            if((n_heart_rate<60)||(n_heart_rate>140))
            {   heart_rate_new = 0;
            }
            else
            {   heart_rate_new = (u8)n_heart_rate;
            }
            if(heart_rate_new!=heart_rate_old)
            {
                LCD_Draw_Rect_Win(200,0,64,32,BLUE);
                LCD_ShowNum(200, 0, heart_rate_new, 4, 32, WHITE);
            }
                heart_rate_old = heart_rate_new;
        }
        maxim_heart_rate_and_oxygen_saturation(aun_ir_buffer, n_ir_buffer_length, aun_red_buffer, &n_sp02,
        &ch_spo2_valid, &n_heart_rate, &ch_hr_valid);
    }
}
```

8.3.5 程序运行结果

获得整个工程文件，编译并运行程序，实训结果如图 8-19 所示，可以看到液晶显示屏显示被检测人体的心跳、血氧饱和度数值。

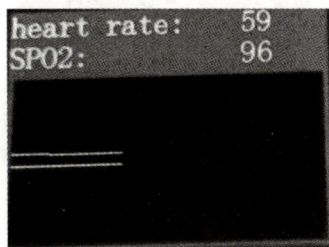

图 8-19 实训结果

🔹 尊重公民合法权益，保障网络信息安全

　　生物识别技术的应用日益广泛，从解锁智能手机到访问高度敏感的数据中心，生物识别技术都为我们提供了便捷且更为安全的身份验证手段。然而，这些技术的使用也带来了隐私保护和数据安全方面的挑战。如何做到技术进步与个人隐私权之间的平衡，尊重隐私、合法合规使用生物识别数据越来越得到人们的关注。

　　为了实现隐私保护和数据安全的有机结合，可以采取以下几个关键措施：

　　(1) 遵从法律法规：确保所有生物识别数据的收集、处理、存储和传输都严格遵循相关的法律法规。

　　(2) 加密与安全存储：采用高级加密技术对生物识别数据进行加密存储，即使数据被非法访问，也无法直接读取和使用。同时，使用安全隔离的存储环境，限制对生物特征数据库的访问权限。

　　(3) 分散存储与模板保护：不直接存储原始生物特征图像或数据，而是将其转换为不可逆的模板或哈希值。这样即使数据库被泄露，攻击者也无法重建个人的生物特征。

　　(4) 用户控制权：赋予用户对自己生物特征数据的控制权，包括数据的查看、修改和删除权利。让用户了解其数据如何被使用，并能够随时撤回同意。

　　(5) 隐私增强技术：应用差分隐私、同态加密等技术，在数据共享和数据分析时保护个人隐私，确保数据使用过程中的匿名性和不可追溯性。

　　(6) 教育与意识提升：提高用户、开发者及管理人员对生物识别技术及其隐私风险的认识，定期进行培训，增强数据保护意识。

　　综上所述，通过法律框架、技术措施、用户参与和持续改进，可以有效实现生物识别技术应用中隐私保护和数据安全的有机结合。

💡 思考与练习

　　1. 图像识别传感器通过哪些步骤实现对图像的分析和识别？

　　2. 语音识别传感器有哪些应用？

　　3. 简述光学指纹传感器、电容式指纹传感器和超声波指纹传感器的优缺点。

　　4. 心率血氧传感器模块 MAX30102 的工作原理是什么？

项目9　运动量检测

>► 知识目标

　　通过学习，熟悉速度传感器、加速度传感器、陀螺仪的工作原理，了解常用运动量检测传感器的特点及结构，掌握速度传感器、加速度传感器以及陀螺仪的使用方法。

>► 技能目标

　　通过实践和训练，掌握各种运动量检测传感器的选型及实际应用，掌握运动量检测传感器与STM32的接口技术和编程技术。

　　速度、角速度和加速度可直接反映物体运动的快慢程度和动态受力情况，运动量的检测在日常生活、工业生产、军事领域都有广泛的应用。例如：陀螺仪在手机中用于计步、摄像头防抖；汽车速度的检测可以使人们安全驾驶；轧钢速度检测直接关系到钢铁生产的连续性，过快或者过慢都可能发生事故；角速度和加速度的检测被用于惯性导航；加速度通过牛顿第二定律可直接联系到物体所受到的合外力，是表征动态力的重要指标。在振动检测中，速度和加速度是表征振动的重要参数。

9.1　认识运动量检测传感器

　　运动量检测包括速度检测、角速度检测以及加速度检测等，运动量检测传感器就是将被测运动量的变化转换为电信号的测量装置，输出的信号包括模拟信号和数字信号。

9.1.1　速度传感器

　　从原理上来说，使用位移传感器所得的数值对时间进行求导可以得到速度量。速度的检测在日常生活中随处可见，比如利用多普勒效应进行车速的检测、利用霍尔式转速传感器进行自行车速度的检测。同样，在工业生产中，速度的检测应用也非常广泛，比如自控机床转速的检测、自动焊缝跟踪系统焊接速度的检测等。常见的速度传感器种类非常多，这里仅介绍多普勒效应测速、测速发电机、光电式转速传感器、霍尔式转速传感器以及磁阻式转速传感器。

1. 多普勒效应测速

1) 多普勒效应

假若发射机与接收机之间发生相对运动，则发射机发射信号的频率与接收机收到信号的频率不同。因为这一现象是奥地利科学家多普勒最早发现的，所以称之为多普勒效应。

如果发射机和接收机在同一地点，被测物体以速度 v 向发射机和接收机运动，则可以把被测物体对信号的反射看成是一个发射机。这样，接收机和被测物体之间因有相对运动，所以就产生了多普勒效应。

如图 9-1(a) 所示，发射机向被测物体发射无线电波信号，被测物体以速度 v 运动，被测物体作为接收机接收到的信号频率为

$$f_1 = f_0 + \frac{v}{\lambda_0} \tag{9-1}$$

式中：f_0 为发射机发射信号的频率，单位为 Hz；v 为被测物体的运动速度，单位为 m/s；λ_0 为发射信号的波长，$\lambda_0 = \dfrac{C}{f_0}$，其中 C 为电磁波的传播速度。

如果把 f_1 作为反射波向接收机发射信号，如图 9-1(b) 所示。接收机接收到的信号频率为

$$f_2 = f_1 + \frac{v}{\lambda_1} = f_0 + \frac{v}{\lambda_0} + \frac{v}{\lambda_1} \tag{9-2}$$

由于被测物体的运动速度远小于电磁波的传播速度，则可认为 $\lambda_0 = \lambda_1$，代入上式可得

$$f_2 = f_0 + \frac{2v}{\lambda_0} \tag{9-3}$$

由多普勒效应产生的频率之差称为多普勒频率，即

$$F_d = f_2 - f_0 = \frac{2v}{\lambda_0} \tag{9-4}$$

从式 (9-4) 可以看到被测物体的运动速度可以用多普勒频率来描述。

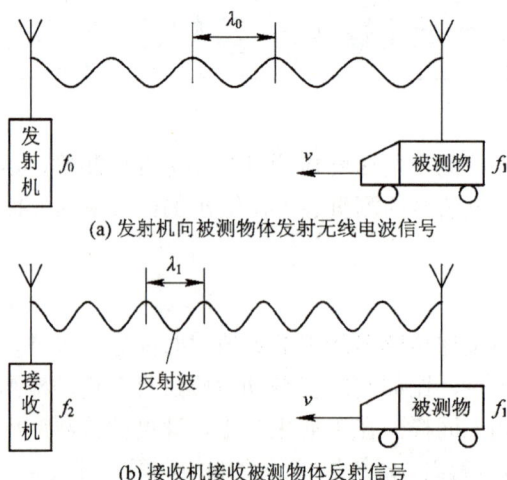

(a) 发射机向被测物体发射无线电波信号

(b) 接收机接收被测物体反射信号

图 9-1　多普勒效应示意图

2) 多普勒雷达测速

如图 9-2 所示为多普勒雷达测速的电路原理框图，它由发射机、接收机、混频器、检波器、放大器及处理电路等组成。当发射信号和接收到的回波信号经混频器混频后，两者产生频差现象，频率之差正好为多普勒频率。

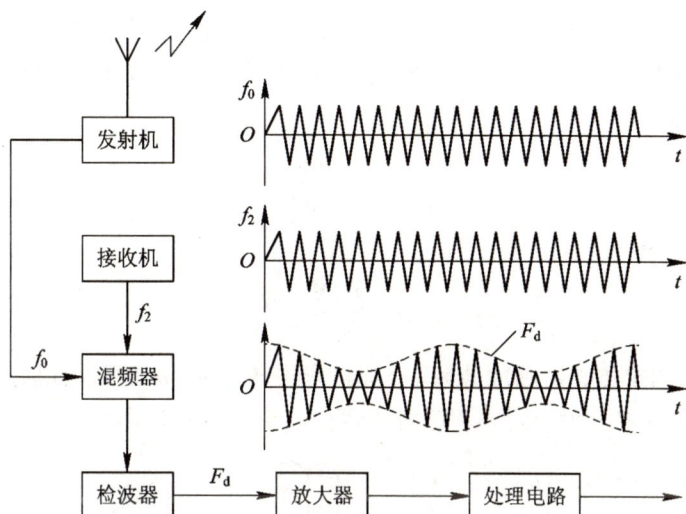

图 9-2　多普勒雷达测速原理框图

利用多普勒雷达可以对被测物体的线速度进行测量。如图 9-3 所示，多普勒雷达产生的多普勒频率为

$$F_{\mathrm{d}} = \frac{2v\cos\theta}{\lambda_0} \tag{9-5}$$

式中：v 为被测物体的线速度；θ 为电磁波方向与速度方向的夹角；λ_0 为电磁波的波长。

用多普勒雷达测量运动物体线速度的方法，已广泛用于检测车辆的行驶速度。

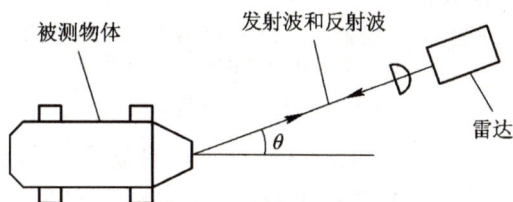

图 9-3　多普勒雷达测速原理图

2. 测速发电机

测速发电机是根据电磁感应原理做成的专门测量转速的微型发电机，其输出电压正比于输入轴上的转速，即

$$U_0 = Bl \cdot v = Bl \cdot r\omega = 2\pi Blr\frac{n}{60} \tag{9-6}$$

式中：B 为测速发电机中的磁感应强度，单位为 T；r 为测速发电机绕组的平均半径，单位为 m；l 为测速发电机转子的总有效长度，单位为 m；ω 为测速发电机转子的角速度，

单位为 rad/s；n 为测速发电机每分钟的转数。

测速发电机可分为直流测速发电机和交流测速发电机两类。测速发电机的优点是线性好、灵敏度高和输出信号大。

3. 光电式转速传感器

光电式转速传感器属于测频计数式测速传感器，其特点是在指定时间内对转速传感器发出的脉冲进行计数。若每转 1 周传感器发出的脉冲数为 m，$T(s)$ 时间内脉冲计数值为 N，则传感器脉冲的频率为

$$f = \frac{N}{T} = \frac{m \times n}{60} \tag{9-7}$$

每分钟转数 n 为

$$n = \frac{60N}{mT} \tag{9-8}$$

由上式可见，测定传感器脉冲的频率 f 即可求得转速 n。m 的数值最好是 60 的整数倍。光电式转速传感器分为反射式和透射式两种，如图 9-4 所示。

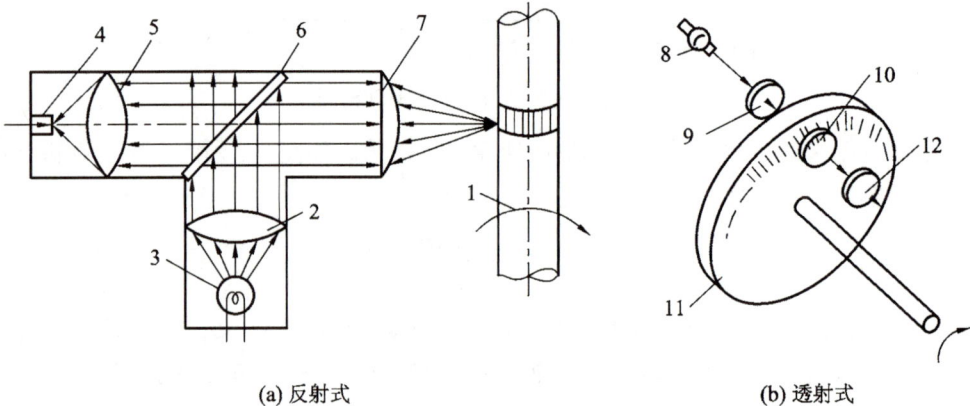

(a) 反射式　　　　　　　　　　　　　　(b) 透射式

1—被测转轴；2—透镜；3—光源；4、12—光电元件；5—聚焦透镜；6—光透膜片；
7—聚焦透镜；8—光源；9—透镜；10—指示盘；11—旋转盘。

图 9-4　光电式转速传感器

反射式转速传感器的工作原理如图 9-4(a) 所示。用金属箔或反射纸在被测转轴 1 上贴出一圈黑白相间的反射面，光源 3 发射的光线经透镜 2、光透膜片 6 和聚焦透镜 7 投射在转轴反射面上，反射光经聚焦透镜 5 汇聚后，照射在光电元件 4 上产生光电流。该轴旋转时，黑白相间的反射面造成反射光强弱变化，形成频率与转速及黑白间隔数有关的光脉冲，使光电元件产生相应电脉冲。由式 (9-7) 可知，当黑白间隔数 m 一定时，电脉冲的频率 f 便与转速 n 成正比。

透射式光电转速传感器的工作原理如图 9-4(b) 所示。固定在被测转轴上的旋转盘 11 的圆周上开有 m 道径向透光的缝隙，不动的指示盘 10 具有和旋转盘相同间距的缝隙，两盘缝隙重合时，光源 8 发出的光线便经透镜 9 照射在光电元件 12 上，形成光电流。当旋转盘随被测轴转动时，每转过一条缝隙，光电元件接受的光线就发生一次明暗变化，因而输出一个电脉冲信号。由此产生的电脉冲的频率 f 在缝隙数目 m 确定后与轴的转速成正比，

如式 (9-7) 所示。采用这种结构可以大大增加旋转盘缝隙的数目，使被测轴每转一圈产生的电脉冲数增加，从而提高转速测量精度。

4. 霍尔式转速传感器

霍尔式转速传感器同样属于测频计数式测速传感器，其工作原理如图 9-5 所示。

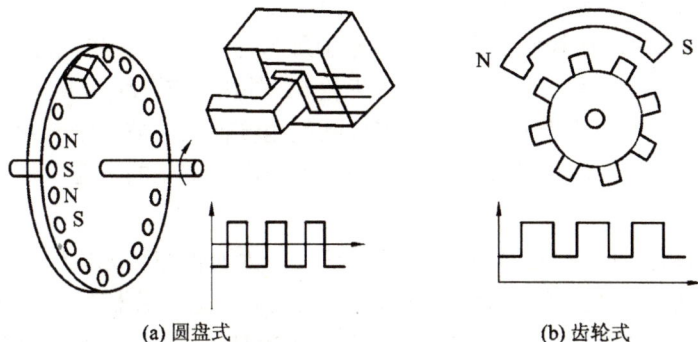

(a) 圆盘式　　　　　　　　　　　　(b) 齿轮式

图 9-5　霍尔式转速传感器

图 9-5(a) 所示是将一个非磁性圆盘固定在被测转轴上，圆盘的周边上等距离地嵌装着若干个永磁铁氧体，相邻两个铁氧体的极性相反。由磁导体和置于磁导体间隙中的霍尔元件组成测量头 (见图 9-5(a) 右上角)，磁导体尽可能安装在铁氧体边上。当圆盘转动时，霍尔元件感受到磁场强度的周期性变化，从而输出正负交变的周期电势，经过整形处理即可得到和转速成正比的电脉冲。

图 9-5(b) 是在被测转轴上安装一个齿轮状的磁导体，对着齿轮固定着一个马蹄形状的永久磁铁，霍尔元件粘贴在磁极的端面上。当被测轴转动时，带动齿轮状磁导体转动，于是霍尔元件磁路中的磁阻发生周期性变化，使霍尔元件感受的磁场强度也发生周期性变化，从而输出一系列频率与转速成比例的单向电脉冲。

5. 磁阻式转速传感器

磁阻式转速传感器也属于测频计数式测速传感器，其工作原理如图 9-6 所示。

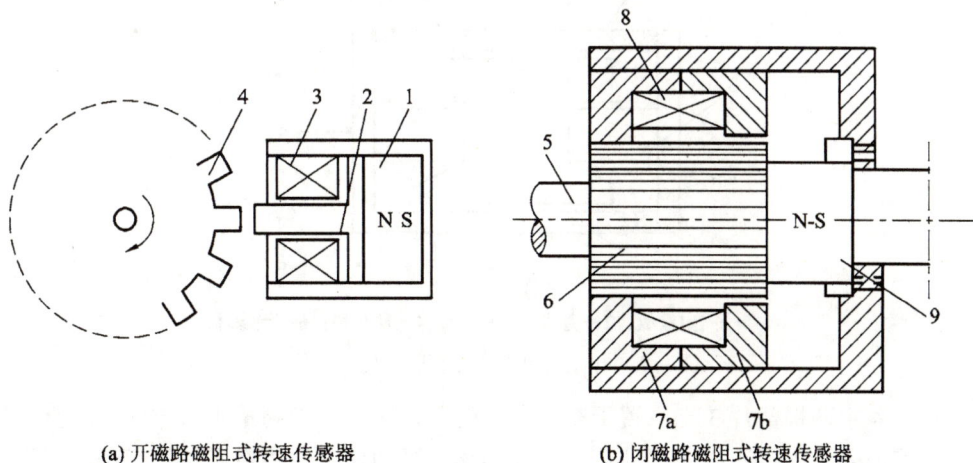

(a) 开磁路磁阻式转速传感器　　　　　　　　(b) 闭磁路磁阻式转速传感器

1—永久磁铁；2—软铁；3—感应线圈；4—齿轮；5—转轴；6—内齿轮；7a、7b—外齿轮；8—线圈；9—永久磁铁。

图 9-6　磁阻式转速传感器

图 9-6(a) 为开磁路磁阻式转速传感器，传感器由永久磁铁 1、软铁 2、感应线圈 3 组成，齿数为 m 的齿轮 4 安装在被测转轴上。当齿轮随转轴旋转时，齿的凹凸引起磁阻变化，致使线圈中磁通发生变化，感应出幅值交变的电势，由式 (9-7) 可以得知，感应电势的频率 f 与转速成正比。

开磁路磁阻式转速传感器结构比较简单，但输出信号较小。另外，当被测轴振动较大时，传感器输出波形失真比较大。在振动较强的场合，往往采用闭磁路磁阻式转速传感器，如图 9-6(b) 所示。它是由装在转轴 5 上的内齿轮 6、外齿轮 7、线圈 8 及永久磁铁 9 构成，内、外齿轮的齿数相同，均为 m，转轴是连接到被测转轴上与被测轴一起转动的，内、外齿轮相对运动，使磁路气隙周期变化，在线圈中就会产生交变的感应电势，电势频率同样符合式 (9-7)。

由于感应电势的幅值取决于切割磁力线的速度，因而也与转速成一定比例。当转速太低时，输出电势很小，以致无法测量。所以，磁阻式转速传感器有一个下限工作频率为 50 Hz(闭磁路磁阻式转速传感器的下限频率可降到 30 Hz)，其上限工作频率可达 100 kHz。

9.1.2　加速度传感器

速度的变化量与所用时间的比值叫加速度。加速度与速度的变化和发生速度变化的时间长短有关，但与速度的大小无关。加速度传感器就是一种能够测量加速度的传感器，通常由质量块、阻尼器、弹性元件、敏感元件和适调电路等部分组成。传感器在加速过程中，通过对质量块所受惯性力的测量，就可利用牛顿第二定律获得加速度值。根据传感器敏感元件的不同，常见的加速度传感器包括电容式、电感式、电阻式、霍尔式、压电式等。

1. 电容式加速度传感器

电容式加速度传感器结构示意图如图 9-7 所示。

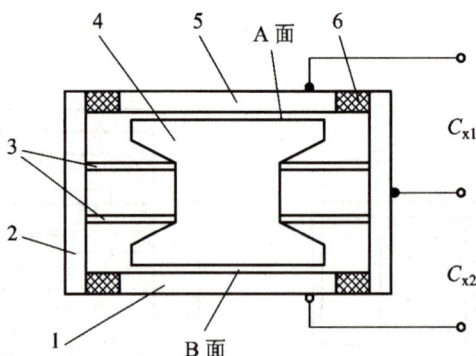

1、5—固定极板；2—壳体；3—簧片；4—质量块；6—绝缘体。

图 9-7　电容式加速度传感器结构示意图

质量块 4 由两根簧片 3 支撑置于充满空气的壳体 2 内。当测量垂直方向上的直线加速度时，传感器壳体固定在被测振动体上，振动体的振动使壳体相对质量块运动，因而与壳体 2 固定在一起的两固定极板 1、5 相对质量块 4 运动，致使上固定极板 5 与质量块 4 的

A面(磨平抛光)组成的电容 C_{x1} 值以及下固定极板1与质量块4的B面(磨平抛光)组成的电容 C_{x2} 值随之改变,一个增大,一个减小,它们的差值正比于被测加速度。由于采用空气阻尼,气体黏度系数比液体小得多,因此这种加速度传感器的精密度较高,频率响应范围宽,量程大,可以测很高的加速度值。

2. 电感式加速度传感器

电感式加速度传感器一般是利用差动变压器工作原理制作而成的。如图9-8所示为两种差动变压器式加速度传感器的结构示意图,图9-8(a)为变气隙式,活动衔铁2兼做质量块,由两片弹簧1支撑,可测量水平方向的振动加速度;图9-8(b)为螺管式,活动衔铁2也是兼做质量块,由上下弹簧1支撑,用以测量垂直方向的振动加速度。

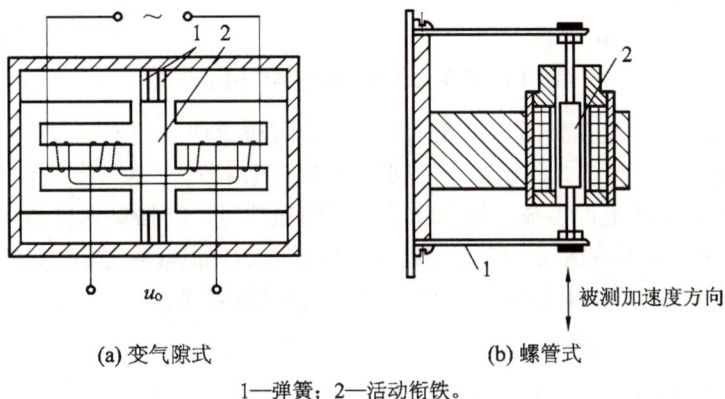

(a) 变气隙式　　　　(b) 螺管式

1—弹簧;2—活动衔铁。

图9-8　差动变压器式加速度传感器结构示意图

3. 电阻式加速度传感器

图9-9为电阻式加速度传感器的结构示意图。

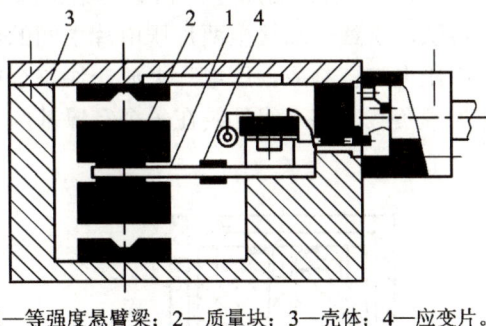

1—等强度悬臂梁;2—质量块;3—壳体;4—应变片。

图9-9　电阻式加速度传感器结构示意图

悬臂梁1作为弹性元件,一端固定在壳体3的基座上,另一端装有质量块2,悬臂梁根部粘贴应变片4连接成差动电桥。

压阻式加速度传感器的结构与图9-9相似,只不过是直接用单晶硅作悬臂梁,并在梁的根部扩散4个电阻组成差动电桥,梁的自由端仍装有惯性质量块。

如图9-9所示用以测量垂直方向的加速度,如果把它的安装方向旋转90°,也可以测量水平方向的加速度。

4. 霍尔式加速度传感器

如图 9-10 所示为霍尔式加速度传感器的结构示意图。

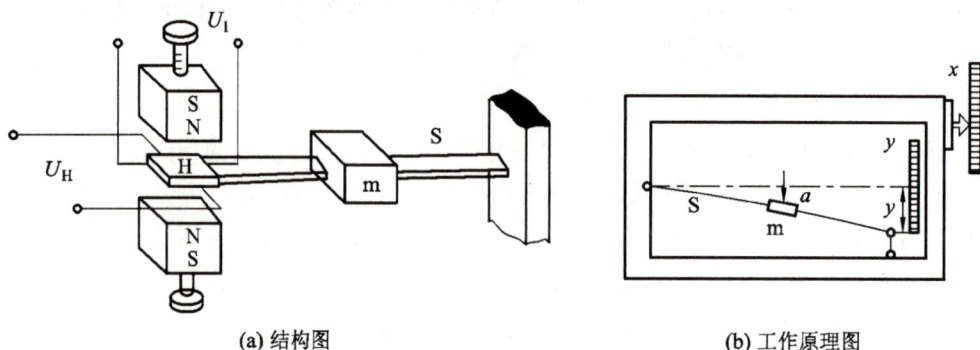

(a) 结构图　　　　　　　　　　(b) 工作原理图

图 9-10　霍尔式加速度传感器结构示意图

弹簧片 S 的一端固定在传感器外壳上，中间装有质量块 m，末端装有霍尔元件 H，在霍尔元件上下方装有一对永久磁铁，它们同极性 (N，N) 相对安装在传感器外壳上。传感器外壳固定在被测振动体上，当被测物体作垂直方向振动时，其振动速度转换为霍尔元件在磁场中的位移而产生相应的霍尔电势，由霍尔电势值可求得加速度。加速度在 $(-14 \times 10^{-3})g \sim (+14 \times 10^{-3})g$ 范围内，霍尔电势与加速度之间有较好的线性关系。

5. 压电式加速度传感器

压电式加速度传感器是一种常用的加速度计。它的工作原理与前面介绍的几种加速度传感器的不同之处就是利用压电材料的压电效应，将惯性力直接转变为电信号输出，因其固定频率高，高频响应好，如配以电荷放大器，低频特性也很好。压电加速度传感器的优点是体积小、重量轻，缺点是要经常校正灵敏度。

如图 9-11 所示是一种压缩式压电式加速度传感器的结构原理图，图中压电元件由两片压电片组成，采用并联接法，引线一端接至两片压电片中间的金属片上，另一端直接与基座相连。压电片通常采用压电陶瓷制成。压电片上放一块重金属制成的质量块，用一个弹簧压紧，对压电元件施加预负载，整个组件装在一个有厚基座的金属壳体中，壳体和基座约占整个传感器重量的一半。

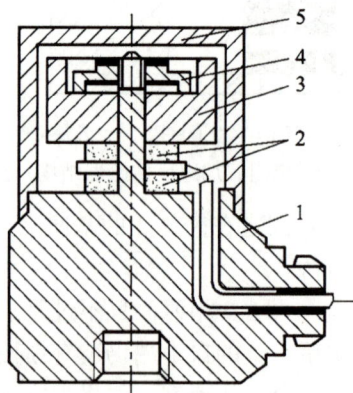

1—基座；2—压电片；3—质量块；4—弹簧；5—壳体。

图 9-11　压缩式压电式加速度传感器结构示意图

测量时，通过基座底部的螺孔将传感器与试件刚性地固定在一起，传感器感受与试件相同频率的振动，由于弹簧的刚度很大，因此质量块也感受与试件相同的振动，质量块就有一正比于加速度的交变力作用在压电片上，由于压电效应，在压电片两个表面上就有电荷产生，传感器的输出电荷 (或电压) 与作用力成正比，亦即与试件的加速度成正比。

这种结构谐振频率高，频响范围宽，灵敏度高，而且结构中的敏感元件 (弹簧、质量块和压电元件) 不与外壳直接接触，受环境的影响小，是目前应用较多的结构形式之一。

9.1.3 陀螺仪

陀螺仪简称陀螺，又称角速度传感器。其物理定义为：陀螺仪是用高速回转体的动量矩敏感壳体相对惯性空间绕正交于自转轴的一个或两个轴的角运动检测装置。

1. 陀螺仪的发展历程

1850 年，法国物理学家莱昂·傅科发现高速转动中的转子由于惯性作用，其旋转轴永远指向固定方向，故用希腊语 gyro(旋转) 和 skopein(看) 来命名这种设备，即陀螺仪 (gyroscope)，并利用陀螺仪验证了地球的自转运动。

1908 年，德国科学家赫尔曼·安许茨·肯普费设计了一种单转子摆式陀螺，该陀螺可以凭借重力力矩自动寻找方向，解决了舰船导航的问题。二战期间，德国利用陀螺仪，为 V-2 火箭装备了惯性制导系统，实现了陀螺仪技术在导弹制导领域的首次应用：使用陀螺仪确定方向和角速度，使用加速度计计算加速度，计算得出导弹飞行的距离与路线，同时控制飞行姿态，以争取让导弹落到想去的地方。1963 年，美国研制出激光陀螺仪，随后将其应用到飞机与战术导弹。1964 年，美国研制出静电陀螺仪，并于 1979 年将其应用于 "三叉戟" 弹道导弹核潜艇，使得潜艇导航能力实现了质的飞跃。1990 年以来，以微机电陀螺仪 (MEMS)、半球谐振陀螺仪 (RG) 为代表的振动陀螺仪以及以核磁共振陀螺仪 (NMRG)、原子干涉陀螺仪 (AIG) 为代表的原子陀螺仪得到快速发展，目前被广泛应用到航空航天、军事以及消费电子等领域。

2. 陀螺仪的工作原理

一个旋转物体的旋转轴所指的方向在不受外力影响时，是不会改变的，这就是陀螺仪的工作原理。人们根据这个原理，用它来保持方向，制造出来的仪器就叫作陀螺仪。陀螺仪在工作时要给它一个力，使它快速旋转起来，一般它能达到几十万转每分钟，可以工作很长时间，然后用多种方法读取轴所指示的方向，并自动将数据传给控制系统。

3. 陀螺仪的组成

从力学的观点近似地分析陀螺的运动时，可以把它看成是一个刚体，刚体上有一个万向支点，而陀螺可以绕着这个支点做三个自由度的转动，所以陀螺的运动属于刚体绕一个定点的转动运动。更确切地说，一个绕对称轴高速旋转的飞轮转子叫陀螺。将陀螺安装在框架装置上，使陀螺的自转轴有角转动的自由度，这种装置叫作陀螺仪。

如图 9-12 所示，陀螺仪的基本部件有：陀螺转子 (常采用同步电机、磁滞电机、三相交流电机等拖动方法来使陀螺转子绕自转轴高速旋转，其转速近似为常值)，内、外框架 (或称内、外环，它是使陀螺自转轴获得所需角转动自由度的结构) 以及附件 (是指力矩马达、信号传感器等)。

图 9-12 陀螺仪的基本组成

4. 陀螺仪的重要特性

陀螺仪是一种既古老又很有生命力的仪器,从第一台真正实用的陀螺仪问世以来已有大半个世纪,但直到现在,陀螺仪仍在吸引着人们对它进行研究,这是由于它本身具有的特性所决定的。陀螺仪有两个非常重要的基本特性:一个是定轴性,另一个是进动性。这两个特性都是建立在角动量守恒的原则下的。人们从儿童玩的地陀螺中早就发现高速旋转的陀螺可以竖直不倒而保持与地面垂直,这就反映了陀螺的定轴性。人们骑自行车不倒也是这个道理,并且速度越快越稳定。研究陀螺仪运动特性的理论是绕定点运动刚体动力学的一个分支,它以物体的惯性为基础,研究旋转物体的动力学特性。

1) 定轴性

当陀螺转子以高速旋转时,在没有任何外力矩作用在陀螺仪上时,陀螺仪的自转轴在惯性空间中的指向保持稳定不变,即指向一个固定的方向,同时反抗任何改变转子轴向的力量,这种物理现象称为陀螺仪的定轴性或稳定性。

陀螺仪的定轴性随以下物理量而改变:

(1) 转子的转动惯量越大,稳定性越好;

(2) 转子的角速度越大,稳定性越好。

所谓的"转动惯量",是描述刚体在转动中的惯性大小的物理量。当以相同的力矩分别作用于两个绕定轴转动的不同刚体时,它们所获得的角速度一般是不一样的,转动惯量大的刚体所获得的角速度小,也就是保持原有转动状态的惯性大;反之,转动惯量小的刚体所获得的角速度大,也就是保持原有转动状态的惯性小。

2) 进动性

当转子高速旋转时,若外力矩作用于外环轴,陀螺仪将绕内环轴转动;若外力矩作用于内环轴,陀螺仪将绕外环轴转动。其转动角速度方向与外力矩作用方向互相垂直,这种特性叫作陀螺仪的进动性。

影响陀螺仪进动性大小的因素有:

(1) 外界作用力越大,其进动角速度也越大;

(2) 转子的转动惯量越大,进动角速度越小;

(3) 转子的角速度越大,进动角速度越小。

5. 陀螺仪的分类

框架的数目、支承的形式以及附件的性质决定了陀螺仪的类型有三自由度陀螺仪(具有内、外两个框架，使转子自转轴具有两个转动自由度。在没有任何力矩装置时，它就是一个自由陀螺仪) 和二自由度陀螺仪 (只有一个框架，使转子自转轴具有一个转动自由度) 两种。

除了机械框架式陀螺仪，还出现了一些新型陀螺仪，如静电陀螺仪、激光陀螺仪、MEMS 陀螺仪等。

1) 静电陀螺仪

静电陀螺仪又称电浮陀螺。在金属球形空心转子的周围装有均匀分布的高压电极，对转子形成静电场，用静电力支承高速旋转的转子。这种方式属于球形支承，转子不仅能绕自转轴旋转，同时也能绕垂直于自转轴的任何方向转动，故属于自由转子陀螺仪类型。静电陀螺仪采用非接触支承，不存在摩擦，所以精度很高。它的缺点是结构和制造工艺复杂，成本较高。

2) 激光陀螺仪

激光陀螺仪实际上是一种环形激光器，没有高速旋转的机械转子，但它利用激光技术测量物体相对于惯性空间的角速度，具有速率陀螺仪的功能。

激光陀螺仪的工作原理是：用热膨胀系数极小的材料制成三角形空腔，在空腔的各顶点分别安装三块反射镜，形成闭合光路。腔体被抽成真空，充以氦氖气，并装设电极，形成激光发生器。激光发生器产生两束射向相反的激光，当环形激光器处于静止状态时，两束激光绕行一周的光程相等，因而频率相同，所以频差为零，干涉条纹为零。当环形激光器绕垂直于闭合光路平面的轴转动时，与转动方向一致的那束光的光程延长，波长增大，频率降低，另一束光则相反，因而出现频差，形成干涉条纹。单位时间内的干涉条纹数正比于转动角速度，从而完成与机械式陀螺仪同样的任务。

激光陀螺仪的精度大大高于机械式陀螺仪、没有运动部件、易于维护、可靠性高、寿命长，从而取代机械式陀螺仪，成为大中型飞机惯性基准系统的核心部件。但是它比机械式陀螺仪的体积大、价格高，因此在小型飞机上使用得较少。

3) MEMS 陀螺仪

MEMS(Micro-Electro-Mechanical Systems) 是指集机械元素、微型传感器、微型执行器以及信号处理和控制电路、接口电路、通信和电源于一体的完整微机电系统。MEMS 陀螺仪即硅微机电陀螺仪，绝大多数 MEMS 陀螺仪依赖于相互正交的振动和转动引起的交变科里奥利力 (在旋转体系中进行直线运动的质点，由于惯性，有沿着原有运动方向继续运动的趋势，但是由于体系本身是旋转的，在经历了一段时间的运动之后，体系中质点的位置会有所变化，而它原有的运动趋势的方向，如果以旋转体系的视角去观察，就会发生一定程度的偏离。当一个质点相对于惯性系做直线运动时，相对于旋转体系，其轨迹是一条曲线。立足于旋转体系，我们认为有一个力驱使质点运动轨迹形成曲线，这个力就是科里奥利力)。

MEMS 陀螺仪是将旋转物体的角速度转换成与角速度成正比的直流电压信号，其核心部件是通过掺杂技术、光刻技术、腐蚀技术、LIGA 技术、封装技术等批量生产的。其主要特点如下：

(1) 体积小、重量轻，其边长都小于 1 mm，器件核心的重量仅为 1.2 mg。

(2) 成本低。

(3) 可靠性好，工作寿命超过 10 万小时，能承受 1000 g 的冲击。

(4) 测量范围大。

5. 陀螺仪的应用

陀螺仪可以作为指示仪表，更重要的是，它可以作为自动控制系统中的一个敏感元件，即可作为信号传感器。根据需要，陀螺仪能提供准确的方位、水平、位置、速度和加速度等信号，以便驾驶员用自动导航仪来控制飞机、舰船或航天飞机等航行体按一定的航线运动，而在导弹、卫星运载器或空间探测火箭等航行体的制导中，则直接利用这些信号完成航行体的姿态控制和轨道控制。

作为稳定器，陀螺仪能使列车在单轨上行驶，能减小船舶在风浪中的摇摆，能使安装在飞机或卫星上的照相机相对地面稳定等。

作为精密测试仪器，陀螺仪能够为地面设施、矿山隧道、地下铁路、石油钻探以及导弹发射井等提供准确的方位基准。

陀螺仪的出现，给消费电子带来了很大的应用发挥空间。例如，就设备输入的方式来说，在键盘、鼠标、触摸屏之后，陀螺仪又给人们带来了手势输入，由于它的高精度特性，甚至还可以实现电子签名。

如果陀螺仪和手机上的 GPS 配合使用，手机的导航能力将达到前所未有的水准。实际上，目前很多专业手持式 GPS 上也装了陀螺仪，如果手机上安装了相应的软件，其导航能力绝不亚于目前很多船舶、飞机上用的导航仪。陀螺仪还可以和手机上的摄像头配合使用，比如防抖，这会让手机的拍照、摄像能力得到很大的提升。此外，陀螺仪还可以提升游戏体验。各类手机游戏，比如飞行游戏、体育类游戏，甚至包括一些第一视角类射击游戏，陀螺仪可以完整监测游戏者手的位移，从而实现各种游戏的操作效果，如横屏改竖屏、赛车游戏拐弯等。

除了我们熟悉的智能手机，汽车上也用了很多微机电陀螺仪。在高档汽车中，大约采用了 25~40 只 MEMS 传感器，用来检测汽车不同部位的工作状态，给行车电脑提供信息，让用户更好地控制汽车。

由此可见，陀螺仪的应用范围是相当广泛的，它在现代化的国防建设和国民经济建设中均占有重要的地位。

9.2　三轴加速度传感器应用实训

9.2.1　实训目的及要求

通过实训，了解三轴加速度传感器 ADXL345 的工作原理，掌握三轴加速度传感器 ADXL345 与 STM32F407ZGT6 芯片的接口技术以及 I²C 总线编程技术，熟悉使用加速度传感器 ADXL345 对加速度进行检测，并在液晶显示屏幕上显示 x、y、z 轴三个方向的加速度值。

9.2.2　三轴加速度传感器 ADXL345 简介

1. 三轴加速度传感器 ADXL345 的工作原理

ADXL345 传感器的系统框图如图 9-13 所示。ADXL345 传感器属于微机电系统传感器，主要由硅晶片上的微机械结构组成，该结构中的多晶硅弹簧悬挂，当在 x、y 或 z 轴上受到加速度时，它可以在任何方向上平滑偏转。挠曲会导致固定极板和连接到悬挂结构的活动极板之间的电容发生变化。每个轴上的电容变化都会转换为与该轴上的加速度成比例的输出电压。该传感器便是通过对此电压进行采样从而计算得出每个方向上的加速度，最终通过内部处理产生数字输出。该传感器既能测量运动或冲击导致的动态加速度，也能测量静止加速度，如重力加速度，使得器件可作为倾斜传感器使用。

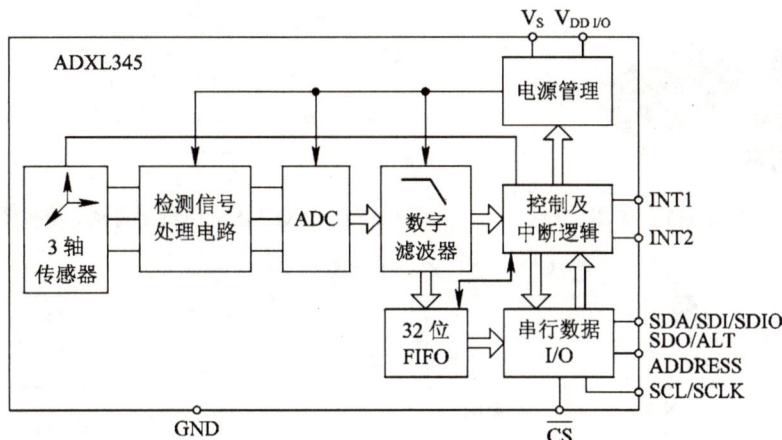

图 9-13　ADXL345 传感器的系统框图

2. 三轴加速度传感器 ADXL345 的特点及应用

ADXL345 是 ADI 公司生产的一款数字三轴加速度计传感器。它采用了高分辨率 13 位 A/D 转换器和 16 位数据输出，能够测量 ±2 g、±4 g、±8 g、±16 g 四种量程范围内的加速度，具有高精度、低功耗等优点，并支持多种数字接口，可以与各种微控制器进行通信。

ADXL345 三轴加速度传感器基于 MEMS 技术，将微小振动转化为模拟电信号，再经过内部处理后输出数字信号。它通过检测物体在空间中的加速度及其方向，来测量物体的运动状态，广泛应用于手机、游戏控制器、智能手表、健身设备、安全系统、工业自动化等领域。其主要技术参数如下：

(1) 工作电压：2.0～3.6 V。

(2) 功耗：40～145 μA，待机模式仅 0.1 μA。

(3) 分辨率：13 位。

(4) 三轴加速度计可编程范围：±2 g、±4 g、±8 g 或 ±16 g 可变量程。

(5) 工作温度：−40～+85℃。

(6) 通信接口：400 kHz I^2C 或 2 MHz SPI。

(7) 用户可编程中断。

(8) 封装尺寸：LGA 3 mm × 5 mm × 1 mm。

3. 三轴加速度传感器 ADXL345 的引脚定义

ADXL345 采用 LGA 3 mm × 5 mm × 1 mm、14 引脚小型超薄塑料封装，如图 9-14 所示。图 9-15 为 ADXL345 的引脚配置图，其引脚定义见表 9-1。

图 9-14　ADXL345 封装图　　　图 9-15　ADXL345 的引脚配置图（俯视图）

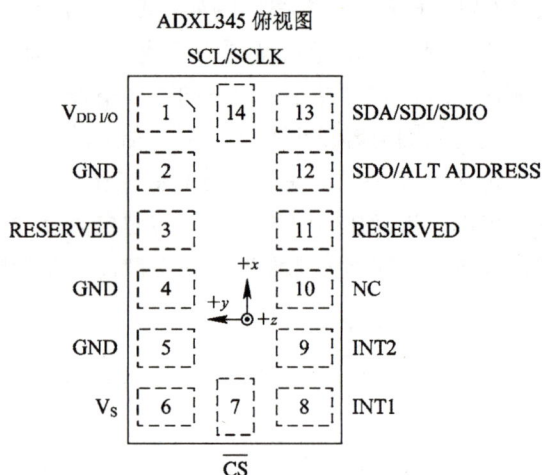

表 9-1　ADXL345 的引脚定义

引脚编号	引脚名称	描　述
1	$V_{DD I/O}$	数字接口电源电压
2	GND	接地
3	RESERVED	保留。该引脚必须连接到 VS 或保持断开
4	GND	接地
5	GND	接地
6	V_s	电源电压
7	$\overline{CS}$	片选
8	INT1	中断 1 输出
9	INT2	中断 2 输出
10	NC	内部不连接
11	RESERVED	保留。该引脚必须接地或保持断开
12	SDO/ALT ADDRESS	串行数据输出 (SPI4 线)/ 备用 I^2C 地址选择
13	SDA/SDI/SDIO	串行数据 (I^2C)/ 串行数据输入 (SPI4 线)/ 串行数据输入和输出 (SPI3 线)
14	SCL/SCLK	串行通信时钟。SCL 为 I^2C 时钟，SCLK 为 SPI 时钟

4. 三轴加速度传感器 ADXL345 的典型接线

三轴加速度传感器 ADXL345 与微处理器的数据传输有 SPI 和 I^2C 两种通信方式，将 CS 引脚拉高至 $V_{DD I/O}$，ADXL345 处于 I^2C 模式。CS 引脚应始终上拉至 $V_{DD I/O}$ 或由外部控制器驱动，CS 引脚无连接时，默认模式不存在。因此，如果没有采取这些措施，可能会导致该器件无法通信。SPI 模式下，CS 引脚由总线主机控制。SPI 和 I²C 两种操作模式下，ADXL345 写入期间，应忽略从 ADXL345 传输到主器件的数据。图 9-16(a) 为 SPI 总线三总线连接方式，图 9-16(b) 为 SPI 总线四总线连接方式，图 9-17 为 I²C 总线连接方式，本次实训采用 I²C 总线连接方式进行数据通信。

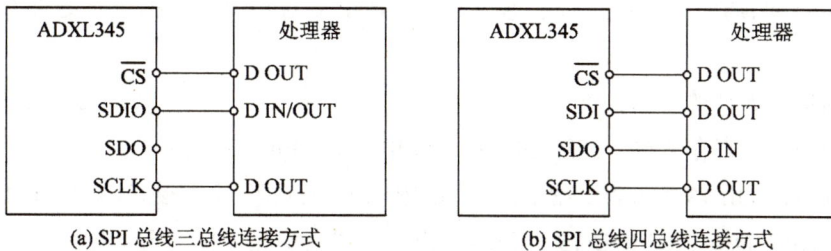

(a) SPI 总线三总线连接方式　　　(b) SPI 总线四总线连接方式

图 9-16　ADXL345 与微处理器 SPI 接线

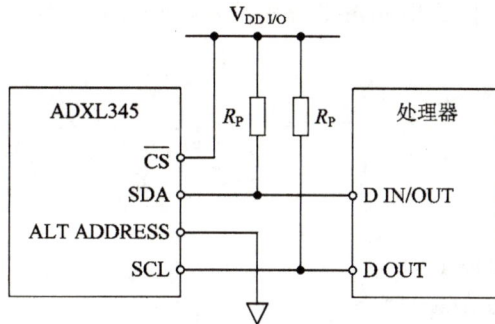

图 9-17　ADXL345 与微处理器 I²C 接线

9.2.3　三轴加速度传感器 ADXL345 硬件接口电路设计

三轴加速度传感器 ADXL345 应用实训原理图如图 9-18 所示。主控芯片 STM32F407-ZGT6 的最小系统及人机接口原理图见附录 A，这里仅给出实训用到的硬件设计原理图，ADXL345 传感器第 7 引脚 (CS) 接 STM32F407 的 PD12 引脚，第 8 引脚 (INT2) 接 PD14 引脚，第 9 引脚 (INT1) 接 PD15 引脚，第 13 引脚 (SDA) 接 PB13 引脚，第 14 引脚 (SCL) 接 PE1 引脚。

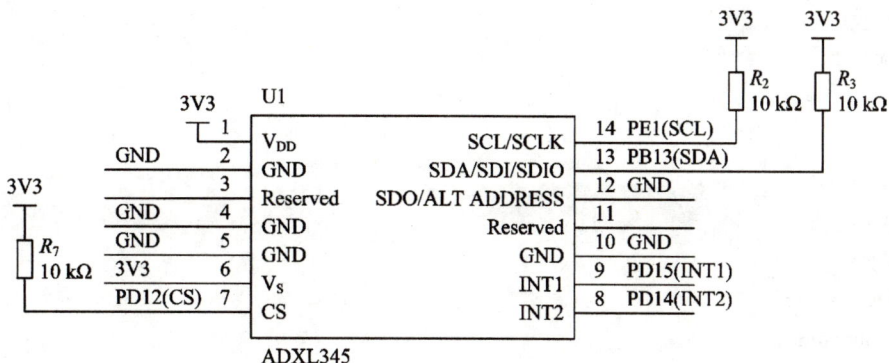

图 9-18　三轴加速度传感器 ADXL345 实训原理图

9.2.4　程序设计

本次实训的任务是采用三轴加速度传感器 ADXL345 对加速度进行检测，该任务功能主要由 main.c 和 ADXL345.c 程序文件来完成，ADXL345.c 文件完成 STM32F407ZGT6 与 ADXL345 芯片的通信并获得三轴加速度数据，main.c 对加速度数据进行处理并在液晶屏上显示。

本实训程序设计的要点如下：

(1) 配置 RCC 寄存器组，开启 GPIOB、GPIOD、GPIOE 时钟；

(2) 配置 GPIOB.13 为开漏、输出模式，GPIOE.1 为推挽、输出模式，GPIOD.12 为推挽、输出模式，GPIOD.14、GPIOD.15 为开漏、输入模式，均无上拉 / 下拉电阻；

(3) I²C 通信、数据处理及显示。

鉴于篇幅限制，这里仅给出 main.c 程序清单，扫描右下侧二维码可以获得本次实训的完整工程文件。

```
#include"main.h"
#include"delay.h"
#include"string.h"
#include"stdio.h"
#include"STM32F40x_GPIO_Init.h"
#include"STM32F40x_Usart_eval.h"
#include"STM32F40x_Timer_eval.h"
#include"Mfrc522.h"
#include"STM32F40x_SPI_eval.h"
#include"STM32F40x_LCD_SPI.h"
#include"ADXL345.h"
u8 test_u8;
u16 x_dat;
u16 y_dat;
u16 z_dat;
int acc_x;
int acc_y;
int acc_z;
float acc_f_x;
float acc_f_y;
float acc_f_z;
u16 temp;
int main(void)
{
    delay_Init();                              //SysTick 定时器初始化
```

三轴加速度
传感器应用实训

```
Usart1_Init();
delay_ms(100);
printf("USART1 Init OK\r\n");
gpio_lcd_init();
STM_SPI1_2_Init();
delay_ms(1000);
LCD_Init();
LCD_Clean(BACKGROND);

LCD_ShowString(0, 0," ---acceleration---", 32, TYPEFACE);
LCD_ShowString(0, 32,"x:", 32, TYPEFACE);
LCD_ShowString(0, 64,"y:", 32, TYPEFACE);
LCD_ShowString(0, 96,"z:", 32, TYPEFACE);
GPIO_init_all();
delay_ms(1000);
read_ID_test_fun();
read_ID_test_fun();
ADXL345_init_fun();
while (1)
{
    x_dat = read_data_by_add_fun(0x32);      // 读取 x 轴加速度数据，两个 8 位合成 16 位
    x_dat = x_dat<<8;
    x_dat = x_dat | read_data_by_add_fun(0x33);
    printf("%d,",x_dat);
    if(x_dat>32768)                          // 判断加速度正负
    {
        acc_x = 65536 - x_dat;
        acc_x = -acc_x;
    }
    else
    {
        acc_x = x_dat;
    }
    y_dat = read_data_by_add_fun(0x34);      // 读取 y 轴加速度数据，两个 8 位合成 16 位
    y_dat = y_dat<<8;
    y_dat = y_dat | read_data_by_add_fun(0x35);
    if(y_dat>32768)                          // 判断加速度正负
    {
        acc_y = 65536 - y_dat;
        acc_y = -acc_y;
```

```
    }
    else
    {
        acc_y = y_dat;
    }
    z_dat = read_data_by_add_fun(0x36);        // 读取 z 轴加速度数据，两个 8 位合成 16 位
    z_dat = z_dat<<8;
    z_dat = z_dat | read_data_by_add_fun(0x37);
    if(z_dat>32768)                            // 判断加速度正负
    {
        acc_z = 65536 - z_dat;
        acc_z = -acc_z;
    }
    else
    {
        acc_z = z_dat;
    }
    printf("\r\n");
    LCD_Draw_Rect_Win(112,32,96,32,BACKGROND);
    LCD_Show_int(112,32,x_dat,3,32,TYPEFACE);
    LCD_Draw_Rect_Win(112,64,96,32,BACKGROND);
    LCD_Show_int(112,64,y_dat,3,32,TYPEFACE);
    LCD_Draw_Rect_Win(112,96,96,32,BACKGROND);
    LCD_Show_int(112,96,z_dat,3,32,TYPEFACE);
    delay_ms(200);
    }
}
```

9.2.5 程序运行结果

获得整个工程文件，编译并运行程序，实训结果如图 9-19 所示，对实训传感器进行振动，可以看到液晶显示屏显示 x、y、z 轴三个方向的加速度值。

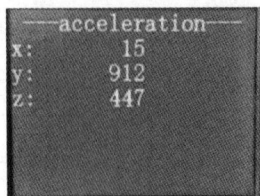

图 9-19 实训结果

9.3 六轴陀螺仪应用实训

9.3.1 实训目的及要求

通过实训，掌握六轴陀螺仪 MPU-6050 芯片与 STM32F407ZGT6 的接口技术以及 I²C 总线编程技术，熟悉使用六轴陀螺仪 MPU-6050 对角速度、加速度进行检测，在液晶显示屏幕上显示 x、y、z 轴三个方向的加速度及角速度值。

9.3.2 六轴陀螺仪 MPU-6050 简介

1. 六轴陀螺仪 MPU-6050 的工作原理

MPU6050 由三轴加速度计和三轴陀螺仪组成，它可以测量物体在 x、y、z 三个方向上的加速度和角速度。加速度计可以检测物体的线性加速度，而陀螺仪可以检测物体的角速度，通过将加速度计和陀螺仪的测量结果进行组合，可以计算出物体的方向和角度。其系统框图如图 9-20 所示。

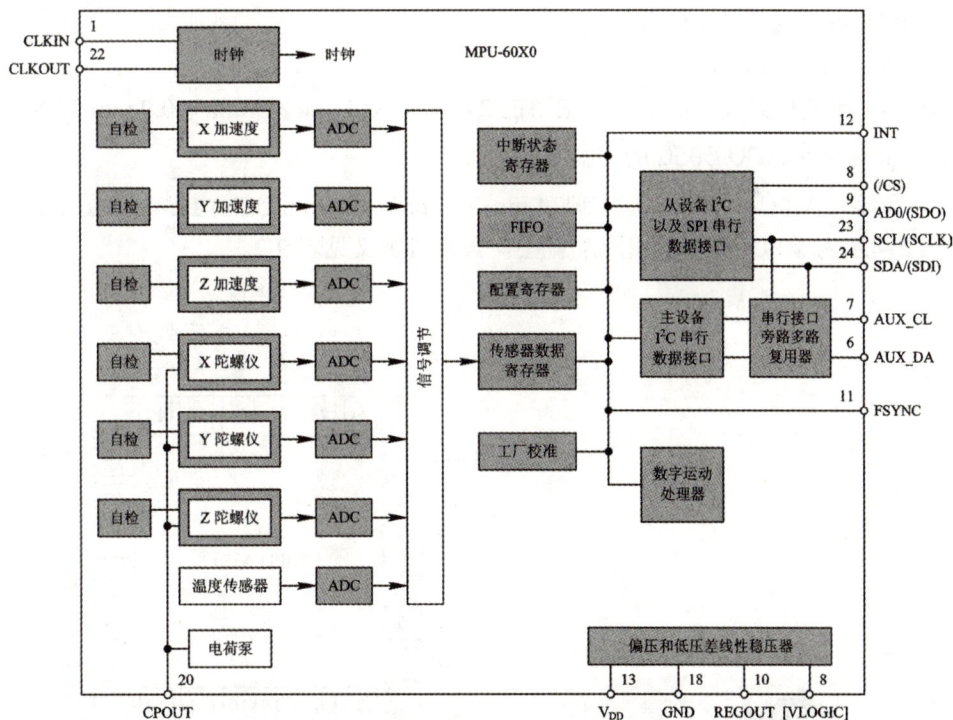

图 9-20 MPU6050 系统框图

2. 六轴陀螺仪 MPU-6050 的应用及特点

MPU-6050 是 InvenSense 公司推出的整合性六轴运动处理组件，其内部整合了三轴陀螺仪和三轴加速度传感器，含有 16 位 ADC 采集传感器的模拟信号，并且含有一个 I²C 接口，可用于连接外部磁力传感器，并利用自带的数字运动处理器硬件加速引擎，通过主 I²C 接口，向应用端输出完整的九轴融合演算数据。

MPU-6050 在机器人、无人机、智能家居等领域有广泛的应用。在机器人领域，MPU-6050 可以用于测量机器人的姿态和运动状态，以实现精确的定位和控制；在无人机领域，MPU-6050 可以用于测量无人机的姿态和角速度，以实现稳定的飞行；在智能家居领域，MPU-6050 可以用于测量家居设备的姿态和运动状态，以实现智能化控制。

六轴陀螺仪 MPU-6050 主要技术参数如下：

(1) 三轴角速度传感器 (陀螺仪)，灵敏度高达 131 LSB/dps，满量程范围为 ±250 dps、±500 dps、±1000 dps 和 ±2000 dps。

(2) 三轴加速度计，可编程满量程范围：±2 g、±4 g、±8 g 和 ±16 g。

(3) V_{DD} 电源电压范围：2.375～3.46 V。

(4) 陀螺仪工作电流：3.6 mA(全功率，陀螺仪在所有速率下)。

(5) 陀螺仪 + 加速度计的工作电流：3.8 mA(全功率，所有速率下的陀螺仪，1 kHz 采样率下的加速度计)。

(6) 低功耗模式的工作电流：10 μA(在 1 Hz)、20 μA(在 5 Hz)、70 μA(在 20 Hz)、140 μA (在 40 Hz)。

(7) 全芯片空闲模式电源电流：5 μA。

(8) 400 kHz 快速模式 I²C 串行主机接口。

(9) 工作温度：−40～85℃。

(10) 适用于便携式设备的最小、最薄的 24 脚封装 (4 mm × 4 mm × 0.9 mm QFN)。

3. 六轴陀螺仪 MPU-6050 的引脚定义

六轴陀螺仪 MPU-6050 采用 24 脚 (4 mm × 4 mm × 0.9 mm QFN) 封装，如图 9-21 所示。如图 9-22 所示为 MPU-6050 的引脚配置图，其引脚定义见表 9-2。

图 9-21 MPU-6050 封装图

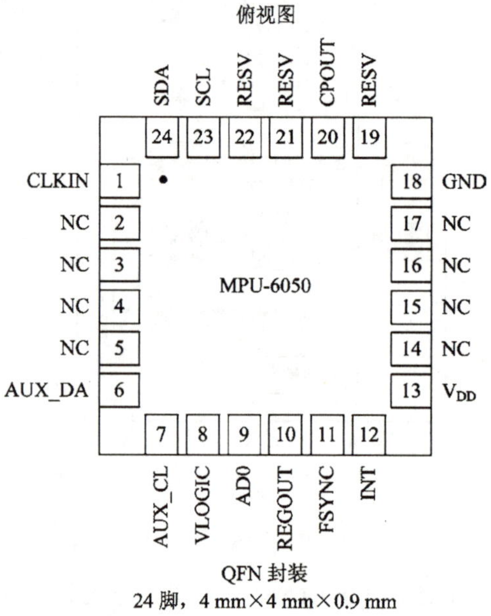

图 9-22 MPU-6050 引脚配置

表 9-2 MPU-6050 的引脚定义

引脚编号	引脚名称	描　　述
1	CLKIN	可选的外部时钟输入，如果不用则连到 GND
6	AUX_DA	I²C 主串行数据，用于外接传感器
7	AUX_CL	I²C 主串行时钟，用于外接传感器
8	VLOGIC	数字 I/O 供电电压
9	AD0	I²C Slave 地址 LSB(AD0)
10	REGOUT	校准滤波电容连线
11	FSYNC	帧同步数字输入
12	INT	中断数字输出 (推挽或开漏)
13	V_{DD}	电源电压及数字 I/O 供电电压
18	GND	电源地
19, 21, 22	RESV	预留，不接
20	CPOUT	电荷泵电容连线
23	SCL	I²C 串行时钟 (SCL)
24	SDA	I²C 串行数据 (SDA)
2, 3, 4, 5, 14, 15, 16, 17	NC	不接

4. 六轴陀螺仪 MPU-6050 的典型接线

MPU-6050 工作时，会不断地读取加速度计和陀螺仪的数据，并进行数据处理和滤波。处理后的数据可以通过 I²C 总线发送给微控制器或单片机，以供后续处理和应用。在实际应用中，可以通过算法将 MPU-6050 的测量结果转换成物体的方向和角度。

MPU-6050 采用 I²C 总线通信协议，可以直接连接到微控制器或单片机上。在使用 MPU-6050 之前，需要进行校准，以保证其测量结果的准确性。校准过程可以通过软件或硬件进行，如图 9-23 所示为 MPU-6050 的典型应用接线图。

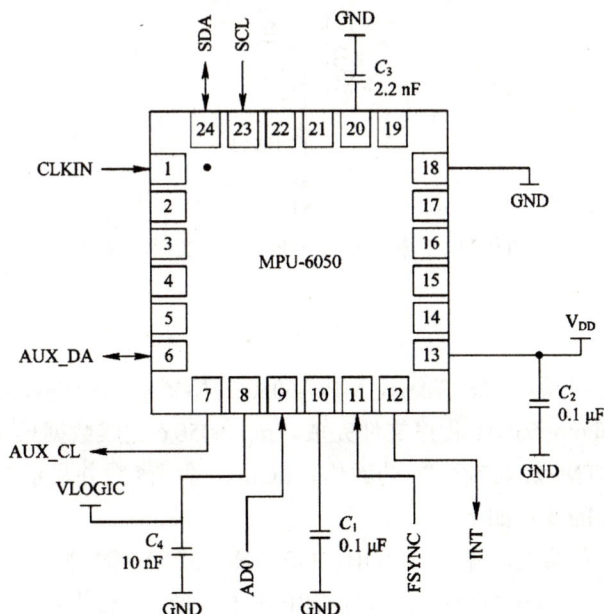

图 9-23 MPU-6050 典型应用

9.3.3　六轴陀螺仪 MPU–6050 硬件接口电路设计

六轴陀螺仪 MPU-6050 应用实训原理图如图 9-24 所示。主控芯片 STM32F407ZGT6 的最小系统及人机接口原理图见附录 A，这里仅给出实训用到的硬件设计原理图，MPU-6050 传感器第 12 引脚 (INT) 接 PD12 引脚，第 23 引脚 (SCL) 接 PE1 引脚，第 24 引脚 (SDA) 接 PB13 引脚。

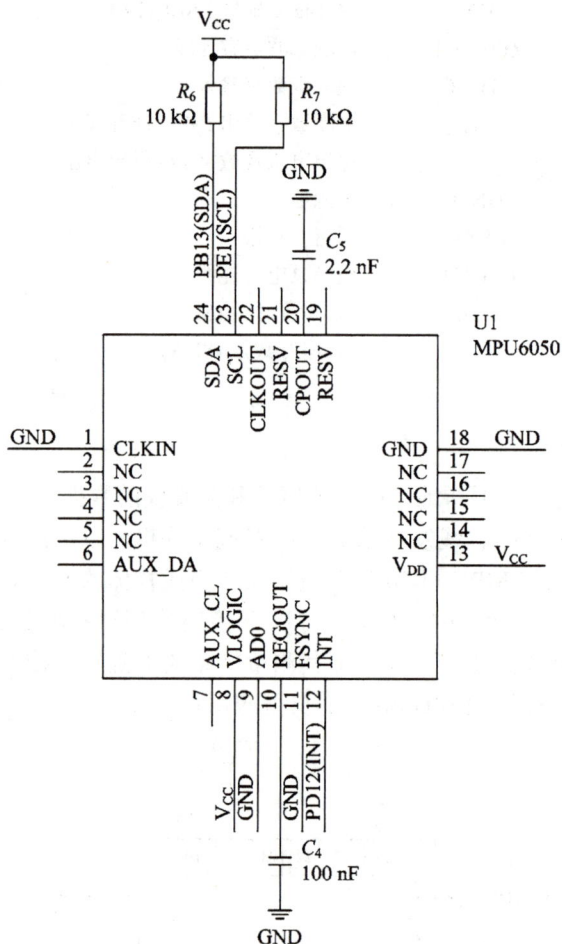

图 9-24　六轴陀螺仪 MPU-6050 实训原理图

9.3.4　程序设计

本次实训的任务是采用六轴陀螺仪 MPU-6050 传感器对加速度及角速度进行测量，该任务主要由 main.c 和 mpu6050.c 程序文件完成，mpu6050.c 完成数据采集以及数据处理，同时完成与主控芯片 STM32F407ZGT6 的通信，main.c 调用函数并显示数据。

本实训程序设计的要点如下：

(1) 配置 RCC 寄存器组，开启 GPIOB、GPIOE、GPIOD 时钟；

(2) 配置 GPIOB.13 为开漏、输出模式，GPIOE.1 为推挽、输出模式，GPIOD.12 为推挽、输入模式，均无上拉 / 下拉电阻；

(3) I²C 通信、数据处理及显示。

mpu6050.c 程序文件主要完成数据采集、数据处理和通信，其中主要有 I²C 读写函数、mpu6050 初始化函数、mpu6050 数据读取和处理函数，鉴于篇幅限制，这里仅给出 mpu6050.c 中 void mpu6050_read_fun(void) 函数的源程序清单，扫描右下侧二维码可以获得本次实训的完整工程文件。

```
void mpu6050_read_fun(void)
{
    u8 i;
    read_data[0] = MPUReadReg(0x43);              // 读数据
    read_data[1] = MPUReadReg(0x44);
    read_data[2] = MPUReadReg(0x45);
    read_data[3] = MPUReadReg(0x46);
    read_data[4] = MPUReadReg(0x47);
    read_data[5] = MPUReadReg(0x48);
    read_data[6] = MPUReadReg(0x3B);
    read_data[7] = MPUReadReg(0x3C);
    read_data[8] = MPUReadReg(0x3D);
    read_data[9] = MPUReadReg(0x3E);
    read_data[10] = MPUReadReg(0x3F);
    read_data[11] = MPUReadReg(0x40);

    read_dat_16[0] = read_data[0];                // 整理为 16 bit 数据
    read_dat_16[0] = read_dat_16[0]<<8;
    read_dat_16[0] = read_dat_16[0] | read_data[1];
    read_dat_16[1] = read_data[2];
    read_dat_16[1] = read_dat_16[1]<<8;
    read_dat_16[1] = read_dat_16[1] | read_data[3];
    read_dat_16[2] = read_data[4];
    read_dat_16[2] = read_dat_16[2]<<8;
    read_dat_16[2] = read_dat_16[2] | read_data[5];
    read_dat_16[3] = read_data[6];
    read_dat_16[3] = read_dat_16[3]<<8;
    read_dat_16[3] = read_dat_16[3] | read_data[7];
    read_dat_16[4] = read_data[8];
    read_dat_16[4] = read_dat_16[4]<<8;
    read_dat_16[4] = read_dat_16[4] | read_data[9];
    read_dat_16[5] = read_data[10];
    read_dat_16[5] = read_dat_16[5]<<8;
    read_dat_16[5] = read_dat_16[5] | read_data[11];
    // 数据处理
```

六轴陀螺仪
应用实训

```
        for(i=0;i<6;i++)
        {
            if(read_dat_16[i]>32768)
            {
                send_buf[i] = 65536 - read_dat_16[i];
                send_buf[i] = 0 - send_buf[i];
            }
            else
            {
                send_buf[i] = (int)read_dat_16[i];
            }
        }

        gyro_x = (float)send_buf[0];              // 角速度单位换算
        gyro_x = gyro_x*2000/32768;

        gyro_y = (float)send_buf[1];
        gyro_y = gyro_y*2000/32768;

        gyro_z = (float)send_buf[2];
        gyro_z = gyro_y*2000/32768;

        accel_x = (float)send_buf[3];             // 加速度单位换算
        accel_x = accel_x*8/32768;

        accel_y = (float)send_buf[4];
        accel_y = accel_y*8/32768;

        accel_z = (float)send_buf[5];
        accel_z = accel_z*8/32768;

        printf("gyro_x = %f          ",gyro_x);
        printf("gyro_y = %f          ",gyro_y);
        printf("gyro_z = %f          ",gyro_z);
        printf("accel_x = %f          ",accel_x);
        printf("accel_y = %f          ",accel_y);
        printf("accel_z = %f          ",accel_z);
        printf("\r\n");
    }
```

9.3.5　程序运行结果

获得整个工程文件后，编译并运行程序，实训结果如图 9-25 所示，可以看到液晶显示屏显示 x、y、z 轴方向的加速度值和角速度值。

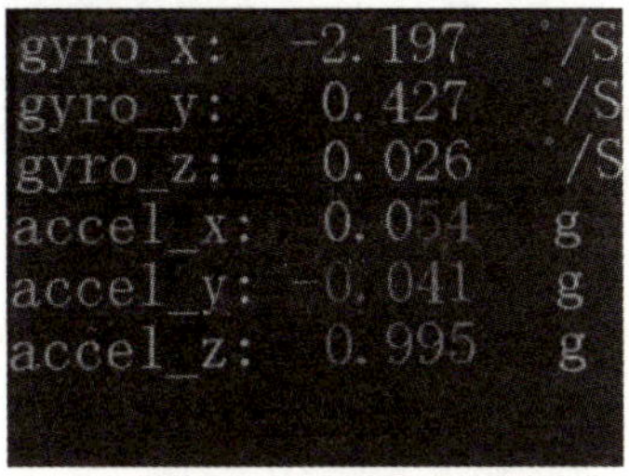

图 9-25　实训结果

匠心筑梦，技能报国

　　MEMS(微电子机械系统) 芯片因其独特的微型化、低功耗、高精度特性，在消费类电子、汽车工业、工业自动化、航空航天和智能家居等众多领域中展现出了广泛的应用价值。

　　MEMS 芯片的设计与制造是一个高度精密且复杂的过程，它融合了微电子学、微加工技术、材料科学以及机械工程等多个领域的知识，总体来说，国内微纳制造加工的成熟度不高。

　　MEMS 技术的发展依赖于不断创新，无论是新材料的应用、新工艺的开发，还是新型传感器的设计，都需要研发人员具备勇于探索未知、敢于突破常规的创新精神。同时，MEMS 芯片的设计与制造要求极高的精确度，每一微小的结构都可能影响其性能，所以应对每个设计细节进行不断优化，对制造过程进行严格控制，追求极致的精度和性能，这就要求我们有精益求精的精神。MEMS 芯片的研发周期长，从概念设计到产品上市往往需要数年，需要长期专注与不懈努力，甚至可能面临很大的困难，这需要科研人员和工程师有持之以恒的精神。

　　总之，MEMS 芯片的设计与制造不仅是科技实力的体现，更是大国工匠精神的实践，它要求科研人员和工程师具备创新、专注、协作、持续学习等多种优秀品质。

思考与练习

1. 速度传感器、加速度传感器以及角速度传感器的工作原理是什么？
2. 三轴加速度传感器芯片 ADXL345 是如何与 MCU 进行通信的？
3. 陀螺仪有哪些应用？

项目 10 位 姿 检 测

通过学习，熟悉 GPS 卫星定位传感器、电子罗盘传感器的工作原理，了解 GPS 卫星定位传感器、电子罗盘传感器的使用方法及应用领域。

技能目标

通过实践和训练，掌握 GPS 卫星定位传感器、电子罗盘传感器的选型及实际应用，以及 GPS 卫星定位传感器、电子罗盘传感器和 STM32 的接口技术和编程技术。

随着科技的快速发展，我们正逐渐迈向第四次工业革命。第四次工业革命是指在数字化、人工智能、物联网等领域中的突破性进展所引发的一系列技术和社会变革。它将对我们的生产方式、生活方式和社会结构产生巨大影响。

目前，机器人、无人驾驶汽车、无人机等技术突飞猛进，正在不断改变着我们的生活方式。要实现对机器人、无人驾驶汽车、无人机这些移动物体的智能控制，就要不断检测它们的位置和姿态，只有这样才能保证它们按照人们的意志或设定好的程序进行工作。

位姿传感器是一种重要的智能设备，用于测量物体的位置、方向和姿态。位姿传感器在工业自动化、航空航天、机器人和虚拟现实等领域中都有广泛应用。项目 9 讲述的三轴加速度传感器、陀螺仪等运动量传感器也属于位姿传感器，本章节主要讲述 GPS 卫星定位传感器和电子罗盘传感器。

10.1 认识位姿传感器

10.1.1 GPS 传感器

卫星导航系统如 GPS(全球定位系统) 是利用卫星信号来确定目标的位置，它具有全球覆盖、高精度、实时性强等优点，被广泛应用于军事、民用领域。目前，全球有四大卫星导航系统，分别是美国的全球定位系统 (GPS)、俄罗斯的格洛纳斯卫星导航系统

(GLONASS)、欧洲的伽利略卫星导航系统 (Galileo) 和中国的北斗卫星导航系统 (BDS)。

GPS 卫星定位传感器是实现 GPS 定位功能的关键部件，它通过接收卫星发射的信号，并利用信号的特性来计算接收器的位置信息。GPS 卫星定位传感器是实现高精度、高稳定性定位和导航的关键部件之一。

1. GPS 定位原理

GPS 的定位原理是三角定位法。简单来说，就是通过测量不同位置的卫星和接收器之间的距离，从而确定接收器的位置，如图 10-1 所示。

(1) 如果以一颗卫星测出的距离做参数，则接收器所在位置可以是以 S1 为圆心的圆圈上的任意一点；

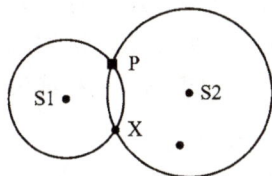

(2) 如果以两颗卫星测出的距离做参数，则接收器所在位置可以是以 S1、S2 为圆心的两个圆圈相交的两点的其中一点，可以是 P，或是 X；

(3) 一旦以三颗卫星测出的距离做参数时，则可锁定接收器所在位置 P 了。

P=接收器所在位置
S1=卫星一
S2=卫星二
S3=卫星三

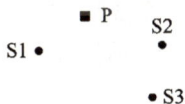

图(1)

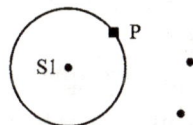

如果以一颗卫星测出的距离做参数，则接收器所在位置可以是圆圈上的任何一点
图(2)

如果以两颗卫星测出的距离做参数，则接收器所在位置可以是以 S1、S2 为圆心的两个圆圈相交的两点的其中一点，可以是 P，或是 X
图(3)

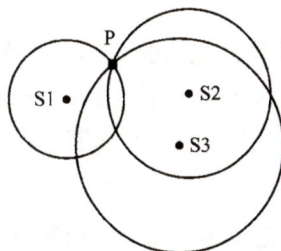

一旦以三颗卫星测出的距离做参数时，就可锁定接收器所在位置 P 了
图(4)

图 10-1 GPS 的定位原理

2. GPS 卫星定位传感器的工作过程

GPS 卫星定位传感器的工作过程可以分为三个步骤：信号接收、信号解码和位置计算。

(1) GPS 卫星定位传感器通过天线接收到来自卫星的信号：GPS 系统由全球范围内的多颗卫星组成，这些卫星以特定的轨道运行，每颗卫星都会周期性地向地面发送信号。GPS 卫星定位传感器的天线会接收到这些卫星发射的无线电信号，信号中包含了卫星的位置信息、时间信息以及其他辅助信息。

(2) GPS 传感器对接收到的信号进行解码。接收到的信号是以数字信号的形式传输的，GPS 传感器会将其解码为可以理解的数据。这些数据包括卫星的编号、卫星的位置和时间信息等。解码是一个关键的步骤，它需要对信号进行处理和分析，以提取出有用的信息。

(3) GPS 传感器利用解码后的数据计算接收器的位置：首先，测量信号从卫星到接收器的传播时间，由于信号的传播速度是已知的，通过测量传播时间就可以计算出信号在空间中传播的距离；其次，传感器根据接收到的多颗卫星信号计算出接收器与每颗卫星的距离；再次，传感器将接收到的多颗卫星的距离信息输入到数学模型中，该模型会根据卫星的位置、接收器与卫星的距离以及其他辅助信息来计算出接收器的经纬度坐标；最后，GPS 传感器就可以准确地确定接收器的位置了。

3. GPS 卫星定位传感器的特点

(1) 高精度：GPS 卫星定位传感器可以提供厘米级的定位精度，适用于需要高精度定位的场景，如农业、导航等。

(2) 全天候：GPS 卫星定位传感器不受天气影响，可以在任何天气条件下进行定位和导航。

(3) 自动化：GPS 卫星定位传感器可以自动接收 GPS 信号，并计算出位置信息，无须人工干预。

(4) 广泛性：GPS 卫星定位传感器不仅应用于军事领域，还广泛应用于民用领域，如交通、农业、气象等。

(5) 实时性：GPS 卫星定位传感器可以实时提供位置信息，适用于需要实时监测的场景。

(6) 可靠性：GPS 卫星定位传感器可以接收到可靠的信号，即使在城市峡谷、森林等信号遮挡严重的地区也能正常工作。

(7) 抗干扰能力强：GPS 卫星定位传感器具有抗干扰能力，可以在复杂的环境中正常工作。

(8) 操作简便：现代的 GPS 接收机越来越注重用户体验，操作简单易行。

虽然 GPS 卫星定位传感器具有许多优点，但也有一些限制，例如需要良好的视野以接收卫星信号，在建筑物密集的地方或山区等地区可能出现信号遮挡或失真现象。

4. GPS 卫星定位传感器的应用

GPS 卫星定位传感器的应用领域非常广泛，包括以下几个方面：

(1) 车辆管理：GPS 车辆监控系统可以记录车辆的行驶轨迹和各种数据，并进行分析和统计，实现对车辆的实时监控、调度指挥、紧急救援等。

(2) 位置追踪：GPS 卫星定位传感器可以用于个人位置追踪，防止儿童和老人走失，还可用于贵重货物跟踪、野生动物追踪、汽车防盗等。

(3) 路线导航：GPS 卫星定位传感器应用于路线导航，可以提供非常准确和实时的导航服务。

在导航系统中，GPS 卫星定位传感器与其他传感器和数据源（如摄像头、激光雷达、高精度地图等）相结合，可以提供更加精确和智能的导航服务。

(4) 军事：通过 GPS 卫星定位传感器，部队可以实时获取战场的地理信息（如地形、地貌、河流等）、导弹精确制导以及无人系统控制与协同等。

(5) 现代农业：在联合收割机上配置计算机、产量监视器和 GPS 接收机，就构成了作物产量监视系统。农业无人机可以利用 GPS 卫星定位传感器进行农药喷洒、精准播种和施肥等作业。

10.1.2　电子罗盘传感器

电子罗盘传感器是一种利用磁阻效应测量地球磁场矢量的传感器,它广泛应用于导航、定位、姿态控制等领域。

电子罗盘与传统指针式和平衡架结构罗盘相比,能耗低、体积小、重量轻、精度高、可微型化,其输出信号通过处理可以实现数码显示,不仅可以用来指向,其数字信号还可直接送到自动舵,控制船舶的航向。

电子罗盘可以分为平面电子罗盘和三维电子罗盘。平面电子罗盘要求用户在使用时必须保持罗盘水平,否则当罗盘发生倾斜时,会显示航向变化,而实际上航向并没有变化。虽然平面电子罗盘对使用条件要求很高,但如果能保证罗盘所附载体始终水平,平面罗盘是一种性价比很好的选择。三维电子罗盘克服了平面电子罗盘在使用中的严格限制,因为三维电子罗盘在其内部加入了倾角传感器,如果电子罗盘发生倾斜时可以对罗盘进行倾斜补偿,这样即使罗盘发生倾斜,航向数据依然准确无误。所以,目前三维电子罗盘得到了更广泛的应用。

1. 三维电子罗盘的工作原理

三维电子罗盘由三维磁阻传感器、双轴倾角传感器和 MCU 构成。三维磁阻传感器用来测量地球磁场,双轴倾角传感器是在磁力仪非水平状态时进行补偿,MCU 处理磁力仪和倾角传感器的信号以及数据输出和软铁、硬铁补偿。

三维磁阻传感器由三个互相垂直的磁阻传感器构成,每个轴向上的传感器检测在该方向上的地磁场强度。向前或 X 方向的传感器检测地磁场在 X 方向的矢量值;向右或 Y 方向的传感器检测地磁场在 Y 方向的

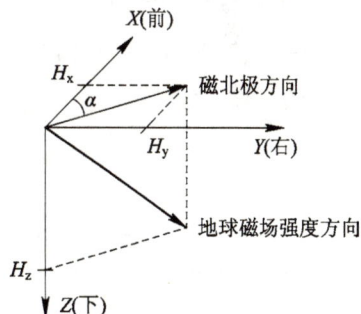

图 10-2　电子罗盘水平放置工作原理

矢量值;向下或 Z 方向的传感器检测地磁场在 Z 方向的矢量值,如图 10-2 所示。

(1) 当电子罗盘处于水平位置时,仅用地磁场在 X 和 Y 的两个分矢量值便可确定方位值,即

$$\alpha = \arctan \frac{H_y}{H_x} \tag{10-1}$$

式中：α 为航向角。

(2) 当仪器发生倾斜时,方位值的准确性将受到很大的影响,该误差的大小取决于仪器所处的位置和倾斜角的大小。为减少该误差的影响,采用双轴倾角传感器来测量俯仰角 (θ) 和侧倾角 (β),俯仰角被定义为由前向后方向的角度变化,而侧倾角则为由左到右方向的角度变化。电子罗盘对俯仰角和侧倾角的数据经过转换计算,将磁力仪在三个轴向上的矢量由原来的位置"拉"回到水平的位置。

标准的转换计算式为

$$X_r = X \cos\theta + Y \sin\theta \sin\beta - Z \cos\beta \sin\theta \tag{10-2}$$

$$Y_r = Y \cos\beta + Z \sin\beta \tag{10-3}$$

式中：X_r 和 Y_r 为要转换到水平位置的值,X、Y、Z 为三个方向的矢量值,θ 为俯仰角,β

为侧倾角。

通过式 (10-2) 和 (10-3) 可以获得电子罗盘倾斜后换算出来的水平位置值，那么根据式 (10-1) 就可以计算出正确的航向角 α 了。

2. 电子罗盘的特点

(1) 三轴磁阻效应传感器测量平面地磁场，双轴倾角补偿。

(2) 高速高精度 A/D 转换。

(3) 内置微处理器计算传感器输出数据与磁北夹角。

(4) 具有简单有效的用户标校指令。

(5) 具有指向零点修正功能。

(6) 外壳结构防水，无磁。电子罗盘的原理是测量地球磁场，如果在使用的环境中有地球以外的磁场且这些磁场无法有效屏蔽时，那么电子罗盘的使用就有很大的问题，这时只能考虑使用陀螺仪来测定航向了。

3. 电子罗盘的应用

电子罗盘作为一种高精度的导航设备，被广泛应用于航海、航空、搜救、科研以及消费类电子等各个领域。

10.2　GPS 卫星定位传感器应用实训

10.2.1　实训目的及要求

通过实训，了解 GPS 卫星定位传感器 ATGM336H 的工作原理，掌握 ATGM336H 与 STM32F407ZGT6 芯片的接口技术及编程技术，能够使用 GPS 卫星定位传感器 ATGM336H 进行定位检测，并在液晶显示屏幕显示日期、时间、经纬度等信息。

10.2.2　GPS 卫星定位传感器 ATGM336H 简介

1. ATGM336H 的性能指标

ATGM336H 支持 BDS/GPS/GLONASS 卫星导航系统的单系统定位，以及任意组合的多系统联合定位，内置天线检测电路及天线短路保护功能，具有功耗低、灵敏度高、低成本的特点。其主要技术指标为：

(1) 通道数目：32 通道。

(2) 冷启动捕获灵敏度：−148 dBm。

(3) 跟踪灵敏度：−162 dBm。

(4) 定位精度：2.5 m(CEP50, 开阔地)。

(5) 首次定位时间：32 s。

(6) 低功耗：连续运行＜25 mA(@3.3 V)。

(7) 内置天线检测电路及短路保护功能。

2. ATGM336H 的引脚定义

ATGM336H 的封装尺寸为 9.7 mm × 10.1 mm × 2.4 mm，如图 10-3 所示。如图 10-4 所示为 ATGM336H 的引脚配置图，其引脚定义见表 10-1。

图 10-3　ATGM336H 的封装图

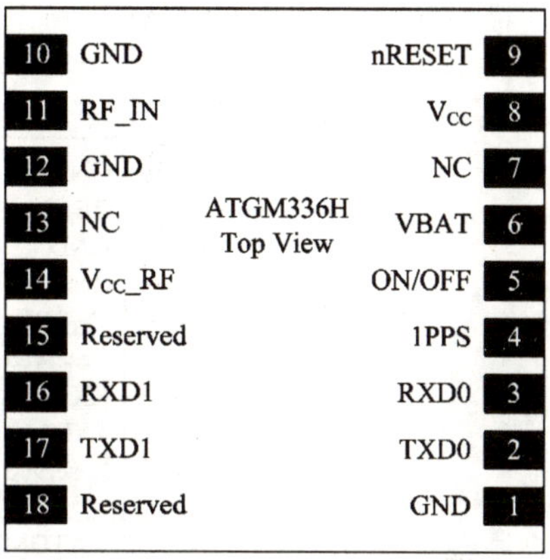

图 10-4　ATGM336H 的引脚配置图

表 10-1　ATGM336H 的引脚定义

引脚编号	名称	I/O	描　　述	电气特性
1	GND	I	地	
2	TXD0	O	主串口数据输出	
3	RXD0	I	主串口数据输入	
4	1PPS	O	秒脉冲输出	
5	ON/OFF	I	模块关断控制，低电平有效	
6	VBAT	I	RTC 及 SRAM 后备电源	供电范围：1.5～3.6 V，以保证模块热启动
7	NC		保留	悬空
8	V_{CC}	I	模块电源输入	供电范围：2.7～3.6 V
9	nRESET	I	模块复位输入，低电平有效	不用时悬空
10	GND	I	地	
11	RF_IN	I	天线信号输入	
12	GND	I	地	
13	NC		保留	悬空
14	V_{CC}_RF	O	输出电源	+3.3 V，可给天线供电
15	Reserved		保留	悬空
16	RXD1	I	辅助串口数据输入	
17	TXD1	O	辅助串口数据输出	
18	Reserved		保留	悬空

3. ATGM336H 典型应用电路

GPS 传感器 ATGM336H 模块通过串口和 MCU 传输数据，支持有源及无源天线的应用场景。如果采用有源的方案，模块内部提供天线检测电路及短路保护功能，建议有源天线增益范围 15～30 dB，使模块工作在最佳的状态，如图 10-5 所示。如果采用无源天线方案，可在模块前级增加一颗 LNA(低噪声放大器) 芯片来提高性能，如图 10-6 所示。

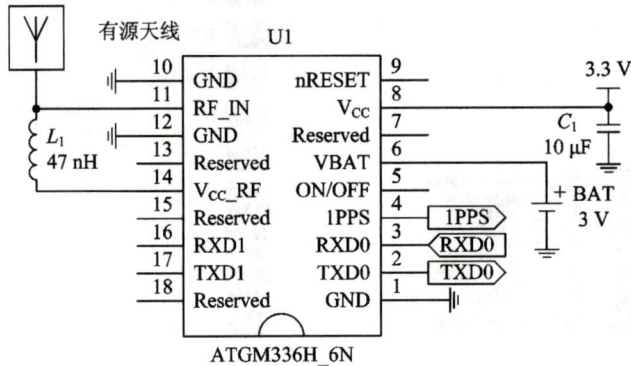

图 10-5　ATGM336H 有源天线应用方案

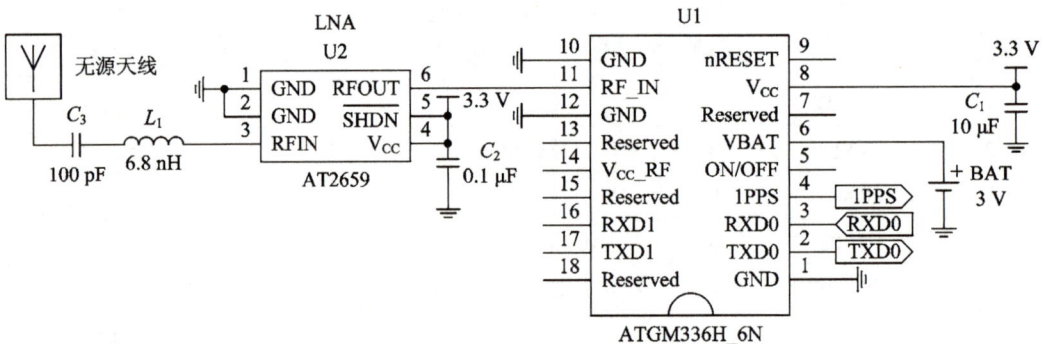

图 10-6　ATGM336H 无源天线应用方案

10.2.3　GPS 传感器 ATGM336H 硬件接口电路设计

GPS 传感器 ATGM336H 应用实训原理图如图 10-7 所示。

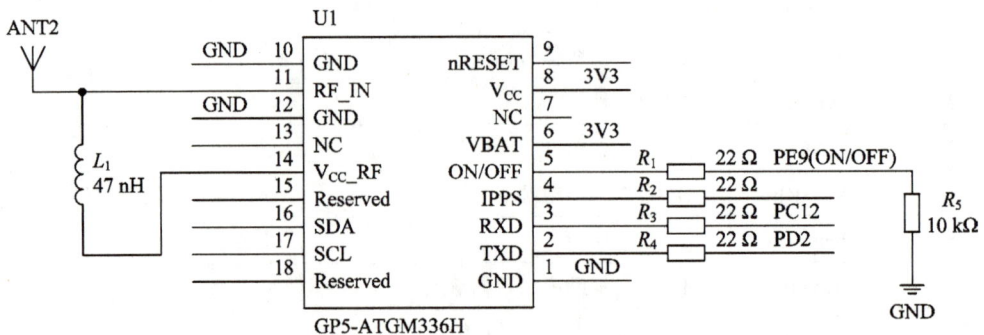

图 10-7　ATGM336H 实训原理图

主控芯片 STM32F407ZGT6 的最小系统及人机接口原理图见附录 A，在这里仅给出实训用到的硬件设计原理图，ATGM336H 传感器第 2、3、5 引脚串接 22 Ω 电阻，分别连接到 STM32F407 的 PD2、PC12、PE9 引脚。

10.2.4　程序设计

本次实训的任务是采用 GPS 模块 ATGM336H 进行定位检测，该任务功能主要由 main.c 程序文件来完成，main.c 启动 GPS 定位模块并通信，将获得的数据进行处理并在 LCD 液晶屏上显示。

本实训程序设计的要点如下：

(1) 配置 RCC 寄存器组，开启 USART5 时钟，开启 GPIOC、GPIOD、GPIOG 时钟；

(2) 配置 GPIO 端口，设置 GPIOC.12、GPIOD.2 为复用推挽模式，有上拉电阻；配置 GPIOE.9 为推挽、输出模式，无上拉 / 下拉电阻；

(3) 配置 USART5，主要参数为：使用 9600b/s 波特率、8 位数据长度、1 个停止位且无校验位、全双工模式；

(4) 串口通信、数据处理并显示。

鉴于篇幅限制，这里仅给出 main.c 源程序清单，扫描右下侧二维码可以获得本次实训的完整工程设计程序。

```
#include"main.h"
#include"delay.h"
#include"string.h"
#include"stdio.h"
#include"STM32F40x_GPIO_Init.h"
#include"STM32F40x_Usart_eval.h"
#include"STM32F40x_SPI_eval.h"
#include"STM32F40x_LCD_SPI.h"
#include"STM32F40x_Timer_eval.h"
extern u16 time_over_bit;              // 定时器超时标志
extern u8 gps_buf[1000];               //GPS 接收数据
extern u16 gps_race_count;
u8 GNRMC_buf[100];
u8 hour[3];
u8 Minute[3];
u8 second[3];
u8 hour_old;
u8 Minute_old;
u8 second_old;
u8 loc_bit_new;
u8 loc_bit_old = 1;
u8 lat_buf_new[15];
```

GPS 传感器
应用实训

```
    u8 lat_buf_old[15];
    u8 lng_buf_new[15];
    u8 lng_buf_old[15];
    u8 date_buf_new[10];
    u8 date_buf_old[10];
    u8 Refresh_bit;

    u8 strcmp_fun(u8 *p1,u8 *p2,u8 len)          // 比较两个数组，相同返回 0，不同返回 1
    {
        u8 i;
        u8 temp;
        temp = 0;
        for(i=0;i<len;i++)
        {
            if(*p1!=*p2){
                temp = 1;
                break;
            }
            p1++;
            p2++;
        }
        return temp;
    }
// 从 gps_buf 中提取 GNRMC 数据
//$GNRMC,124946.000,A,4012.7944,N,11613.7006,E,0.00,0.00,090220,,,A*79

    u8 get_GNRMC_fun(void)
    {
        u16 i;
        u8 RMC_bit;
        u16 start_count;
        u16 end_count;
        u16 len;

        RMC_bit = 0;
        start_count = 0;
        end_count = 0;

        for(i=0;i<1000;i++)
```

```
    {
        if(RMC_bit==0){                                         // 没有找到 "RMC"
            if( (gps_buf[i]=='R')&&(gps_buf[i+1]=='M')&&(gps_buf[i+2]=='C') )
            {
                RMC_bit = 1;                                    // 设置标志位
                start_count = i+4;                              // 数组元素下标 +4
            }
        }
        if(RMC_bit==1){                                         // 找到了 "RMC"
            if( (gps_buf[i]==0X0d)&&(gps_buf[i+1]==0X0a) )      // 检查是否是数据结尾 0x0d 0x0a
            {
                end_count = i;                                  // 记录数据结尾元素的下标
                break;
            }
        }
    }

    if(RMC_bit==1)
    {
        len = end_count - start_count;      // 数据长度 = 起始元素下标 - 结束元素下标
        for(i=0;i<len;i++){
            GNRMC_buf[i] = gps_buf[i+start_count];              // 提取 GNRMC 数据
        }
        return 1;
    }
    else
    {
        return 0;
        }
}
// 从 GNRMC 中提取时间数据并显示
//$GNRMC,124946.000,A,4012.7944,N,11613.7006,E,0.00,0.00,090220,,,A*79

void get_time_and_dis_fun(void)
{
    if( (GNRMC_buf[0]>=0x30)&&(GNRMC_buf[0]<0x39) )
    {
        hour[0] = GNRMC_buf[0];
        hour[1] = GNRMC_buf[1];
```

```
            Minute[0] = GNRMC_buf[2];
            Minute[1] = GNRMC_buf[3];
            second[0] = GNRMC_buf[4];
            second[1] = GNRMC_buf[5];
            if(hour[1]!=hour_old)          // 检查小时数据是否有变化，有变化就改变 LCD 上的显示
            {
                LCD_Draw_Rect_Win(96,32,32,32,BLUE);            // 擦除显示区域
                LCD_ShowBuf(96, 32, hour, 32, TYPEFACE);        // 显示小时

                LCD_ShowString(128, 32,":", 32, TYPEFACE);      // 显示冒号
        LCD_ShowString(176, 32,":", 32, TYPEFACE);              // 显示冒号
            }
            if(Minute[1]!=Minute_old)      // 检查分钟数据是否有变化，有变化就改变 LCD 上的显示
            {
                LCD_Draw_Rect_Win(144,32,32,32,BLUE);           // 擦除显示区域
                LCD_ShowBuf(144, 32, Minute, 32, TYPEFACE);     // 显示分钟

                LCD_ShowString(128, 32,":", 32, TYPEFACE);
                LCD_ShowString(176, 32,":", 32, TYPEFACE);
            }
            if(second[1]!=second_old)      // 检查秒数据是否有变化，有变化就改变 LCD 上的显示
            {
                LCD_Draw_Rect_Win(192,32,32,32,BLUE);           // 擦除显示区域
                LCD_ShowBuf(192, 32, second, 32, TYPEFACE);     // 显示秒

                LCD_ShowString(128, 32,":", 32, TYPEFACE);
                LCD_ShowString(176, 32,":", 32, TYPEFACE);
            }
            hour_old = hour[1];                                 // 保存当下的小时数据
            Minute_old = Minute[1];                             // 保存当下的分钟数据
            second_old = second[1];                             // 保存当下的秒数据
        }
}
// 从 GNRMC 中提取是否定位标志
//$GNRMC,124946.000,A,4012.7944,N,11613.7006,E,0.00,0.00,090220,,,A*79
// 数据中的 A 就是已经定位标志

void get_loc_bit_fun(void)
{
    if(GNRMC_buf[11]=='A'){
```

```
            loc_bit_new = 1;
        }
        else
        {
            loc_bit_new = 0;
        }
        if(loc_bit_new!=loc_bit_old)            // 和上次的数据比较一下，看有无变化
        {
            if(loc_bit_new==1)
            {
                LCD_Draw_Rect_Win(96,128,48,32,BLUE);
                LCD_ShowString(96, 128,"Yes", 32, TYPEFACE);
            }
            else
            {
                LCD_Draw_Rect_Win(96,128,32,32,BLUE);
                LCD_ShowString(96, 128,"No", 32, TYPEFACE);
            }
        }
        loc_bit_old = loc_bit_new;              // 保存当前数据
}
// 从 GNRMC 中提取纬度经度数据
//$GNRMC,124946.000,A,4012.7944,N,11613.7006,E,0.00,0.00,090220,,,A*79
// 提取 4012.7944,N,11613.7006,E 这几个字符是经纬度数据

void get_lat_lng_fun(void)
{
    u8 i;
    if(loc_bit_new==1)                          // 判断是否已经定位
    {
        for(i=0;i<11;i++)
        {
            lat_buf_new[i] = GNRMC_buf[i+13];
        }

        for(i=0;i<12;i++)
        {
            lng_buf_new[i] = GNRMC_buf[i+25];
        }
    }
```

```
        if(strcmp_fun(lat_buf_new,lat_buf_old,11))        // 比较两个字符串是否一致，不一致则返回1
        {
            LCD_Draw_Rect_Win(96,64,176,32,BLUE);
            LCD_ShowBuf(96, 64, lat_buf_new, 32, TYPEFACE);
        }
        if(strcmp_fun(lng_buf_new,lng_buf_old,12))        // 比较两个字符串是否一致，不一致则返回1
        {
            LCD_Draw_Rect_Win(96,96,192,32,BLUE);
            LCD_ShowBuf(96, 96, lng_buf_new, 32, TYPEFACE);
        }
        for(i=0;i<11;i++)                                 // 保存当前数据，以便下次比较用
        {
            lat_buf_old[i] = lat_buf_new[i];
        }
        for(i=0;i<12;i++)                                 // 保存当前数据，以便下次比较用
        {
            lng_buf_old[i] = lng_buf_new[i];
        }
}
// 从 GNRMC 中提取日期
//$GNRMC,124946.000,A,4012.7944,N,11613.7006,E,0.00,0.00,090220,,,A*79
// 提取 090220 这 6 个数据，就是日期数据

void get_date_fun(void)
{
    u8 i;
    if(loc_bit_new==1)                                    // 没有定位就不提取了
    {
        for(i=0;i<6;i++)
        {
            date_buf_new[i] = GNRMC_buf[i+48];
        }
    }
    if(strcmp_fun(date_buf_new,date_buf_old,6))    // 比较两个字符串是否一致，不一致就会更新显示
    {
        LCD_Draw_Rect_Win(96,0,96,32,BLUE);               // 把显示的区域刷上背景色
        LCD_ShowBuf(96, 0, date_buf_new, 32, TYPEFACE);   // 更新显示
    }
    for(i=0;i<6;i++)                                      // 保存这一次的数据
    {
```

```
                date_buf_old[i] = date_buf_new[i];
        }
}
int main(void)
{
        SystemInit();
        delay_Init();                                           //SysTick 定时器初始化
        Usart1_Init();                                          // 串口 1 初始化
        delay_ms(1000);
        printf( "USART1 Init OK\r\n");
        gpio_lcd_init();                                        //LCD 的端口初始化
        STM_SPI1_2_Init();                                      //SPI 接口初始化
        delay_ms(100);
        LCD_Init();                                             //LCD 初始化
        LCD_Clean(BLUE);                                        // 刷屏
        Uart5_Init();                                           // 串口 5 初始化
        Timer3_Config(2000,1000);                               // 定时器 3 初始化
        GPIO_init_all();
        E9_H;
        // 开机后 LCD 上显示的内容
        LCD_ShowString(0, 0,"date:", 32, TYPEFACE);             // 日期
        LCD_ShowString(0, 32,"time:", 32, TYPEFACE);            // 时间
        LCD_ShowString(0, 64,"lat:", 32, TYPEFACE);             // 纬度
        LCD_ShowString(0, 96,"lng:", 32, TYPEFACE);             // 经度
        LCD_ShowString(0, 128,"Loc:", 32, TYPEFACE);            // 是否定位
        LCD_ShowString(0, 160,"Refresh:", 32, TYPEFACE);        // 刷新标志
        while (1)
        {
                if(time_over_bit)                               // 串口 5 一帧数据是否接收完毕
                {
                        time_over_bit = 0;                      // 清标志位
                        if(get_GNRMC_fun())
                        {
                                get_time_and_dis_fun();         // 提取时间
                                get_loc_bit_fun();              // 提取纬度
                                get_lat_lng_fun();              // 提取经度
                                get_date_fun();                 // 提取日期
                        }
                        gps_race_count = 0;
                        if(Refresh_bit)                         // 数据刷新标志位
```

```
        {
            Refresh_bit = 0;
            LCD_Draw_Rect_Win(128,160,16,32,TYPEFACE);
        }
        else
        {
            Refresh_bit = 1;
            LCD_Draw_Rect_Win(128,160,16,32,BLUE);
        }
    }
  }
}
```

10.2.5　程序运行结果

获得整个工程文件后，编译并运行程序，实训结果如图 10-8 所示，可以看到液晶显示屏显示当前的日期、时间、经纬度以及定位是否成功等信息。

图 10-8　实训结果图

10.3　数字指南针应用实训

10.3.1　实训目的及要求

通过实训，掌握三轴数字指南针传感器 HMC5883L 与 STM32F407ZGT6 的接口技术，掌握 I²C 总线编程技术以及 HMC5883L 传感器的控制技术，能够使用数字指南针传感器 HMC5883L 对 x、y、z 三个轴向的地磁向量进行检测，在液晶显示屏幕显示 x、y、z 轴三个方向的地磁向量及航向角。

10.3.2　三轴数字指南针传感器 HMC5883L 简介

1. HMC5883L 的工作原理

霍尼韦尔 HMC5883L 是一种表面贴装并带有数字接口的弱磁传感器芯片。HMC5883L

包括最先进的高分辨率 HMC118X 系列磁阻传感器，并附带采用霍尼韦尔专利技术的集成电路，包括放大器、自动消磁驱动器、偏差校准以及能使罗盘精度控制在 1°～2° 的 12 位模数转换器、简易的 I²C 系列总线接口。电子指南针罗盘 HMC5883L 是三轴磁阻传感器，用来测量周围的磁感应强度，测量范围 −8～8 Gs(高斯)，能在 ±8 Gs 的磁场中实现 5 mG 分辨率，在相应软件及算法支持下计算出航向角。

2. HMC5883L 的特点及性能指标

HMC5883L 主要应用于低成本罗盘和磁场检测领域，例如手机、笔记本电脑、消费类电子、汽车导航系统和个人导航系统。其主要特点及性能指标为：

(1) 三轴磁阻传感器和 ASIC(专用集成电路设计) 都被装配在 3.0 mm × 3.0 mm × 0.9 mm LCC 表面封装中；

(2) 12 bit ADC 与低干扰 AMR(各向异性磁电阻) 磁力传感器，能在 ±8 Gs 的磁场中实现 5 mG 分辨率；

(3) 内置自检功能；

(4) 低电压工作 (2.16～3.6 V) 和超低功耗 (100 μA)；

(5) 内置驱动电路；

(6) I²C 数字接口；

(7) 无引线封装结构；

(8) 磁场范围广 (±8 Gs)；

(9) 有相应软件及算法支持；

(10) 最大输出频率可达 160 Hz。

3. HMC5883L 引脚定义

HMC5883L 采用无铅表面封装技术，尺寸 3.0 mm × 3.0 mm × 0.9 mm。如图 10-9 所示为 HMC5883L 的引脚配置图，表 10-2 为 HMC5883L 的引脚定义。

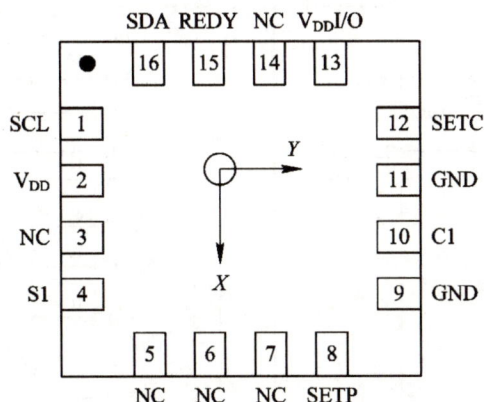

图 10-9　HMC5883L 引脚配置图

表 10-2　HMC5883L 引脚定义

引脚	名称	描　　述
1	SCL	串行时钟 (I^2C 总线主 / 从时钟)
2	V_{DD}	电源 (2.16～3.16 V)
3	NC	无连接
4	S1	连接 V_{DD} I/O 引脚
5	NC	无连接
6	NC	无连接
7	NC	无连接
8	SETP	置位 / 复位电容器 (C_2) 连接 (置位 / 复位带正极)
9	GND	地
10	C1	储能电容器 (C_1) 连接端
11	GND	地
12	SETC	置位 / 复位电容器 (C_2) 连接 (驱动端)
13	V_{DD} I/O	I/O 接口电源 (1.7 V～V_{DD})
14	NC	无连接
15	REDY	数据就绪，中断引脚。内部拉高，可选择连接。当数据被放入数据输出寄存器时，低电平持续 250 μs
16	SDA	串行数据 (I^2C 总线主 / 从数据)

3. HMC5883L 的典型接线方式

HMC5883L 有两种电源管理模式，引脚 V_{DD} 为芯片的内部操作提供电源，引脚 V_{DD} I/O 为 I/O 口提供电源。当 V_{DD} 引脚和 V_{DD} I/O 引脚接相同的电源时，HMC5883L 可以工作在单电源模式下，其典型接线如图 10-10 所示。当 V_{DD} 引脚和 V_{DD} I/O 引脚各自接独立的电源，HMC5883L 工作在双电源模式，其典型接线如图 10-11 所示。

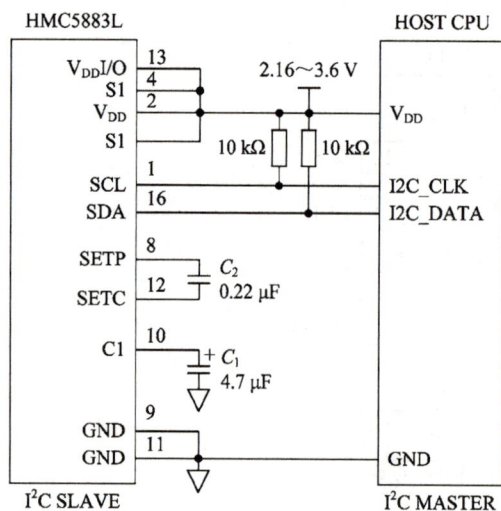

图 10-10　HMC5883L 的单电源典型接线　　　　图 10-11　HMC5883L 的双电源典型接线

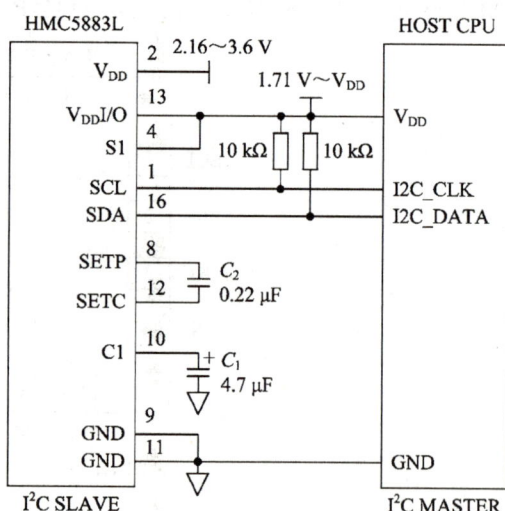

10.3.3 三轴数字指南针传感器 HMC5883L 硬件接口电路设计

三轴数字指南针传感器 HMC5883L 应用实训原理图如图 10-12 所示。主控芯片 STM32F407ZGT6 的最小系统及人机接口原理图见附录 A，这里仅给出实训用到的硬件设计原理图，HMC5883L 第 1 引脚 (SCL)、第 16 引脚 (SDA)、第 15 引脚 (REDY) 分别接 STM32F407ZGT6 芯片的 PE1 引脚、PB13 引脚、PF15 引脚。

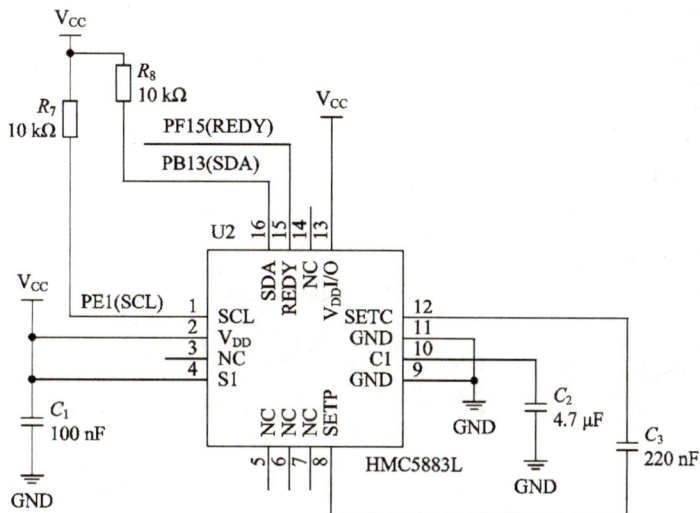

图 10-12　HMC5883L 应用实训原理图

10.3.4 程序设计

本次实训的任务是采用三轴数字指南针传感器 HMC5883L 进行航向角的检测，该任务功能主要由 main.c 和 HMC5883.c 程序文件来完成，HMC5883.c 完成数据采集、数据处理及通信，main.c 调用数据并完成在液晶屏显示。

本实训程序设计的要点如下：

(1) 配置 RCC 寄存器组，开启 GPIOB、GPIOE、GPIOF 时钟；

(2) 配置 GPIOB.13 为开漏、输出模式，有上拉电阻；GPIOE.1 为推挽、输出模式，GPIOF.15 为推挽、输入模式，无上拉 / 下拉电阻；

(3) I^2C 通信、数据处理及显示。

HMC5883.c 程序文件主要完成数据采集、数据处理和通信，其中主要有 I^2C 读写函数、HMC5883 初始化函数、HMC5883 数据读取和处理函数，鉴于篇幅限制，这里仅给出 float Get_Current_Angle(void) 函数程序清单，扫描右下侧二维码可以获得本次实训的完整工程文件。

```
float Get_Current_Angle(void)              // 数据处理并计算航向角
{
    float Magangle;
    data_buf[0] = get_one_data_fun(0x03);
    data_buf[1] = get_one_data_fun(0x04);
    data_buf[2] = get_one_data_fun(0x05);
```

数字指南针
应用实训

```
data_buf[3] = get_one_data_fun(0x06);
data_buf[4] = get_one_data_fun(0x07);
data_buf[5] = get_one_data_fun(0x08);
// 将获得的 x、y、z 轴方向的地磁数据合并为 16 位数据
x = data_buf[0];
x = x<<8;
x = x | data_buf[1];
y = data_buf[2];
y = y<<8;
y = y | data_buf[3];
z = data_buf[4];
z = z<<8;
z = z | data_buf[5];
if(x>32768)                     // 判断地磁数据正负
{
    x = -(0xFFFF - x + 1);
}
if(y>32768)
{
    y = -(0xFFFF - y + 1);
}
if(z>32768)
{
    z = -(0xFFFF - z + 1);
}
X = (s16)x;                 //x 轴分量
Y = (s16)y;                 //y 轴分量
Z = (s16)z;                 //z 轴分量
if((X > 0)&&(Y > 0)) Magangle = atan(Y/X)*57;
else if((X > 0)&&(Y < 0)) Magangle = 360+atan(Y/X)*57;
else if((X == 0)&&(Y > 0)) Magangle = 90;
else if((X == 0)&&(Y < 0)) Magangle = 270;
else if(X < 0) Magangle = 180+atan(Y/X)*57;

Magangle=Magangle-11.5;         // 地磁北和地理北存在 11.5° 的偏差，进行校正
return Magangle;
}
```

10.3.5　程序运行结果

获得整个工程文件后，编译并运行程序，实训结果如图 10-13 所示，可以看到液晶显

示屏显示 x、y、z 轴的地磁数值以及航向角。

实训过程中，由于实训程序中没有考虑俯仰角和倾斜角，所以电子罗盘模块需要水平放置，否则会出现较大误差。

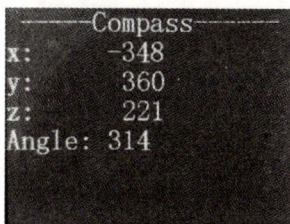

图 10-13 实训结果

中国北斗，星耀全球

2020 年 6 月 23 日 9 时 43 分 04 秒 200 毫秒，我国在西昌卫星发射中心将北斗三号 30 颗组网卫星中的最后一颗成功发射至太空！这是我国发射成功的第 55 颗北斗导航卫星。自 1983 年立项研究，1994 年开始建设，到 2020 年完成组网，耗时 37 年的北斗全球星座，圆满收官。至此，我们中国人终于全面建成了属于我们自己的全球卫星导航系统。

回顾历史，1983 年，"两弹一星"功勋、世界顶尖测控专家陈芳允院士提出了"双星定位设想"。他组建团队，在总参测绘局招待所三楼一间 20 平米的办公室内开始了我国研制北斗导航系统、筑梦太空的伟大征程。

北斗系统从 1983 年立项到星座建成，经历了 37 年；从 1994 年工程建设启动到开启全球服务，经历了 26 年。这标志着我国的民用导航系统将彻底告别美国的 GPS。但北斗之路并未走完，新的征程已经再度开启。

预计到 2035 年，我国将建成更完善、更智能的综合时空体系，继续打造世界一流的卫星导航系统。

只有追求奋斗和理想，只有坚韧不拔，只有忍辱负重，只有自强不息，才能创造新的历史，开拓新的伟大时代。

思考与练习

1. GPS 定位以及电子罗盘的工作原理是什么？
2. 简单描述当前运行的全球定位系统以及它们有什么不同。
3. GPS 定位与电子罗盘的应用有哪些？
4. 如何利用 GPS 定位传感器做一个老年人防走失定位装置？

附　录　A

附图 A-1 为主控芯片 STM32F407ZGT6 的最小系统及人机接口原理图。

STM32F407ZGT6

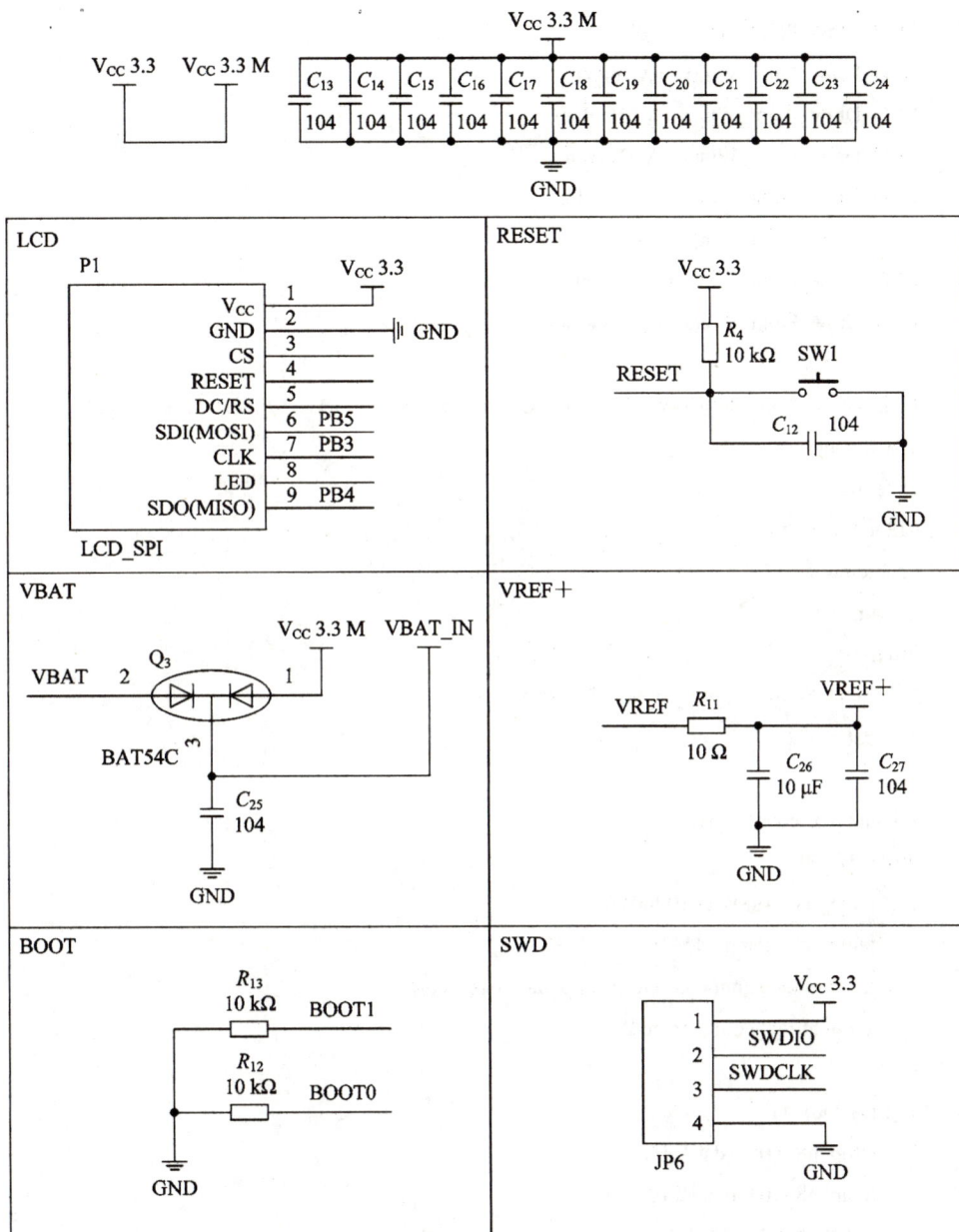

附图 A-1　主控芯片 STM32F407ZGT6 的最小系统及人机接口原理图

人机接口程序清单：

```
#include"STM32F40x_LCD_SPI.h"
#include"STM32F40x_GPIO_Init.h"
#include"STM32F40x_SPI_eval.h"
#include"delay.h"
#include"Sys_Font.h"
typedef unsigned char uint8_t;
void LCD_show_dot_fun(u16 x, u16 y, u16 color)          // 显示 "。"
```

```
{     LCD_Draw_Point_Win(x,y,color);
      LCD_Draw_Point_Win(x+1,y,color);
      LCD_Draw_Point_Win(x-1,y+1,color);
      LCD_Draw_Point_Win(x-1,y+2,color);
      LCD_Draw_Point_Win(x+2,y+1,color);
      LCD_Draw_Point_Win(x+2,y+2,color);
      LCD_Draw_Point_Win(x,y+3,color);
      LCD_Draw_Point_Win(x+1,y+3,color);
}
void LCD_show_float_fun(u16 x, u16 y, float dat, u8 size, u16 color)       // 显示 "float 格式数据 "
{     u16 x_count;
      u8 temp_u8;
      u32 temp_u32;
      float temp_f;
      x_count = x;
      if(dat<0)
      {     LCD_ShowString(x_count, y,"-", size, color);
            dat = -dat;
      }
      x_count = x_count + size/2;
      if((dat/10000)>1)
      {     temp_u8 = (u8)(dat/10000);
            temp_u8 = temp_u8%10;
            LCD_ShowNum(x_count, y,temp_u8, 1,size, color);
            x_count = x_count + size/2;
      }
      if((dat/1000)>1)
      {     temp_u8 = (u8)(dat/1000);
            temp_u8 = temp_u8%10;
            LCD_ShowNum(x_count, y,temp_u8, 1,size, color);
            x_count = x_count + size/2;
      }
      if((dat/100)>1)
      {     temp_u8 = (u8)(dat/100);
            temp_u8 = temp_u8%10;
            LCD_ShowNum(x_count, y,temp_u8,1, size, color);
            x_count = x_count + size/2;
      }
      if((dat/10)>1)
```

```
    {    temp_u8 = (u8)(dat/10);
         temp_u8 = temp_u8%10;
         LCD_ShowNum(x_count, y,temp_u8,1, size, color);
         x_count = x_count + size/2;
    }
    temp_u8 = (u8)(dat);
    temp_u8 = temp_u8%10;
    LCD_ShowNum(x_count, y,temp_u8, 1,size, color);
    x_count = x_count + size/2;
    LCD_ShowString(x_count, y,".", size, color);
    x_count = x_count + size/2;
    temp_f = dat;
    temp_f = temp_f*10;
    temp_u32 = (u32)(temp_f);
    LCD_ShowNum(x_count, y,temp_u32, 1,size, color);
    x_count = x_count + size/2;
}
void LCD_WR_DATA8(uint8_t da)                    // 发送 8 位数据
{    SPI_LCD_RS_H;
     SPI1_Read_Write_Byte(da);
}


void LCD_WR_DATA16(uint16_t da)                  // 发送 8 位数据
{    SPI_LCD_RS_H;
     SPI1_Read_Write_Byte(da>>8);
     SPI1_Read_Write_Byte(da & 0xFF);
}


void LCD_WR_Color(uint16_t color)                // 选择显示颜色
{    SPI1_Read_Write_Byte(color>>8);
     SPI1_Read_Write_Byte(color & 0xFF);
}


void LCD_WR_REG(uint8_t da)                      // 写 LCD 的地址
{    SPI_LCD_RS_L;
     SPI1_Read_Write_Byte(da);
}


void LCD_Ctrl_LV(uint8_t lv)                     // 扫描显示方向控制
```

```
{    LCD_WR_REG(0x36);
     if(lv == 0)
     {    LCD_WR_DATA8(0xA8);
     }
     else
     {    LCD_WR_DATA8(0xE8);
     }
}
void LCD_set_win_size(uint16_t sx, uint16_t sy, uint16_t lx, uint16_t ly)          // 显示文字大小设置
{    LCD_WR_REG(0x2A);
     LCD_WR_DATA16(sx);
     LCD_WR_DATA16(sx+lx-1);
     LCD_WR_REG(0x2B);
     LCD_WR_DATA16(sy);
     LCD_WR_DATA16(sy+ly-1);
     LCD_WR_REG(0x2C);
     SPI_LCD_RS_H;
}
// 画点函数
void LCD_Draw_Point_Win(uint16_t start_x, uint16_t start_y, uint16_t color)          // 横屏，左上角为 (0, 0)
{    LCD_WR_REG(0x2A);
     LCD_WR_DATA16(start_x);
     LCD_WR_DATA16(start_x);
     LCD_WR_REG(0x2B);
     LCD_WR_DATA16(start_y);
     LCD_WR_DATA16(start_y);
     LCD_WR_REG(0x2C);
     SPI_LCD_RS_H;
     SPI1_Read_Write_Byte(color >> 8);
     SPI1_Read_Write_Byte(color & 0xFF);
}
// 画矩形函数，区域清屏
void LCD_Draw_Rect_Win(uint16_t start_x, uint16_t start_y, uint16_t high_x, uint16_t high_y, uint16_t color)
// 横屏，左上角为 (0，0)
{    uint16_t i, j;
LCD_WR_REG(0x2A);
LCD_WR_DATA16(start_x);
LCD_WR_DATA16(start_x + high_x - 1);
LCD_WR_REG(0x2B);
```

```
LCD_WR_DATA16(start_y);
LCD_WR_DATA16(start_y + high_y - 1);
LCD_WR_REG(0x2C);
for(i=0; i<high_x; i++)
{    for(j=0; j<high_y; j++)
     LCD_WR_DATA16(color);
}}
void LCD_Clean(uint16_t color)                      // 清屏函数
{    uint16_t i, j;
     LCD_set_win_size(0, 0, LCD_W, LCD_H);
     for(i=0; i<LCD_W; i++)
     {    for (j=0; j<LCD_H; j++)
          LCD_WR_Color(color);
     }
}
static uint32_t mypow(uint8_t m, uint8_t n)          //m 的 n 次方函数
{    uint32_t result=1;
     while(n--)
     {result *= m;
     }
     return result;
}
// 在指定位置显示一个字符
//x:0~234，y:0~308
//num: 要显示的字符 :""--->"~"
//size: 字体大小 32/16
static void LCD_ShowChar(uint16_t x, uint16_t y, uint8_t num, uint8_t size, uint16_t Color)
{    uint8_t temp;
     uint8_t pos, t;
     if((x > LCD_W - 7) || (y > LCD_H - 7)) return;
     num = num - ' ';                               // 得到偏移后的值
     if(size == 32)
     {    for(pos=0; pos<size; pos++)
          {    // 先写入高 8 位
               temp = asc2_3216[num][2*pos];        // 调用 3216 字体
               for(t=0; t<8; t++)
               {    if(temp&0x01)
                    {    LCD_Draw_Point_Win(x + t, y + pos, Color);
                         temp >>= 1;
```

```
            }
                else
                {   temp >>= 1;
                    continue;
                }
            }
            // 后写入低 8 位
            temp = asc2_3216[num][2*pos + 1];              // 调用 3216 字体
            for(t=8; t<16; t++)
            {   if(temp&0x01)
                {   LCD_Draw_Point_Win(x + t, y + pos, Color);
                    temp >>= 1;
                }
                else
                {   temp >>= 1;
                    continue;
                }
            }
        }
    }else if(size == 16)
    {   for(pos=0; pos<size; pos++)
        {   temp = asc2_1608[num][pos];                     // 调用 1608 字体
            for(t=0; t<size/2; t++)
            {   if(temp&0x01)
                {LCD_Draw_Point_Win(x + t, y + pos, Color);
                }
                temp >>= 1;
            }
        }
    }
}


// 函 数 名 : LCD_ShowString
// 功能描述 : 显示字符串
// size: 字体大小
// 调用函数 : LCD_ShowChar, LCD_Clear
// 输      入 : x,y: 起点坐标 *p: 字符串起始地址
void LCD_ShowString(uint16_t x, uint16_t y, char *p, uint8_t size, uint16_t Color)
{   while(*p!='\0')
```

```
    {   if(x > LCD_W)
            {   x = 0;
                y += size;
            }
        if(y > LCD_H)
            {   y=0;
                x=0;
                LCD_Clean(0x0000);
            }

        LCD_ShowChar(x, y, *p, size, Color);
        x+=(size/2);
        p++;
    }
}
// 显示 len 个数字
// 函数说明：首位为 0 的以空格填充
//x,y：起点坐标
//len：数字的位数
//size: 字体大小
//color: 颜色
//num: 数值 (0~4294967295);
void LCD_ShowNum(uint16_t x, uint16_t y, uint32_t num, uint8_t len, uint8_t size, uint16_t Color)
{   uint8_t t, temp;
    uint8_t enshow = 0;
    for(t=0; t<len; t++)
    {   temp = (num / mypow(10, len-t-1)) % 10;
        if(enshow == 0 && t<(len-1))
        {   if(temp == 0)
            {   LCD_ShowChar(x + (size/2) * t, y, ' ', size,Color);
                continue;
            }else
            {   enshow = 1;
            }
        }
        LCD_ShowChar(x + (size/2) * t, y, temp+'0', size, Color);
    }
}
// 函 数 名：LCD_ShowNum2
```

```c
// 功能描述：显示 len 个数字
// 函数说明：用户填入多少位就显示多少位，首位为 0 的以 0 填充
// 输      入：x,y：起点坐标，len：数字的位数，size: 字体大小，color: 颜色，num: 数值 (0~65535)
void LCD_ShowNum2(uint16_t x, uint16_t y, uint32_t num, uint8_t len, uint8_t size, uint16_t Color)
{
    uint8_t t, temp;

    for(t=0; t<len; t++)
    {
        temp = (num / mypow(10, len-t-1)) % 10;
        LCD_ShowChar(x+(size/2)*t, y, temp + '0', size, Color);
    }
}
void LCD_Init(void)              //LCD 初始化函数
{   SPI_LCD_CS_L;                // 打开片选使能
    delay_ms(5);
    LCD_WR_REG(0x01);
    delay_ms(10);
    LCD_WR_REG(0xCF);
    LCD_WR_DATA8(0x00);
    LCD_WR_DATA8(0xC1);
    LCD_WR_DATA8(0x30);
    LCD_WR_REG(0xED);
    LCD_WR_DATA8(0x64);
    LCD_WR_DATA8(0x03);
    LCD_WR_DATA8(0x12);
    LCD_WR_DATA8(0x81);
    LCD_WR_REG(0xE8);
    LCD_WR_DATA8(0x85);
    LCD_WR_DATA8(0x10);
    LCD_WR_DATA8(0x78);
    LCD_WR_REG(0xCB);
    LCD_WR_DATA8(0x39);
    LCD_WR_DATA8(0x2C);
    LCD_WR_DATA8(0x00);
    LCD_WR_DATA8(0x34);
    LCD_WR_DATA8(0x02);
    LCD_WR_REG(0xF7);
    LCD_WR_DATA8(0x20);
```

```
LCD_WR_REG(0xEA);
LCD_WR_DATA8(0x00);
LCD_WR_DATA8(0x00);
LCD_WR_REG(0xC0);
LCD_WR_DATA8(0x21);
LCD_WR_REG(0xC1);
LCD_WR_DATA8(0x12);
LCD_WR_REG(0xC5);
LCD_WR_DATA8(0x32);
LCD_WR_DATA8(0x3C);
LCD_WR_REG(0xC7);
LCD_WR_DATA8(0xA7);
LCD_WR_REG(0x36);
LCD_WR_DATA8(0xA8);
LCD_WR_REG(0x3A);
LCD_WR_DATA8(0x55);
LCD_WR_REG(0xB1);
LCD_WR_DATA8(0x00);
LCD_WR_DATA8(0x17);
LCD_WR_REG(0xB6);
LCD_WR_DATA8(0x0A);
LCD_WR_DATA8(0xA2);
LCD_WR_REG(0xF6);
LCD_WR_DATA8(0x01);
LCD_WR_DATA8(0x30);
LCD_WR_REG(0xF2);
LCD_WR_DATA8(0x00);
LCD_WR_REG(0x26);
LCD_WR_DATA8(0x01);
LCD_WR_REG(0xE0);
LCD_WR_DATA8(0x0F);
LCD_WR_DATA8(0x20);
LCD_WR_DATA8(0x1E);
LCD_WR_DATA8(0x07);
LCD_WR_DATA8(0x0A);
LCD_WR_DATA8(0x03);
LCD_WR_DATA8(0x52);
LCD_WR_DATA8(0X63);
LCD_WR_DATA8(0x44);
```

```
        LCD_WR_DATA8(0x08);
        LCD_WR_DATA8(0x17);
        LCD_WR_DATA8(0x09);
        LCD_WR_DATA8(0x19);
        LCD_WR_DATA8(0x13);
        LCD_WR_DATA8(0x00);
        LCD_WR_REG(0xE1);
        LCD_WR_DATA8(0x00);
        LCD_WR_DATA8(0x16);
        LCD_WR_DATA8(0x19);
        LCD_WR_DATA8(0x02);
        LCD_WR_DATA8(0x0F);
        LCD_WR_DATA8(0x03);
        LCD_WR_DATA8(0x2F);
        LCD_WR_DATA8(0x13);
        LCD_WR_DATA8(0x40);
        LCD_WR_DATA8(0x01);
        LCD_WR_DATA8(0x08);
        LCD_WR_DATA8(0x07);
        LCD_WR_DATA8(0x2E);
        LCD_WR_DATA8(0x3C);
        LCD_WR_DATA8(0x0F);
        LCD_WR_REG(0x11);
        delay_ms(100);
        LCD_WR_REG(0x29);
    }
```

附　录　B

附图 B-1 为实训程序设计工程组框架及说明。

Keil MDK 工程组织	说　明
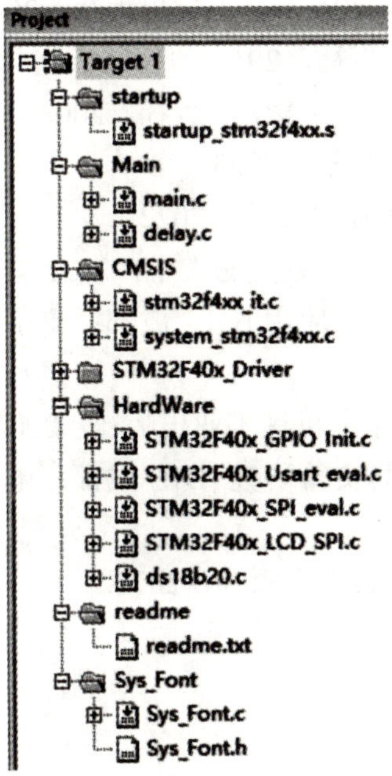	工程名
	启动文件，由 ARM 公司提供，通常用于启动 STM32F4xx 系列的微控制器
	main.c 文件通常包含程序执行的初始化代码和主要的逻辑
	SysTick 定时器初始化及延时功能
	STM32F4xx 系列微控制器的一个中断处理文件
	芯片系统初始化源文件：通过系统初始化函数完成芯片系统时钟的配置
	标准库函数，由 ST 公司提供
	用于配置 STM32F40x 微控制器上的 GPIO
	串口初始化配置
	用于和 LCD 通信的 SPI 外设的配置
	LCD 显示函数
	DS18B20 复位、读取
	用户可以写程序说明此文件
	LCD 显示字库

附图 B-1　实训程序设计工程组框架及说明

参 考 文 献

[1] 张佑春，王海荣. 传感器与检测技术 [M]. 西安：西安电子科技大学出版社，2021.

[2] 张建忠. 传感器与检测技术 [M]. 3 版. 北京：北京邮电大学出版社，2020.

[3] 宋宇，梁玉文，杨欣慧. 传感器技术及应用 [M]. 北京：北京理工大学出版社，2017.

[4] 封素敏，范文静. 传感器与检测技术 [M]. 哈尔滨：哈尔滨工程大学出版社，2015.

[5] 王煜东. 传感器与应用 [M]. 2 版. 北京：机械工业出版社，2016.

[6] 黄鸿，吴石增. 传感器及其应用技术 [M]. 北京：北京理工大学出版社，2008.

[7] 贺英魁. GPS 测量技术 [M]. 3 版. 重庆：重庆大学出版社，2023.

[8] 张鹏高. 无人机传感器与检测技术 [M]. 北京：机械工业出版社，2022.

[9] 谭博. 智能空调语音识别系统的设计与实现 [D]. 北京：北京交通大学，2021.

[10] 范云翼. 基于图像识别的口内扫描数据处理技术研究与应用 [D]. 成都：电子科技
大学，2023.

[11] 沙占友. 智能化集成温度传感器原理与应用 [M]. 北京：机械工业出版社，2002.

[12] 牛文谦. 应用于能源领域的光纤光栅传感器设计及其实验研究 [D]. 成都：电子科
技大学，2016.

[13] 蒙博宇. STM32 自学笔记 [M]. 北京：北京航空航天大学出版社，2012.